地理信息系统设计与竞赛教程

柳　林　李万武　李嘉靖
潘宝玉　王　恒　毛德坤　编著

電子工業出版社
Publishing House of Electronics Industry
北京·BEIJING

内 容 简 介

本书综合介绍不同GIS软件平台在制图、空间建模、地理设计、三维建模等方面的操作和应用，配备大量GIS专业竞赛案例并进行分析。全书共8章，第1章主要介绍基于MapGIS、SuperMap、ArcGIS平台的业界主流三大专业竞赛；第2、3章分别介绍全国高校GIS技能大赛的MapGIS矢量制图与三维建模；第4、5章分别介绍SuperMap大赛的地图制图与地理设计；第6、7章分别介绍Esri竞赛的ArcGIS地理设计、CityEngine三维建模；第8章讲解Esri竞赛的ENVI/IDL遥感应用开发相关内容和方法。此外，随书光盘中包含大量案例，以供读者参考。

本书可作为高等院校地理信息科学、测绘工程、遥感科学与技术、地理科学、城市规划、土地资源管理、地球信息科学与技术等相关专业的本科生、研究生的教材或实验、实践参考书；也可为地理信息服务、勘察测绘、国土资源、城市规划、交通、环保等企事业单位应用和操作GIS软件的人员提供参考。

图书在版编目(CIP)数据

地理信息系统设计与竞赛教程 / 柳林等编著. —北京：电子工业出版社，2016.1

ISBN 978-7-121-27524-1

I. ①地… II. ①柳… III. ①地理信息系统－系统设计－高等学校－教材 IV. ①P208

中国版本图书馆 CIP 数据核字（2015）第 265569 号

策划编辑：张小乐
责任编辑：张小乐
印　　刷：涿州市京南印刷厂
装　　订：涿州市京南印刷厂
出版发行：电子工业出版社
北京市海淀区万寿路 173 信箱　　邮编：100036
开　　本：787×1092　1/16　　印张：14.25　字数：365 千字
版　　次：2016 年 1 月第 1 版
印　　次：2016 年 1 月第 1 次印刷
定　　价：45.00 元（含光盘 1 张）

凡所购买电子工业出版社图书有缺损问题，请向购买书店调换。若书店售缺，请与本社发行部联系，联系及邮购电话：(010) 88254888。

质量投诉请发邮件至 zlts@phei.com.cn，盗版侵权举报请发邮件至 dbqq@phei.com.cn。

服务热线：(010) 88258888。

推 荐 序

我与柳林老师结缘于多年前的一次 GIS 会议上，正如柳老师所言，我们是为数不多的学测绘的女性，并把兴趣变成了一生的职业。从事测绘教育几十年，我非常欣喜地参与了中国 GIS 教育从起步、成长到如今欣欣向荣的每个阶段，更荣幸地亲历了国产地理信息系统彻底打破国外垄断壁垒，贡献于中华民族复兴中国梦的伟大征程。

“作为老师的我在多年的人才培养中发现，仅仅依靠课堂学习，即使考试成绩很高，也不一定能证明你是一个优秀的学生。要想成为高水平的 GISer，必须参加专业实践，特别是对于 GIS 这个技术导引（Technology Driven）和应用导引（Application Driven）型的专业，更是如此。”我本人很赞同柳老师的观点。《地理信息系统设计与竞赛教程》引发了我们由 GIS 专业竞赛对 GIS 人才培养的再思考。地理信息系统是一门应用型交叉学科，它与计算机科学、测绘工程学、空间信息科学等理论和实践相结合。GIS 人才的培养，只有从实践中经受锻炼，才能不断提高自己认知和驾驭知识的能力；只有夯实基础，在实践中不断总结与创新，才能脱颖而出。GIS 教育工作者应始终坚持将地理学发现问题的理论素养和测绘科学解决问题的工程化思维作为统一的人才培养目标。

近些年来，GIS 领域已经出版或即将出版一系列适用于大学本科与研究生的教材或丛书，这反映出市场日益增长的需求，也有利于促进地理信息系统的渐趋成熟。《地理信息系统设计与竞赛教程》从柳老师带领学生亲历数次 GIS 专业竞赛的经历出发，依托现今 MapGIS 等主流 GIS 平台，诠释了理论与实践结合的价值。本书从 GIS 操作和设计的角度，围绕 GIS 专业竞赛，提供了接触最新 GIS 软件技术、培养实际动手能力，在竞赛中实现自我价值的具体方式和案例。作为活跃在 GIS 教育领域一线的科研和教学精英，柳老师奉献出身体力行的教育经验和取得的科学积累，总结为切实可行的培养人才方法，全书条理清晰，逻辑严谨，是目前市场上为数不多的现实意义大、可操作性强、经过实地验证的著作。我非常乐意向读者朋友们郑重推荐！

教育部地理信息系统软件及其应用工程研究中心副主任

中国地理信息系统协会副会长

中地数码集团总裁

刘永

2015 年 8 月

前　　言

地理信息系统（GIS）技术的应用已经深入到各行各业，其重要性已经得到公认。GIS 是一门多学科交叉的边缘学科，属于技术导引型（Technology Driven）和应用导引型（Application Driven），其实践性很强。这一学科特点决定了 GIS 专业人才培养更强调实际动手能力，包括 GIS 软件操作能力和应用能力。作者在多年的教学实践和 GIS 专业人才培养中发现，通过指导学生参加专业竞赛来加深学生对 GIS 理论的理解、提高学生的实践动手能力是最有效的教学途径之一。一本有关“GIS 设计与竞赛”的书既可以系统指导学生参加 GIS 专业竞赛，又可以借助竞赛指导学生进行 GIS 软件操作和应用以提高其动手能力，这也是编写本书的初衷。

目前，如此多的 GIS 专业竞赛机会，使 GIS 专业的学生“英雄有用武之地”。业界主流的 GIS 专业竞赛包括：武汉中地数码有限公司主办的“全国高校 GIS 技能大赛”、北京超图软件股份有限公司发起的“SuperMap 杯全国高校 GIS 大赛”、Esri 中国信息技术有限公司发起的“Esri 杯中国大学生 GIS 软件开发竞赛”。本书针对不同 GIS 专业竞赛，讲解基于 MapGIS、SuperMap、ArcGIS 不同 GIS 软件平台在地图制图、空间建模、地理设计、三维建模等方面的操作和应用。书中还给出了不同 GIS 竞赛组别的案例，通过案例来讲解 GIS 软件操作和应用的方法和技巧，随书光盘包含更为丰富的案例详解，以供学生自学和教师教学参考。读者通过对竞赛案例的分析、GIS 操作的总结、软件应用探索，加深对 GIS 基本原理、空间分析方法、专业竞赛技巧的认识和理解，进而全面提高 GIS 实践应用能力和动手能力。

本书以 GIS 专业竞赛为载体，将不同 GIS 基础软件平台聚合进行对比学习，以便读者系统掌握不同软件平台的操作特点和方法；本书以竞赛案例为主线，将地图制图、地理设计、三维建模等不同 GIS 应用串联起来，使学习者掌握不同 GIS 应用的设计和实现方法。为使本书和实际 GIS 工程项目结合，邀请 GIS 企业高工和竞赛主办单位专家参与编著和指导，所以本书内容系统完整、特色鲜明，具有实战性。

全书按 MapGIS、SuperMap、ArcGIS 软件平台组织，同一软件平台从易到难按不同竞赛和应用组别组织。共包括 8 章，第 1 章 GIS 竞赛介绍，总体介绍了基于 MapGIS、SuperMap、ArcGIS 平台的专业竞赛；第 2、3 章基于 MapGIS 平台，分别介绍 MapGIS 矢量制图、MapGIS 三维建模；第 4、5 章基于 SuperMap 平台，分别介绍 SuperMap 地图制图、SuperMap 地理设计；第 6、7 章基于 ArcGIS 平台，分别介绍 ArcGIS 地理设计、CityEngine 三维建模；为兼顾遥感专业学生竞赛，第 8 章介绍 ENVI/IDL 遥感应用开发竞赛。GIS 专业竞赛的其他二次开发内容可参见《地理信息系统二次开发及案例分析》一书。

本书的编写得到山东省教改项目（编号：2012251）、山东科技大学群星计划项目（编号：qx2013103）、山东科技大学研究生教育创新计划项目（KDYC14003）、山东省自然科学基金项目（ZR2012FM015）、青岛经济技术开发区重点科技计划项目（2013-1-27）、卫星测绘技术与应用国家测绘地理信息局重点实验室经费资助项目（编号：KLAMTA-201407）、山东省泰山学者建设经费、山东省名校建设经费的资助，特此鸣谢！本书的出版得到武汉中地数码有限公司、北京超图软件股份有限公司的资助，特此鸣谢！本书的主要内容是作者在教学实践中逐渐积累汇总的，同时也参考了 MapGIS、SuperMap、ArcGIS 的官方帮助文档等，在此一并致谢。

本书由山东科技大学的柳林老师和李万武老师负责总体设计、编著、定稿；中国海洋大学的李嘉靖负责第 1 章的编写和全书图片的编辑；山东省地质测绘院的潘宝玉总工、沈阳市勘察测绘研究院的毛坤德高工参与工程案例部分的编写。参与本书编写人员还有：陆波、王恒、柳诚、孙亚琴、杨博雄、张倩、董水峰、魏旭晨、王建邦、胡晓光、杨晓彤、刘飞、谭丽、丁静、张旗、满苗苗、张翔、陈黔、郭泽龙、刘勇、程鹏、孙群、谢中凯、郭亚敏、胡光辉、李宇坤、巴彦蔺、张志超、张卫平。山东科技大学的王恒、柳诚、张倩、董水峰、魏旭晨、杨晓彤、刘飞、谭丽、丁静、张旗、满苗苗、张翔等研究生，进行全书程序调试和修正，山东科技大学的陈黔、郭泽龙、刘勇、王洪旭、胡光辉、李宇坤、巴彦蔺等本科生参与本书的案例测试和文档编辑；上海赛华信息技术有限公司的陆波工程师、中国矿业大学的孙亚琴老师、北京师范大学（珠海分校）的杨博雄老师、中国人民公安大学的胡晓光老师参与第 8 章的编写；浙江省基础地理信息中心的王建邦工程师参与第 6 章的编写，Esri 有限公司的孙群工程师对本书案例进行指导，在此一并致谢！

尽管本书的编写历时一年多，反复斟酌、数易其稿，但由于知识更新速度及编者水平所限，书中难免有错误和不妥之处，敬请批评指正。批评和建议请致信 liulin2009@126.com。也欢迎高校学子、指导教师致信，共同探讨 GIS 竞赛和软件应用的相关问题。

柳　林

2015 年 8 月 6 日于青岛山东科技大学

目　录

第 1 章　GIS 竞赛初识

近年来，由国内外著名 GIS 软件公司发起，面向高等院校和科研机构在校大学生（包括专科生、本科生及硕士生）的 GIS 开发专业竞赛，是大学生课外活动中一项具有极强示范性与引导性的竞赛活动，越来越受到各相关院校、广大任课教师的重视以及学生的普遍欢迎。参赛学生逐年增多，影响范围不断扩大，已成为全国测绘地理类专业院校中影响最大的赛事之一。

目前，比较成功的 GIS 开发赛事主要有：由 Esri（Environmental Systems Research Institute，美国环境系统研究所）中国信息技术有限公司发起的“Esri 杯中国大学生 GIS 软件开发竞赛”，由北京超图软件股份有限公司发起的“SuperMap 杯全国高校 GIS 大赛”，以及由武汉中地数码有限公司主办的“中地数码杯全国高校 GIS 技能大赛”。上述 GIS 竞赛分别成功举办了十届、十二届和六届，参赛人数逐年增多，竞赛形式和内容逐年丰富，面向不同学习阶段的学生，设置不同的竞赛分组。每届开发大赛都有一个主题和创意，旨在激发学生的动手能力和创新能力，大力推动 GIS 技术在中国的普及，并为 GIS 产业的发展选拔和储备优秀人才[1]。

1.1　竞赛寄语

眼下，正值 GIS 产业的春天，这对于每一个同学的职业前景和就业都具有重要意义。大环境、大背景下，同学们应更加满怀信心地努力学习 GIS 专业知识。GIS 竞赛不仅是大学生锻炼动手能力、提高创新能力的平台，更是同学们展现自我、提高专业素养的平台。希望同学们能够从 GIS 竞赛中获得成功、赢得骄傲，汲取快乐[2]！参加 GIS 竞赛本身就是一种经历和财富，所得到的将远比获奖本身更多。

踏访足迹，让同学们随着竞赛大赛先行者的脚步去收获希望，再拾辉煌；激发潜力，把创新的思维熔铸到竞赛大赛的作品当中；背起行囊，不管前方是惊涛骇浪，还是狂风骤雨，同学们都将一往无前。这一次航行，不仅要去，而且要乘风破浪，不仅要走完全程，更要扬帆远航[3]！

1.1.1　超图总裁宋关福寄语

亲爱的同学们：

你们好！

非常高兴今天有这样的机会通过这样的方式和同学们交流，更要特别感谢大家能在繁重的学习之余，抽出你们宝贵的时间投入到“SuperMap 杯首届国际 GIS 学生开发大赛暨第五届全国高校 GIS 应用开发大赛”中来。

本届大赛从今年 3 月正式启动，现在离作品最后提交时间只剩下一个多月了。我完全能想象得到，同学们在这几个月里为了完成大赛作品所付出的巨大努力以及你们可能遇到的压力、困难甚至迷惘。因此在这最关键的冲刺时刻，我特别想和同学们通过这种方式来交流，给你们加油鼓劲，希望大家都能坚持到让自己的梦想开花的那一天。我满心地期待着在作品评选的时候，能看到更多的闪耀着你们智慧和灵感的非常优秀、杰出的作品。

在投入大赛的这些日子里，你们和团队伙伴之间亲密的合作和沟通，你们面对挑战、勇往直前的勇气，你们一次又一次解决困难所积累的智慧和才能，你们和众多优秀选手同台竞技带来的成长和进步，所有的酸甜苦辣，所有的成败得失，这一切付出和历练都会沉淀下来，成为你们甚至会终身受益的财富。当然，你们还可能获得来自 GIS 界权威评审专家和前辈的欣赏和认同，那将是一份莫大的鼓励和荣耀。我相信这些经历和收获会让你们因此更加进取、更加积极地对待学习、生活和未来的整个人生。

今天，我们都有一个共同的身份，GIS 人。在追逐 GIS 理想的道路上，也许我们曾有过相似的经历。做自己喜欢做的事，再累也不觉得苦。在读大四的时候，我像你们一样迷上了计算机，尽管正式的计算机课程只上过 BASIC，但有远见的系领导投资建立了当时最棒的学生机房，这样，一批无硬盘黑白屏的 386 成了我的自学 Turbo C 编程的工具。后来得知自己被保送上科学院地理所的研究生，发现导师的办公室有一台彩屏装硬盘的 386，高兴自己终于可以使用 Borland C++练习 C++编程了。那时我本科还没毕业，每到周末就从北师大骑车到当时还很偏远如同农村的 917 大院，周末导师的办公室没有其他人，我就在电脑前面体验 C++强大的编程能力，痴迷到可以忘记吃喝，痴迷到可以从晚上直到天亮。有时晚上犯困了就把凳子拼起来躺一躺，办公室晚上 9 点以后是要停暖气的，冬天特别冷，睡不着爬起来继续学习。我唯一的爱好就是编程，因此那时并不觉得苦。我的硕士专业并不是 GIS，因此非常羡慕那些 GIS 专业的同学，我梦想自己也能像他们那样有更好的计算机设备，把自己狂热爱好的计算机编程变成职业和工作，直到 1995 年做了钟耳顺老师的博士生才终于如愿以偿。同学们现在有更好的计算机设备，有更好的实验室环境，甚至很多同学还有自己的计算机，有更多的机会学习和锻炼。你们不仅有 C 和 C++，你们还有 Visual Basic 和 Delphi，你们更有.NET 和 Java，你们有如此丰富的实现梦想的工具。

GIS 大发展的时代已经来临，用不了多久，你们就是中国 GIS 舞台的主角，也将是建设 GIS 大时代的主人。这是一个艰巨的任务，同学们只要坚持下去，坚持自己的梦想，坚持做好 GIS 大赛的作品，每天进步一点点，坚持做好对自己有意义的每一件事情，总有一天，你会为自己的精彩鼓掌。我期待着分享你们精彩的作品。

最后，希望同学们在比赛中能有更多的收获，在 GIS 领域中找到属于自己的位置，真心祝福同学们都取得成功，让我们一起努力！

宋关福

2007 年 8 月 2 日晚于杭州至北京的列车

1.1.2 山东科技大学柳林老师寄语——回顾篇

从 2008 年指导第一届学生参加 Esri 杯中国大学生 GIS 软件开发竞赛到现在已有八个年头，期间和我的学生一起经历过失败，但更多是收获和欣慰，有汗水更有快乐！指导学生是很辛苦的，特别是在教学和科研任务繁重的情况下，基本都是利用晚上或节假日的休息时间。每一次竞赛都要和学生一起进行作品构思，确定参赛题目，斟酌计划书，反复讨论功能模块的实现，指导学生进行作品的开发，最后进行作品的修改和提交。每每忆起，学生们熟悉的面孔和当时参赛情形仍历历在目，如同就在昨日。

记得，第一届指导的是我校 2005 级学生——原建顺、仇海亮、顾召栋等。那时他们上大三，因为是第一次指导学生参加竞赛，老师和学生都没什么竞赛经验，于是和学生一起在学院机房从安装软件开始，摸索着做。当时正值中秋节，中秋前一天晚上，虽然学校已经放假，但学生和我仍在实验室工作到深夜。作品是利用适宜性模型选址的建模，虽然当时没有获奖，但付出总有收获，几位学生对 GIS 的理解以及软件应用能力都有了很大的提高。第二年，这几位学生又做了一组开发的作品——黄岛公众参与系统。通过竞赛，几位学生和我也建立起深厚的师生情谊，仇海亮、顾召栋后来成为了我的研究生，而去北京工作的原建顺每逢春节都会打来电话问候，后来我去武汉大学做博士后换了手机号，他竟把电话打到我老家的父母处。

记得，2009 年指导学生参加由武汉中地数码有限公司举办的“首届全国高校 GIS 技能大赛”，学生决定参赛找到我已经是 8 月底了。于是，我和学生一起安装上软件，开始了辛苦的大赛之旅。中午、晚上都不回家吃饭，一个学生从食堂给大家带回来，大家在实验室凑合着吃完继续奋斗，五六个学生，我和另一个指导老师，不分昼夜做了 1 个多月，最后熬了两个通宵录制视频。作品是《十一运会信息系统》，获得了首届全国 GIS 技能大赛高级开发组二等奖。2009 正值武汉中地数码集团推出 MapGIS K9 新版本，于是首届全国 GIS 技能大赛颁奖会和 MapGIS K9 发布会一起在深圳举行，看着自己的学生上台领奖时自豪的样子，我心里满是欣慰。直至现在，每当母亲节时我还能收到学生的问候短信。

记得，2011 年指导的地信专业 2008 级的学生——孙群、任沂斌、谢中凯等，参加 2011 年 Esri 杯中国大学生 GIS 软件开发竞赛。这个团队的学生是我特别引以为豪的，整体水平很高，几乎每个人都可以写代码，加之有前一年做过大赛的基础，2011 年所做的作品，可以称之为精品。这一组中有的是编程高手，有的写文档干净利索，几个人整体语言表达能力也很出色，所以从确定题目到研发，我都比较省心。我清晰地记得当时现场答辩，4 个男生清一色的西服，自信满满地走上答辩席，我心里充满自豪。因为作品内容太多，受答辩时间所限，系统没有演示完就被评委中止。我当时有些担心，因为同台 PK 的还有北大等名校的选手，他们设计了一个情景剧来展示作品，而我们只是采用了理工科惯有的模式——逻辑严密地讲解我们的作品。评委评审，参赛老师和学生休息，我当时想，如果能获二等奖也算公平，因为虽然作品做得很好，但没有演示完，而且我们学校无论名气还是实力，都难以与名牌高校相比。然而，没有想到的是，我们获得了唯一一个特等奖，这之前 Esri 的竞赛最高是一等奖，之后几年也不是每年都有特等奖。当时的心情可想而知，后来和评委们交流时谈了我之前的担心，他们说：我们只看作品。应该感谢 Esri 公司所提供的公平的竞赛平台，这对同学们而言也是幸事。

记得，2012—2013 年指导地信 2010 级学生——房云峰、李涛、赵亮、郭亚敏、张倩、杨沂达、庄同光、马天赐、曲畅、张鹏、刘鲁论、王利东、杨荣顺、吴臣诚等。这一届学生非常活跃，不仅专业素质高，而且活动能力也很强。指导这一届学生是最有收获的，赵亮一组获得超图竞赛最高奖——一等奖；房云峰、杨荣顺、张鹏、郭亚敏所在的四组分别获得 Esri 开发组和建模组的奖项，李涛、杨沂达所在的两组全部获得中地数码的全国技能大赛奖项。他们一直都是我的骄傲，现在分布在全国各地，有的读研、有的做研发，我也很想念我的这些学生……

指导学生很辛苦，所取得的成果从对个人晋升、评优等现实利益方面看，老师收获甚微，可是仍然有很多一线的老师坚持着指导一届又一届的学生。写这本书时我回顾了一下，到现在我指导学生已经获得了 Esri 竞赛和超图竞赛的最高奖、中地技能大赛二等奖多次；八年来指导学生获得全国 GIS 专业竞赛特等奖 1 项（齐鲁晚报予以报道）、一等奖 2 项、二等奖 5 项、三等奖 9 项、优胜奖 18 项，指导学生参加科技竞赛获国家级奖项 2 项、省级特等奖 1 项（半岛都市报予以报道），校级奖项 13 项，指导学生申报国家级环保类学生资助项目，连续 5 年获得学生创新活动指导奖。家里摆满了各类证书，这是收获。有的学生基础很差，明明知道很难做出好作品，可是仍然教他们学习软件、指导他们参加竞赛。老师在教，学生就会进步，只要学生进步了，对于老师也是种成就，这就是教育的魅力。抛开教育的职责，和学生一起学习、共同经历，是另外一种精神收获。所以我、我们仍然坚持在指导学生竞赛的道路上！

1.1.3 山东科技大学柳林老师寄语——励志篇

同学们，现在的你们可能和几年前的学姐、师兄一样，正在 GIS 竞赛的道路上挥洒汗水、奋力拼搏，甚至有的低年级的学生正在为参不参加竞赛、如何参加竞赛纠结着、彷徨着……

我要说的是，参加 GIS 竞赛不仅仅为了获奖、追潮流，更主要是为了提高自己的 GIS 专业素质和动手能力。作为老师的我在多年的人才培养中发现，仅仅靠上课，即使考试成绩很高，也不一定说明你是一个合格的学生。要想成为高水平的 GISer，必须参加专业实践，特别是对于 GIS 这个技术导引（Technology Driven）和应用导引（Application Driven）型的专业，更是如此。参加专业实践有两种途径，一种是到 GIS 部门和单位去实习，但这种方式除了毕业实习外，其他时间一般会有课，实现起来较困难。另一种方式就是参加 GIS 专业竞赛，可以使你在学校的环境中体验专业实践。特别近几年随着 GIS 参赛者越来越多，大赛越来越受到同行的关注，竞赛作品越来越成熟，参加 GIS 竞赛已经可以达到和参加工程项目一样的实践效果。你学习 AcrGIS 软件操作，在课堂听老师讲，自己试着操作，这样的学习效果永远无法和你参加 AcrGIS 建模竞赛完整做一遍相关操作的效果相比。同理，你课堂学习 C#编程语言、课后做老师留的练习，对你掌握编程的效果永远无法和你参加 MapGIS 开发竞赛利用 C#做一个完整的系统的效果相比。不是说课堂讲授不重要，那是学理论，是必经环节，但要想更深刻地掌握所学的理论，要想提高自己的软件操作能力和系统研发能力，参加 GIS 专业竞赛确实是有效的途径。

参加 GIS 专业竞赛不仅能提高你的动手能力，还能加深你对 GIS 课堂理论的理解，你们课堂上学习了 GIS 原理、地图学、自然地理等课程的相关原理，要通过你的 GIS 实践——GIS 专业竞赛来加深对空间分析、空间思维的理解。课堂理论—竞赛实践—回顾理论，这是 GIS 知识掌握必须遵循的途径。

参加 GIS 专业竞赛还能够锻炼你的团结协作能力，参加竞赛一般会 4 个人组成一组，大家共同讨论、相互启发。这个过程无疑是对你团结协作能力的一种锻炼。参加 GIS 专业竞赛，有利于你了解 GIS 企业和工程的情况，也有利于 GIS 企业和专业了解你，特别是对于优秀的参赛选手，你在竞赛中崭露头角，对你的就业、考研也大有益处。

更重要的是参加竞赛本身也是一种经历，这种经历对年轻的你们尤为重要。这种经历是艰辛、是汗水，也是收获和领悟，这种历练将对你们的学业甚至今后的事业都是一种财富。没有人会随随便便成功，只有经历风雨才能见到彩虹。作为 GIS 界的一员，在追逐 GIS 理想的道路上，我有过同样的经历。我是为数不多的学测绘的女生之一，由于对教师职业的追求、对 GIS 专业的追求，在工程领域做了 10 年测绘工程师后，依然考取 GIS 专业的博士，由于学术界和原来工程领域的不同，10 年的积累全部归零，我从计算机基本操作开始学习，其中的困难和艰辛可想而知。然而由于爱好、由于是在追逐自己的理想，所以苦也觉得乐。在北京做博士期间，最后半年 12 点以前没休息过。那时博士论文提交在即，工作还没最后确定下来，状况可谓繁杂忙碌。当每天凌晨两三点我暂时放开论文的思路，从北太平路测绘院空无一人的办公楼里，熄了灯走出来，独自一人走在回宿舍的路上，疲惫的身体下的心情安详而有成就感，想想博士论文脱稿在即，想想三年学业的收获，怎能没有一丝激动？那时留校工作事宜由于在一个系主任那里出了差错，还没有确定，想到这一点，我抬起头看看黑暗的天空，心里竟涌起一句话："谁也阻挡不了我们前进的步伐。"后来到武大做博士后，自己分了一间小房子，周围邻居都不认识，白天到重点实验室的大机房，也不认识几个学弟学妹，自己开玩笑说怕会失语，不上网不聊天不交流学术以外的东西，整天沉浸在 GIS 的相关研究中。留校后尽管也有不如意，但仍然不后悔当初的选择，因为现在可以追随自己的爱好做自己喜欢做的事情，并把兴趣变为一生的职业。

现在的你们正年轻，无牵无挂，正可以放开手追逐自己的梦想。现代社会已经不是一个拼父母、拼关系的时代，你们的成就最终还是要取决于你们自己，这一点对于有梦想、有实力的年轻人是一件幸事。武汉中地数码集团、北京超图软件有限公司、Esri 中国信息技术有限公司为你们提供了如此多的竞赛机会和平台，希望你们能抓住机会、耐住枯燥、面对困难、熬过艰辛，借助 GIS 专业竞赛成就自己的 GIS 梦想。

下面以我的一首词作为结尾。

永遇乐·竞赛感怀

柳林　于甲巳年中

四年学涯，GIS 竞赛，兴致未穷。地理空间，信息方寸，寂寞论英雄。数码世界，测图设计，绘锦绣苍穹。任艰辛，心存梦想，坚守终为巅峰！

三维建模，二次开发，任其代码峥嵘。同学少年，结组同行，竞赛间显英雄。醉别赛台，职场论剑，豪情恰如苍穹。畅既往，年少壮志，人生几何？！

1.2　中地数码杯全国高校 GIS 技能大赛——智绘地球，业创云端

1.2.1　竞赛介绍

全国高校 GIS 技能大赛是由中国测绘地理信息学会、工业和信息化部人才交流中心、地理信息系统产业技术创新战略联盟、国家地理信息系统工程技术研究中心共同主办，中地数码集团承办的全国性 GIS 技能水平比赛。

竞赛分别设置有操作技能组和二次开发组，操作技能组题目设置起点低，适合各年级同学参加；二次开发组题目设置灵活，以满足不同专业背景的学生。高校 GIS 技能大赛可以锻炼学生对于 MapGIS 组件式开发、MapGIS 遥感平台的基本操作，可以增强学生 MapGIS 软件应用和开发基础。

该竞赛是全国高校最具权威性的 GIS 竞赛，通过比赛获得三等奖以上者，经本人提出申请，由相关主管部门审核通过后，可免考申请获得教育部 GIS 软件及其应用工程研究中心颁发的"MapGIS 应用工程师"证书及工业和信息化部颁发的"全国 GIS 应用水平考试"等级证书[7]。

1.2.2 竞赛变革

1．2008 年 MapGIS 二次开发竞赛

首次举办 MapGIS 二次开发大赛，设置初级组和高级组。

2．2009 年首届全国 GIS 技能竞赛

2009 年首届大赛设置有操作技能组和二次开发组。凡提交作品并获得三等奖以上者，经本人提出申请，由相关主管部门审核后，可免考获得教育部 GIS 工程中心颁发的“MapGIS 应用工程师证书”，以及工业和信息化部颁发的“全国 GIS 应用水平考试”一级证书。2010 年竞赛延续 2009 年竞赛的规则。

3．2011 年第三届全国高校 GIS 技能竞赛

首次设置高校合作专区，增加对竞赛的支持力度，积极组织学生参赛，达到相应条件后大赛组委会将提供比其他高校更多的支持。

4．2013 年第五届全国高校 GIS 技能竞赛

本届竞赛奖金有所提高，开发组奖金最高可获得 10000 元；奖项有所增加，新增设了三个特别奖项：最佳用户体验奖、最佳视频文档奖、最佳 GIS 应用奖；增加现场答辩环节。

5．2014 年第六届全国高校 GIS 技能竞赛

本届竞赛增加了全新的软件和开发方式，增加了中地数码革故鼎新之作——最新的云 GIS 软件，增加了创新的插件式开发；实现了功能与数据分离，功能可迁移可聚合，构成了MapGIS 云 GIS 体系架构。

6．2015 年第七届全国高校 GIS 技能竞赛

本届竞赛将携手参赛者走向“云 GIS”的宏伟殿堂，GIS 云平台为广大高校学生打造了集用户需求、产品研发、上架、销售等于一体的开放创业环境，竞赛对广大青年学子创业提供鼎力支持；新增由人力资源和社会保障部颁发的《职业资格证书》，赛事水平不断提高，有效强化参赛学生的专业实战能力。

1.2.3 竞赛规则

（1）参赛对象为全国普通高等院校在校生，不限院校、专业、年级。

（2）报名参赛学生可同时参加多组比赛。

（3）参赛小组成员可来自不同学校、院系、年级。

（4）制图、遥感和三维组，每组报名上限为 3 人，二次开发组为 4 人。

（5）每一组必须有组长和指导老师，指导老师最多 2 人。

（6）报名信息填写应正确、详细，如出现联系方式错误、邮寄地址无法获取等问题，由小组自行负责。

1.2.4　竞赛日程

（1）每年 3 月起至作品提交前均可登录大赛官方网站报名参加。

（2）每年 3 月至 10 月，大赛组委会提供全方位技术支持。

（3）每年 9 月初，操作技能组作品截止提交。

（4）每年 10 月初，二次开发组作品截止提交。

（5）从 2014 年开始，每年 11 月大赛组委会组织二次开发组答辩。

（6）每年 11 月至 12 月期间发放奖金，邮寄证书和奖品。

1.2.5　奖项设置

每年竞赛针对不同组设置了一等奖、二等奖等不同奖项，2015 年第七届竞赛具体奖项见表 1.1 至表 1.4。

表 1.1　二次开发组奖项

类别	等级	数量	奖金/奖品
二次开发组	特等奖	1	8000 元
	一等奖	2	5000 元
	二等奖	5	3000 元
	三等奖	10	1000 元
	优秀奖	20	500 元礼品

备注：开发组二等奖以上将通过答辩决出，参与答辩的小组都将获得精美荣誉奖杯一座。

表 1.2　操作技能组奖项

类别		等级	数量	奖金/奖品
操作技能组	制图	一等奖	1	1000 元
		二等奖	3	500 元
		三等奖	5	300 元
	遥感	一等奖	1	1000 元
		二等奖	3	500 元
		三等奖	5	300 元
	三维	一等奖	1	1000 元
		二等奖	3	500 元
		三等奖	5	300 元
		优秀奖	30	100 元礼品

备注：作品被评为三等奖及以上的参赛小组，每位组员可获得由国家测绘地理信息局职业技能鉴定指导中心认证、人力资源和社会保障部颁发的《国家职业资格证书》，证书有等级划分，操作技能组为四级（中级技能），二次开发组为三级（高级技能）。

表 1.3　老师奖项

类别	条件	奖金/奖品
最佳指导老师	指导的作品获特等奖	3000 元
杰出指导老师	指导的作品获开发组一等奖	2000 元
	指导的作品获开发组二等奖	1000 元
优秀指导老师	指导的作品获开发组三等奖或操作组一等奖	500 元礼品
	指导的作品获操作组三等奖以上	100 元礼品

备注：指导老师若有多组作品获奖，取最高奖项参与老师类评选。

表 1.4 其他奖项

类别	条件	奖金/奖品
创业支持奖	成功将作品上架到 GIS 云交易中心的小组	200 元
持续进步奖	两届大赛均完整提交作品，并且 2015 年作品分数在 60 分以上的个人	100 元
最佳组织奖	提交作品数量排名前 3 的学校	奖牌

备注：作品成绩达到 60 分及以上的参赛小组，每位组员可免考获得国家地理信息系统工程技术研究中心颁发的“MapGIS 应用工程师”证书[8]。

1.3 SuperMap 杯全国高校 GIS 大赛——奔跑吧，GISer

1.3.1 竞赛介绍

SuperMap 杯全国高校 GIS 大赛是由中国地理学会、北京超图软件股份有限公司联合举办的面向全国高校大学生的公益性 GIS 赛事。作为全国最早举办、历史最悠久、积淀最深厚的高校 GIS 赛事，SuperMap 杯全国高校 GIS 大赛自 2003 年举办以来已经成功举办十二届，累计吸引了来自武汉大学、北京师范大学、北京林业大学、中国地质大学、中国矿业大学、山东科技大学等 200 多所高校的近 3 万名高校学子参加，为 GIS 产业人才培养做出了卓越贡献。2015 年第十三届大赛将以“奔跑吧，GISer”为主题，携手全国各大 GIS 高校师生、GIS 专家学者和众多 GIS 业内人士，共同搭建业界最权威、最有影响力的赛事平台[6]。

1.3.2 竞赛变革

1. 2003 年第一届竞赛

北京超图地理信息技术有限公司举办基于 SuperMap Objects 组件式开发平台的全国高校学生 GIS 应用开发大赛，设特等奖 1 名、一等奖 1 名、二等奖 2 名、三等奖 5 至 10 名，鼓励奖若干。

2. 2005 年第三届竞赛

本届竞赛采取不同于以往的题目设置方法，分为数据处理组、命题开发组、设计开发组、征文组。

3. 2006 年第四届竞赛

竞赛设有地图处理组、遥感处理组、设计开发组，其中新增使用澳大利亚遥感软件进行开发的“遥感处理组”。新增“超图之星”荣誉奖杯，将授予设计开发组中最具团队魅力的参赛组。

4. 2007 年第五届竞赛

竞赛设有地理数据处理组（5A）、GIS 应用分析组（5B）、遥感影像处理组（5C）、GIS 模块开发组（5D）、网络 GIS 开发组（5E）和桌面 GIS 开发组（5F）。

5．2008 年第六届竞赛

竞赛设有固定题目组（6A）、GIS 应用分析组（6B）、系统设计组（6D 和 6E）和遥感题目组（6F）。

6．2009 年第七届竞赛

竞赛设有桌面制图组（7A）、桌面应用分析组（7B）、组件开发组（7C）、Web 应用开发组（7D）。

7．2010 年第八届竞赛

竞赛设置有制图组（8A）、应用分析组（8B）、组件开发组（8C）、Web 应用开发组（8D）、嵌入式 GIS 开发组（8E）；首设安徽赛区。

8．2011 年第九届竞赛

竞赛设置有制图组（9A）、应用分析组（9B）、组件开发组（9C）、Web 应用开发组（9D）、GIS 创意开发组（9E）。

9．2012 年第十届竞赛

竞赛设有 Web 开发与云应用组（A）、组件开发组（B）、桌面应用开发组（C）、移动应用开发组（D）、应用分析组（E）、桌面制图组（F）、“地图汇”制图组（G）；首设武汉赛区和福建赛区。

10．2013 年第十一届竞赛

竞赛设有应用分析组、组件开发组、移动应用开发组、Web 开发与云应用组。

11．2014 年第十二届竞赛

竞赛设有地理分析组、三维组、移动应用开发组、应用开发组、云平台开发组、制图表达组。

12．2015 年第十三届竞赛

2015 年大赛组委会调整了参赛组别设置，增加了论文组，共设有云平台与移动开发组、三维应用组、地理分析应用组、制图表达组、论文组 5 个组别，进一步打破组别的界限，扩大 GIS 竞赛的参赛范围。本届竞赛将依托地图汇（www.dituhui.com）推出移动端大赛报名系统，开辟地图汇 GIS 大赛交流专区；并首设北京分赛区。

1.3.3　竞赛规则

（1）参赛者可个人报名，也可集体组队报名，每队不超过 4 名队员。

（2）参赛者可参加一个或多个组别的竞赛。但是在组队报名时，一个参赛队仅可提交一份作品。

（3）团队成员可以来自不同学校、院系和班级。

（4）参赛小组可邀请指导教师，但不得超过 2 人。

（5）参赛作品必须基于大赛提供的软件来制作完成。

（6）参赛者需按照大赛规定的提交规范及时间节点提交作品。

（7）参赛作品如获奖，将在大赛官方网站进行公示，默认参赛作品符合开源规则。

（8）提交作品必须是作者原创，不侵犯第三方版权。作品提交后，作品所有权仍归原作者所有，但大赛组委会拥有作品发布和宣传的权利。

（9）关于版权的说明，如有参考其他作品、代码、模型、文档等内容，或引用第三方数据，请在文档最后注明。如侵犯第三方权益，责任自负，组委会有权因此取消相应奖项及要求归还相应获奖证书、奖金或奖品。

1.3.4 竞赛日程

（1）每年 3～4 月份报名，2015 年于 3 月 24 日起接受学生网上报名，报名登录 http://www.giscontest.com，单击“我要报名参赛”，按页面提示操作进行注册和在线报名，并填写相关信息及提交相关材料。

（2）每年 4～8 月，参赛选手进行作品制作及完善，北京超图软件股份有限公司将提供在线技术支持。

（3）每年 8 月初至中旬，提交制图表达组、地理分析应用组作品。

（4）每年 8 月中旬至月底，提交开发类、论文组作品。

（5）每年 9～10 月，组委会对提交的参赛作品进行评审，公布进入决赛名单。

（6）每年 11 月，在北京进行现场决赛答辩与颁奖典礼。

1.3.5 奖项设置

SuperMap 杯全国高校 GIS 大赛每年根据不同组别设置不同奖项，2015 年第十三届竞赛共分为五个竞赛组别，分别为：云平台移动开发组、三维应用组、地理分析组、制图表达组和论文组。具体奖项设置如下：

（1）参赛团队奖。

① 各参赛组组别将设置一、二、三等奖。其中每个组别一等奖 1 名，二等奖、三等奖名额将根据作品提交情况进行动态调整。所有三等奖以上获奖团队均可获得大赛组委会提供的奖金。

② 同时，各组别设置若干名优秀奖。优秀奖团队将获得大赛组委会提供的奖品。

③ 所有获奖选手均可获得由大赛组委会联合颁发的获奖证书。

④ 提交作品但未获任何奖项的组别也将获得鼓励奖品及参赛证明。

（2）优秀指导教师奖。大赛评选优秀指导教师若干名，并提供奖金及奖品。

（3）优秀组织单位奖。根据各院校的报名人数及作品提交数量，大赛组委会将在所有参赛院校中评选出优秀组织单位，并颁发获奖铜牌[6]。

1.4 Esri 杯中国大学生 GIS 软件开发竞赛——GIS 无处不在，随处精彩！

1.4.1 竞赛介绍

Esri 开发竞赛是由全球最大的 GIS 技术提供商 Esri 联合国内各大知名高校及合作伙伴单位联手打造的校园竞赛活动，竞赛针对不同年级、不同爱好的学生综合设置了多个比赛分组。

2015 年本竞赛分为安徽赛区在线制图组（A 组）、地理设计组（B 组）、Web 与移动开发组（C 组）、ENVI/IDL 遥感应用开发组（D 组）和三维建模与分析组（E 组）。该分组面向不同学习阶段的学生，可选择度大、参赛面广、奖金优厚。它不仅鼓励和推动了在校学生专业实践活动的开展，更成为大学生们施展才华的舞台。因此，Esri 开发竞赛的口号是：GIS——无处不在，随处精彩。希望参与学生能够充分发挥想象力和创造力，把 GIS 应用拓展到更广阔的空间[5]。

1.4.2　竞赛变革

自 2004 年第一届 Esri 杯中国大学生 GIS 软件开发竞赛成功举办以来，Esri 开发竞赛已经连续成功举办了十届，每年都成为极富影响力和备受瞩目的一项赛事，得到了越来越多学生、教师、企业和政府部门的关注。每年都会有超过 2000 名在校师生参与到该项赛事中来。Esri 开发竞赛已经成为空间信息企业选拔优秀人才的渠道之一。

1．2004 Esri 开发竞赛

2004 年首次举办了 Esri 杯中国大学生 GIS 软件开发竞赛。2005 年、2006 年竞赛延续了 2004 年竞赛的规则。

2．2007 Esri 开发竞赛

2007 年在参赛内容上，从原来的“应用开发”单一参赛内容扩大为三个组，由易到难分别是“初级试题组”、“空间处理建模组”和“应用开发组”，参赛学生可根据个人兴趣参加其中一组或同时参加多组。相应地，奖项也有所增加，并增设了“优秀指导教师奖”。2008 年度竞赛延续了 2007 年度的参赛规则。

3．2009 Esri 开发竞赛

2009 年的竞赛增加了一个遥感开发组，共分为初级试题组、空间处理与建模组、应用开发组、ENVI/IDL 开发组四个小组。

4．2010 Esri 开发竞赛

2010 年度竞赛首设安徽赛区。

5．2011 Esri 开发竞赛

2011 年度竞赛组别设置有一定变化，取消了初级试题组，开发组细分为桌面应用开发组、Web 应用开发组。竞赛所包括的组别是：桌面应用开发组、空间处理与建模组、Web 应用开发组和 ENVI/IDL 开发组。2012 年竞赛延续 2011 年竞赛的规则。

6．2013 Esri 开发竞赛

本届竞赛取消了桌面应用开发组，增设了技术创新组，让那些对算法研究感兴趣的参赛选手以插件、工具的形式提交参赛作品。此外，本届竞赛还设置了地理设计组、Web 应用开发组、ENVI/IDL 开发组和三维建模与设计组。

7．2014 Esri 开发竞赛

2014 年开发竞赛设置了 Web 与移动开发组、地理设计组、三维建模与分析组、ENVI/IDL 遥感应用开发组四个小组。

1.4.3 竞赛规则

1．参赛组队

参赛选手可根据兴趣自由组队，每个团队的小组成员限定在1～4人，指导老师0～2人。鼓励GIS/RS专业同学联合非GIS专业师生共同参赛，团队中如有非GIS专业选手（如计算机专业学生），团队作品在评审时会获得额外加分。

2．命题选择

2015年度Esri杯中国大学生GIS软件开发竞赛共分为四个竞赛组别，分别为：B组——地理设计组、C组——Web与移动开发组、D组——ENVI/IDL遥感应用开发组、E组——三维建模与设计组。参赛选手根据兴趣选择组别，作品方向由选手自由命题，部分组别会有组委会发布的一些命题，供没有明确命题的选手参考选择。

3．参赛方式及流程

2015年度Esri杯中国大学生GIS软件开发竞赛采取网络报名及审核的方式。

（1）报名组队前，小组每位成员包括指导老师均须在网上报名系统内进行信息注册（2013—2014年已经在本系统注册过的老师和同学无须重复注册）。为了保证团队队长能够正确添加小组成员，注册时须填写真实完整的个人信息。成员个人信息仅供组委会发送软件申请书、许可及重要紧急情况下联系使用，因此请保证电话号码真实、快递信息准确，同时养成定期收取邮件的习惯。

（2）系统默认团队组长，组委会发送的相关文件、许可、通知，包括邮寄的软件、资料，均以团队组长为联系人。

（3）团队组长单击“立即报名”开始组队，选择需要参赛的分组（B组——地理设计组、C组——Web与移动开发组、D组——ENVI/IDL遥感应用开发组、E组——三维建模与设计组），并依次按照姓名搜索的方式添加小组成员及指导老师（此项后期可修改）。

（4）团队人员添加完成后，浏览上传事先写好的项目计划书（请注意项目计划书文件的大小，尽量不要超过1.5MB）。若组队时项目计划书尚未完全准备好，可以选择“下次再传计划书”，以完成人员组队。

（5）组委会在收到组队报名后，会给予审核，审核通过后，系统通过站内短信通知参赛者参赛编号，如审核未通过，将会收到站内短信并获知未通过审核的原因，如状态一直为“等待审核”说明小组的审核尚未开始。

4．参赛软件的获取

本年度竞赛参赛软件由主办单位Esri中国信息技术有限公司通过邮寄方式提供，选手在获取ArcGIS Engine、ArcGIS for Server、CityEngine等软件许可之前须按照组委会的要求填写许可申请文件，该文件通过邮件发送到组长的信箱。ArcGIS for Desktop软件许可学生自行通过网络申请即可。

5．作品提交要求

根据不同竞赛组别，各组对作品提交时需提供的资料略有不同，详细请参考相关的竞赛组别中的说明。

6．参赛辅导

组委会针对每组竞赛都设计了相应的“赛前辅导”视频，该辅导从作品解析、主要技术点及案例出发，建议选手关注。

7．作品提交方式

组委会提供专用 ftp 及网络云盘等途径收取作品，该信息在作品提交截止日期前 1～2 周发布，请选手关注。

8．作品评审

各组作品由主办单位负责召集评委按照公布的评审标准进行评议（评审标准可在小组说明中找到）。其中，Web 与移动开发组作品将采取三轮评审方式，进入决赛的作品将举办现场答辩活动，由选手亲自介绍并演示作品，由评委打分，最终决出名次。

1.4.4　竞赛日程

1．报名准备期

每年 3 月份竞赛报名正式启动。

每年 4～5 月期间赛前辅导资料发布。

每年 5～6 月竞赛许可发放。

2．作品提交日期

每年 8 月初，空间建模或地理设计组作品提交截止。

每年 9 月初，桌面开发或 Web 与移动开发组作品提交截止。

每年 9 月中旬，ENVI/IDL 遥感应用开发组作品提交截止。

每年 9 月中旬，三维建模与设计组作品提交截止。

3．作品评审周期

每年 9～10 月为作品评审时间。

每年 10～11 月为开发组作品答辩时间。

1.4.5　奖项设置

每年竞赛针对不同组别设置了一等奖、二等奖等不同奖项，2015 年奖项见表 1.5 至表 1.9。未获奖但提交了完整作品的小组，赛事组委会提供一份参赛证明并附有作品点评[5]。

表 1.5　B 组——地理设计组奖项

奖项	数量	奖励
一等奖	1 组	￥5000
二等奖	2 组	￥3000
三等奖	3 组	￥1000
优胜奖	若干	奖品
优秀指导老师	若干	奖品

表 1.6　C 组——Web 与移动开发组奖项

奖项	数量	奖励
特等奖	1 组	￥8000/一个出国机会（二选一）
一等奖	2 组	￥5000
二等奖	3 组	￥3000
三等奖	4 组	￥1000
优胜奖	若干	奖品
优秀指导老师	若干	奖品

表 1.7　D 组——ENVI/IDL 遥感应用开发组

奖项	数量	奖励
一等奖	1 组	￥5000
二等奖	2 组	￥3000
三等奖	3 组	￥1000
优胜奖	若干	奖品
优秀指导老师	若干	奖品

表 1.8　E 组——三维建模与设计组

奖项	数量	奖励
一等奖	1 组	￥5000
二等奖	2 组	￥3000
三等奖	3 组	￥1000
优胜奖	若干	奖品
优秀指导老师	若干	奖品

表 1.9　其他奖项

奖项	数量	奖励	说明
最佳指导老师	若干	￥1000	从各组指导老师中评选
最佳创新奖	若干		从各组作品中评选
最佳创意奖	若干		从各组作品中评选
精英选手奖	若干		奖励全年赛事中最善于通过论坛、微博等公众平台进行分享的选手
2016 Esri 青年学者奖	1 名	赴美参加全球 UC	从各组获奖选手中选一名优秀代表。该奖项设置于 2012 年，获奖同学将前往美国参加 Esri 全球用户大会，在会上领奖，并有机会与 Esri 总裁 Jack 先生合影

Web 与移动开发组特等奖将以答辩形式决出，获得一等奖的团队将获得 2015 前往美国参加 Esri 全球用户大会的机会，同学可在此奖项与奖金中二选一。

第 2 章　MapGIS 矢量制图

2.1　栅格几何校正

本章讲解的 MapGIS 矢量制图基于 MapGIS 10 版本。

2.1.1　标准图幅校正流程

标准图幅校正主要是指对国家绘制的标准地形图进行校正操作。早期标准地形图通常以纸质文档进行保存，为了方便对地形图进行统一管理和分析应用，将纸质地形图扫描为电子地图，通过标准图幅校正操作，将图幅校正为具有正确地理坐标的电子图幅。在对标准图幅进行校正时，不仅可以为标准地形图赋上正确的地理坐标，也可以修正扫描时造成的形变误差[17]。

1．影像数据入库管理

在实际操作中，为了便于对栅格数据进行统一管理，通常需要创建一个新的数据库，将需要进行几何校正的影像数据导入到数据库中。

（1）用户可以通过右键单击 GDBCatalog 中的 MapGISLocal，从弹出的快捷菜单中选择【创建数据库】来建立一个新的数据库，也可以通过【附加数据库】选项，对已有数据库进行加载。同时用户可以根据需要，对数据库进行【刷新】和【断开连接】操作，以方便数据库的管理，如图 2.1 所示。

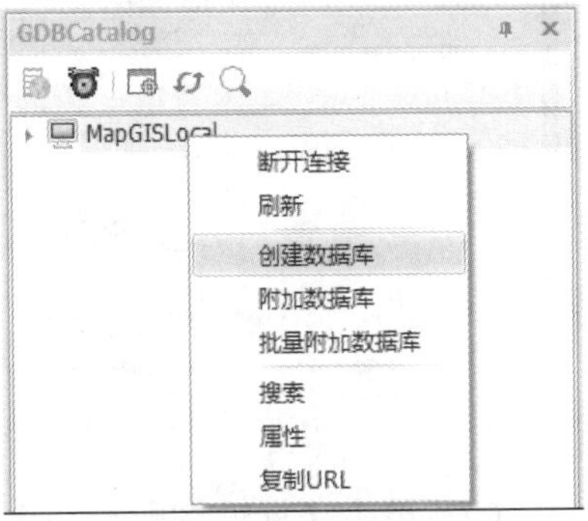

图 2.1　创建数据库

（2）用户根据实际需要，为新建数据库命名。如图 2.2 所示，在地理数据库创建向导基本信息界面中，输入“101”作为新建数据库名称。

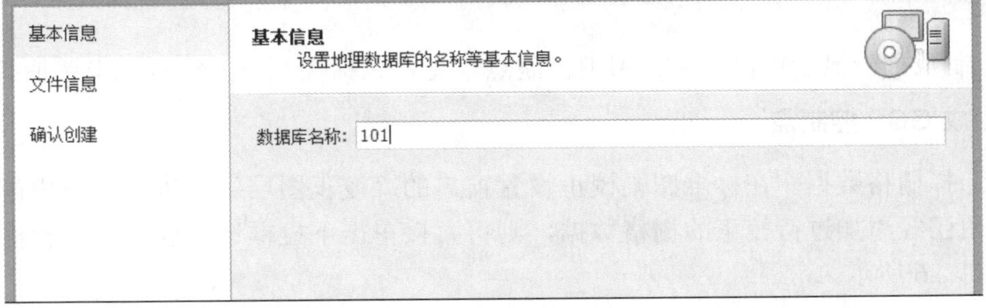

图 2.2　新建数据库命名

（3）单击【下一步】按钮，在地理数据库创建向导文件信息界面，对数据库的存储位置（存储路径）、初始大小、文件增长进行设置，同时可以设置日志文件相关信息。单击【下一步】按钮，在确认新建数据库各项信息准确无误后，完成 101 数据库的建立，如图 2.3 所示。

2．启动栅格几何校正

（1）在对标准图幅进行几何校正前，用户需要读取图幅的各项信息，主要包括：图幅号、网格间距、坐标系等信息。单击【栅格编辑】→【标准图幅校正】选项，对标准图幅进行几何校正，如图 2.4 所示。

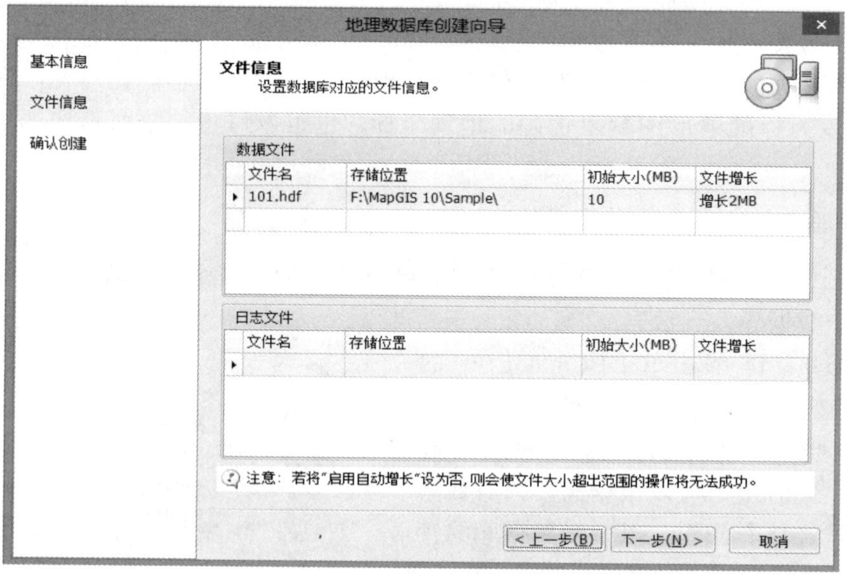

图 2.3 新建数据库设置

图 2.4 栅格边界菜单

（2）单击【标准图幅校正】选项后，视图显示如图 2.5 所示，主要包括：校正影像显示窗口、校正文件局部放大显示窗口、控制点列表显示窗口。

① 校正影像显示窗口：控制点全图浏览窗口，显示图幅中所有控制点，方便用户浏览。

② 校正文件局部放大显示窗口：控制点确认窗口，对校正影像显示窗口中所选内容进行放大显示。

③ 控制点列表显示窗口：显示图中控制点信息，包括控制点的编号和坐标值等信息。

3．生成 GCP 控制点

（1）选择栅格数据。在标准图幅校正设置窗口的“校正图层”项浏览选择栅格数据，如果当前地图已经添加过待校正的栅格数据，则可直接单击下拉框选择要添加的栅格数据进行添加，如图 2.6 所示。

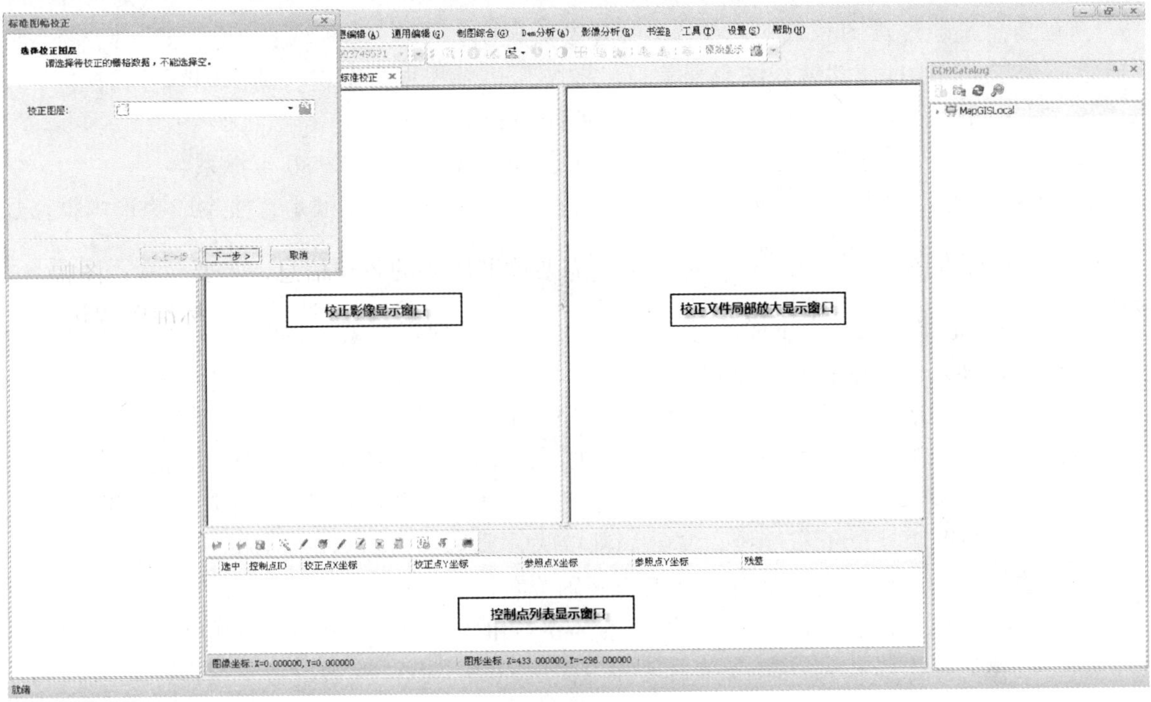

图 2.5　标准图幅几何校正界面

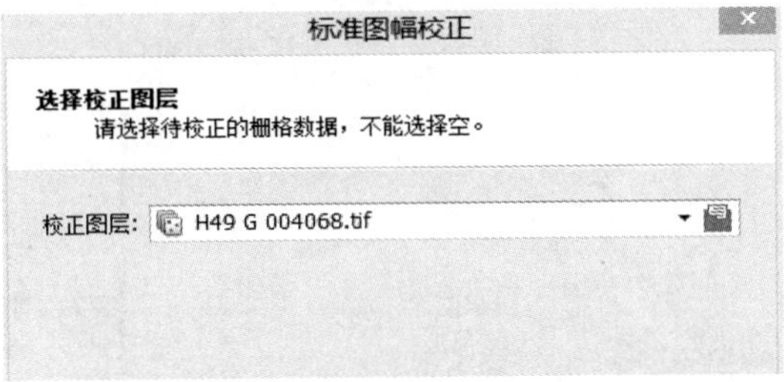

图 2.6　添加标准图幅

（2）输入图幅信息。单击【下一步】按钮，在标准图幅参数设置界面设置图幅信息，主要包括：图幅号、网格间距、坐标系、图框类型、最小间隔等，如图 2.7 所示。

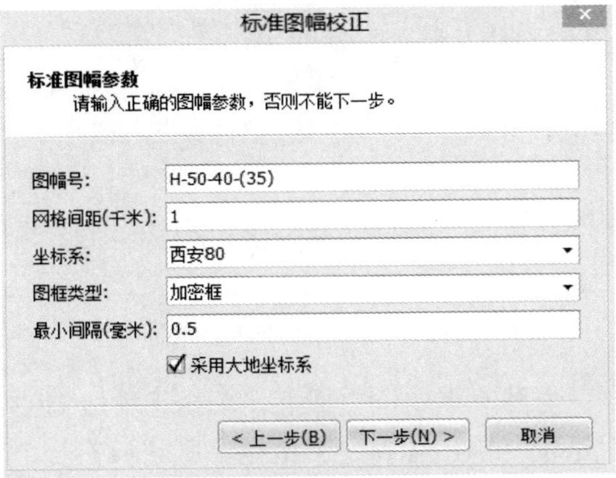

图 2.7　标准图幅参数设置

图幅信息是通过读图获取的，图 2.7 中各参数说明如下：

① 图幅号：通过读图输入图幅号信息，图幅号可以根据规范进行新旧图幅号转换。

② 网格间距：读图输入网格间距，网格间距单位为千米。

③ 坐标系：读图选择坐标系信息，包括北京 54 坐标系和西安 80 坐标系。

④ 图框类型：加密框是根据图幅信息生成梯形图框，而四点框是直接生成矩形内框，加密框的精度相对较高。此处是对 1∶10000 的图幅进行校正，用四点框即可。

⑤ 最小间隔：用户添加的相邻控制点之间的距离。

⑥ 采用大地坐标系：指生成的标准图幅是否采用大地坐标系，如果采用大地坐标系，则单位为米，否则采用图幅自身的坐标单位。

（3）定位内图廓点，建立理论坐标和图像坐标的对应关系。

单击【下一步】按钮，在对话框内定位内图廓点，建立理论坐标和图像坐标的对应关系。

通过放大、缩小、移动等基本操作，在校正影像显示窗口的图像上确定四个内图廓点的大概位置，使内图廓点位于右侧校正文件局部放大，显示当前窗口的范围，然后再利用放大、缩小、移动等基本操作确定四个内图廓点的精确位置。

如图 2.8 所示，以定位左上角的内图廓点为例，单击对话框中的【左上角】按钮，利用放大、缩小、移动等操作找到并单击左上角的内图廓点的大概位置后，再单击图像左上角的内图廓点即完成对该点的设置。以同样方法依次完成右上角、左下角、右下角内图廓点的设置。

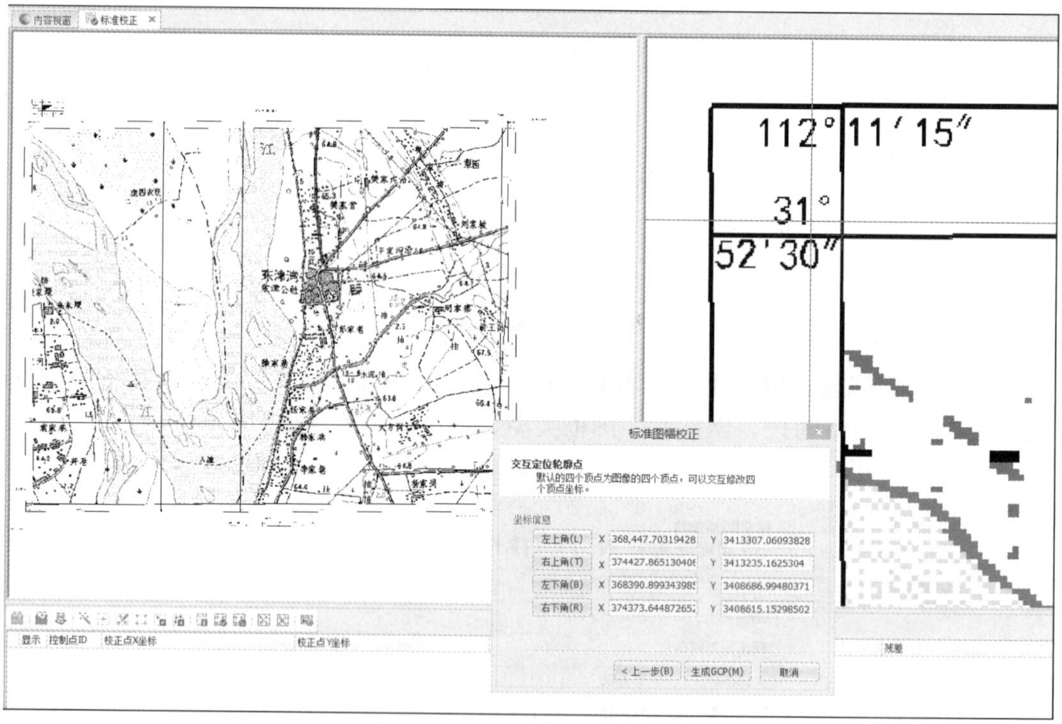

图 2.8　定位内图廓点界面

（4）生成 GCP 控制点。内图廓点定位完成后，单击【生成 GCP】按钮，系统会自动弹出【是否删除原有控制点】对话框，单击【确定】按钮，则将原有控制点删除，并生成新的控制点信息。

生成 GCP 控制点是软件系统以图幅参数设置和输入内图廓点信息为依据，自动计算出控制点的理论坐标，并以理论坐标为基础反算出控制点的图像坐标，并在校正影像显示窗口对其进行显示，如图 2.9 所示。

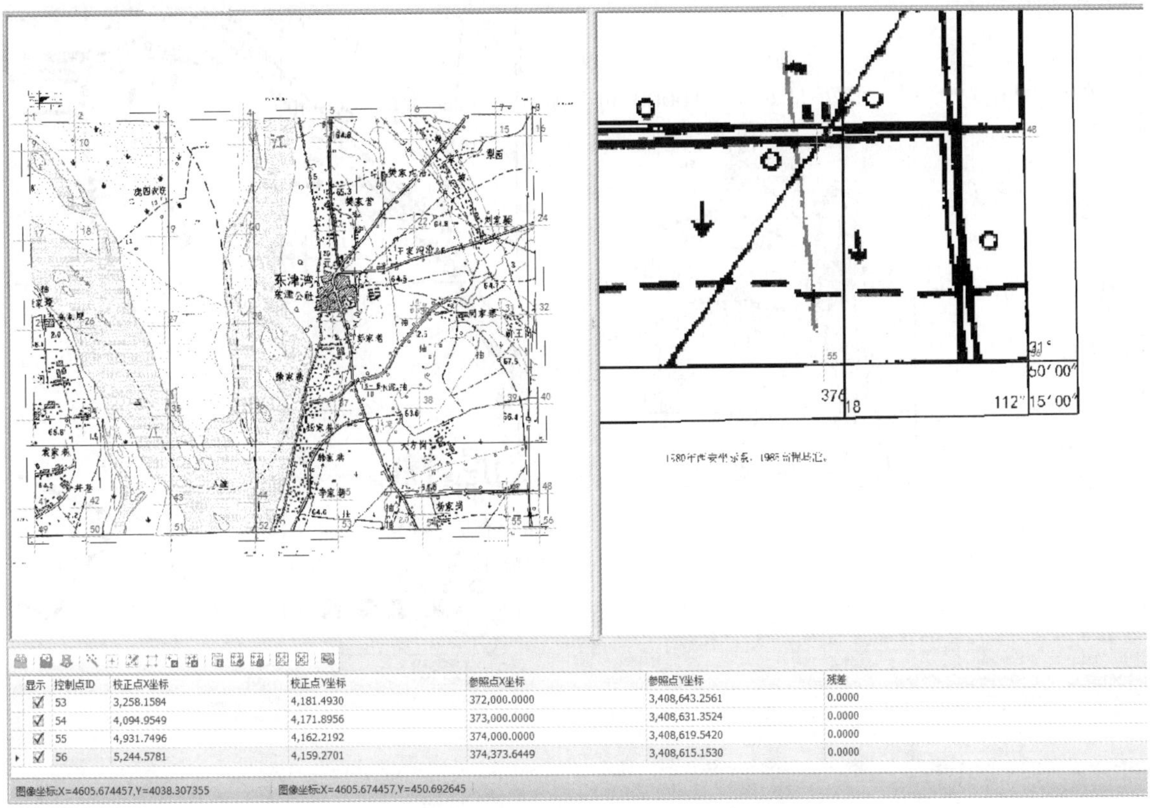

图 2.9　生成 GCP 控制点

4．顺序修改控制点

顺序修改控制点是将软件系统计算出的 GCP 点与图幅上对应的点建立精确的一一对应关系。

由于输入 4 个内图廓点的精度问题，生成的控制点不一定能够完全与图像正确的像元对应，因此需要对控制点进行修改，以确保控制点的精确性。

交互修改控制点，选择该方法后，在下方控制点列表窗口中选中需要修改的控制点，然后在左边影像窗口中单击该控制点的位置，用户可在右边局部放大窗口中进行确认、修改，确定正确的位置后，按空格键，弹出对话框单击【确认】按钮，完成控制点的修改。

使用交互修改控制点方法时，修改完当前控制点后，系统会自动跳转至下一控制点，用户可继续完成对各控制点的修改。修改过程中，如果遇到位置正确的控制点，可直接按空格键，对该控制点进行确认，如图 2.10 所示。

5．进行几何校正

对所有的控制点进行修改，当所有控制点满足校正精度后，用户可以单击工具条上的【校正】按钮，弹出对话框，对校正参数进行设置，单击【确认】按钮，系统自动开始校正，如图 2.11 所示。

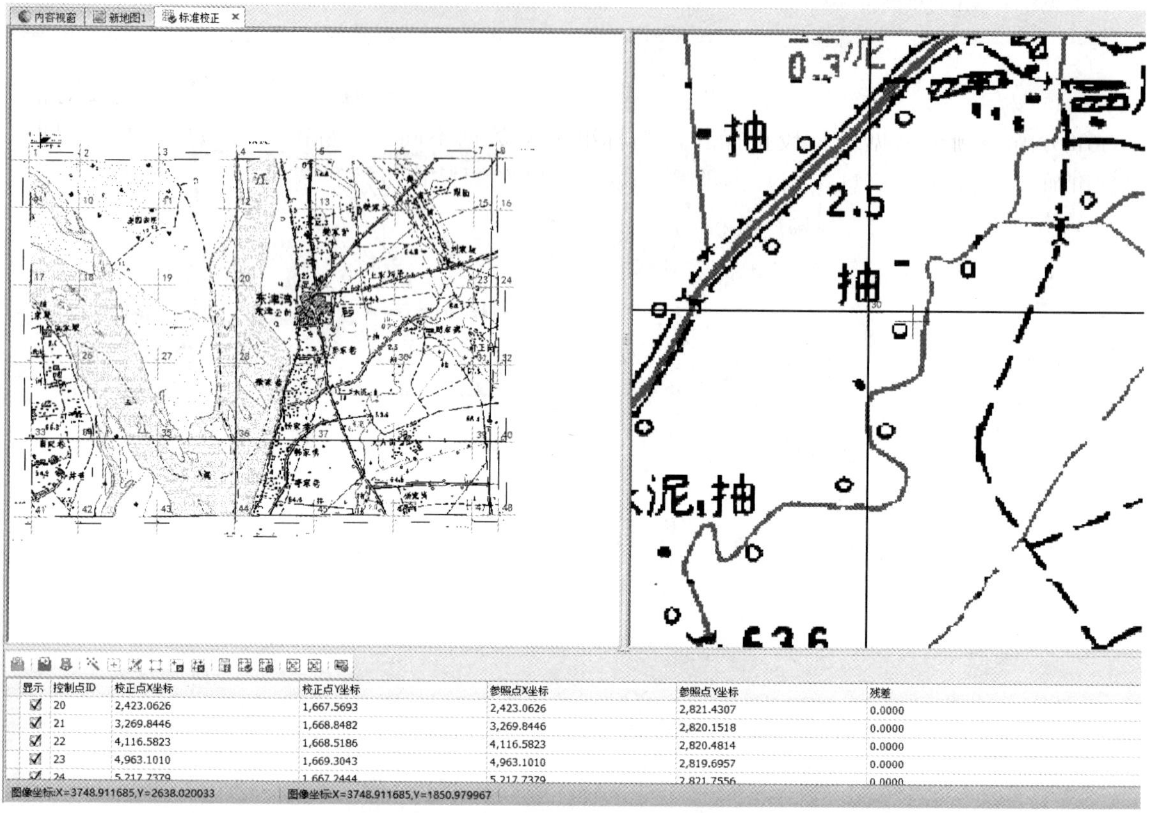

图 2.10　顺序修改控制点界面

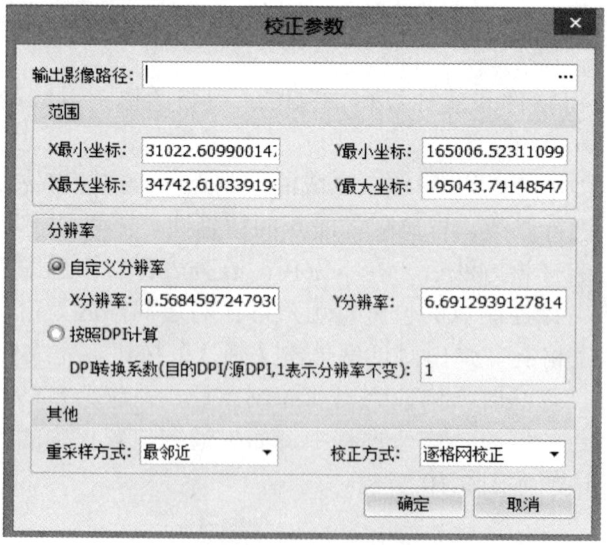

图 2.11　校正参数设置

注意：采用逐格网校正法生成 DRG 数据时，对于一些索引影像，其中类似等高线的部分可能在校正后出现断裂的情况，此时将索引影像转换成 RGB 影像处理便可消除。

2.1.2 非标准选点校正流程

非标准图幅校正是对非标准分幅的数据进行校正操作。在实际应用中，同样需要对很多非标准分幅的栅格数据进行校正操作，与标准分幅数据不同，非标准分幅数据不具有根据国家标准确定的控制点信息，用户需要自己对非标准分幅数据进行设置。

系统针对非标准分幅数据提供了图框校正和手动添加控制点校正两种方法。图框校正是在图幅地理范围已知情况下，生成相应的矢量图框，然后在矢量图框基础上对图幅进行校正；手动添加控制点是用户已知图幅上某些标志点的地理信息，通过手动添加这些控制点的信息，对图幅进行校正。

这里以有标准图幅号的影像数据进行校正为例，因此可以根据标准图幅号生成对应的图幅框。如果是非标准图幅，则可以根据图幅的比例尺、图幅范围生成非标准图幅框。

1．生成矢量图框

（1）单击【工具】→【生成图框】→【标准分幅图框】，系统弹出标准分幅对话框，用户可以输入图幅号，并且选择图幅比例尺、椭球类型、投影方式等信息，如图 2.12 所示。

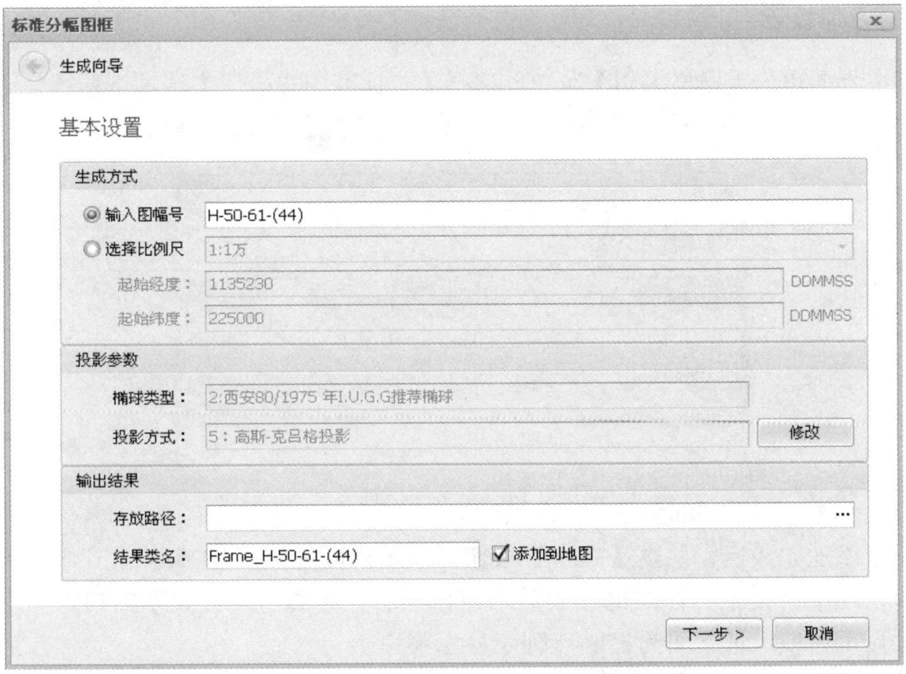

图 2.12 标准分幅图框基本设置界面

（2）用户在输入正确图幅号，并根据需要选取合适的椭球类型和投影方式后，确定标准分幅图框存放路径，单击【下一步】按钮，弹出如图 2.13 所示的对话框，单击【完成】按钮后可生成标准分幅图框。

图 2.13　标准分幅图框样式设置界面

2．进行几何校正

（1）在主界面单击【栅格编辑】菜单，选择【非标准图幅校正】选项，系统弹出如图 2.14 所示的对话框，单击添加需校正的栅格文件，单击【添加】按钮，添加参考图层。

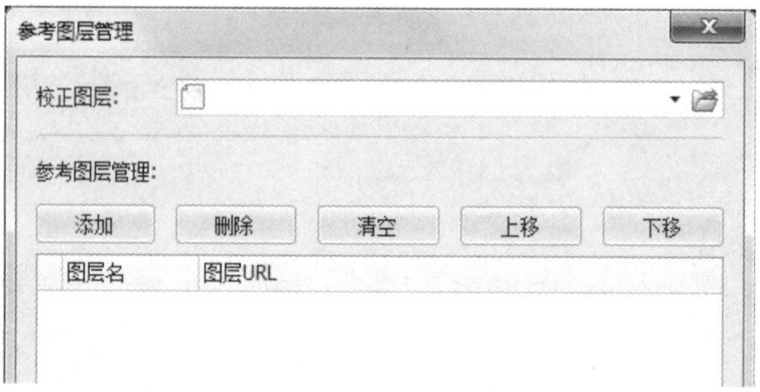

图 2.14　参考图层管理

（2）图层添加完成后，单击【确定】按钮，系统界面如图 2.15 所示。其中左上为校正影像显示窗口，左下为校正文件局部放大显示窗口，右上为参考文件显示窗口，右下为参考文件局部放大显示窗口，最下面为控制点列表显示窗口。

（3）单击【删除控制点】按钮，为了防止图幅存留之前添加的控制点，应首先删除所有控制点，然后开始添加新的控制点。用户通过单击【添加控制点】按钮添加控制点，界面如图 2.16 所示。

（4）在校正文件上添加控制点，在参考文件对应位置上依次添加控制点，按空格键，弹出对话框显示参照点坐标信息，单击【确定】按钮完成控制点添加，如图 2.17 所示。

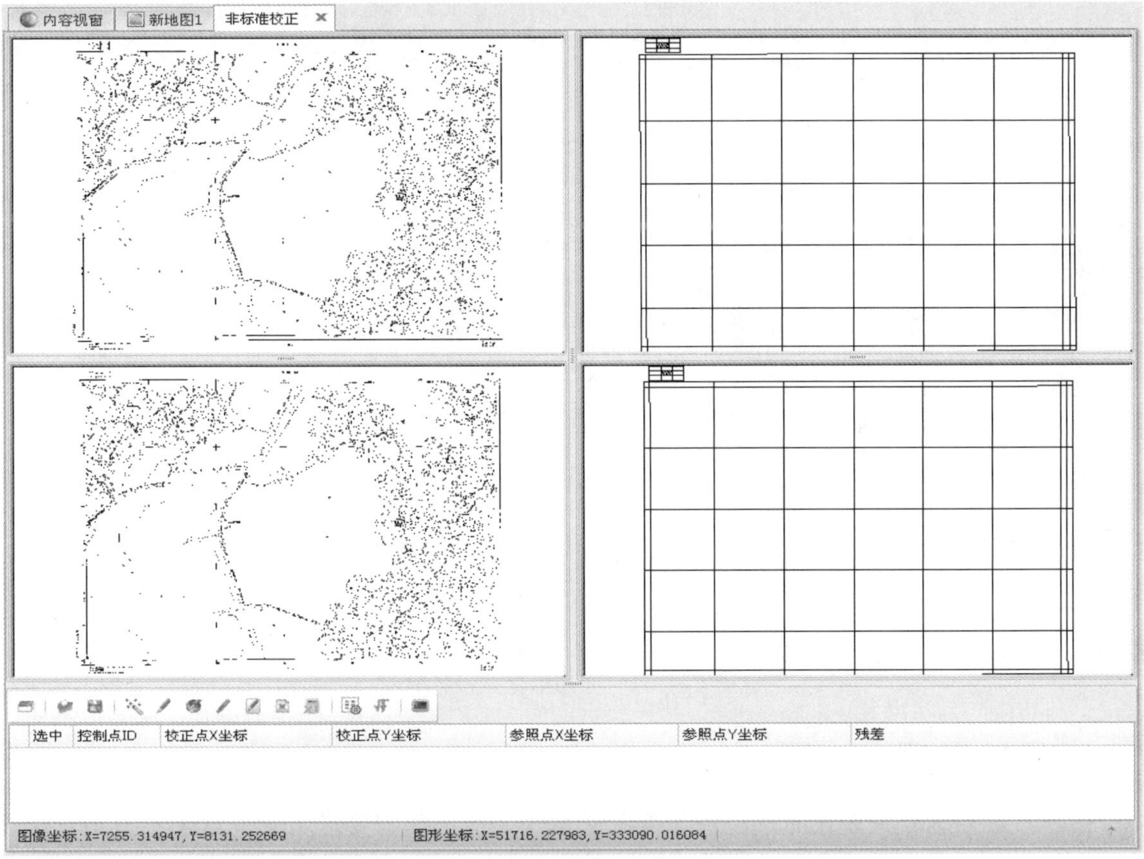

图 2.15　非标准图幅校正界面

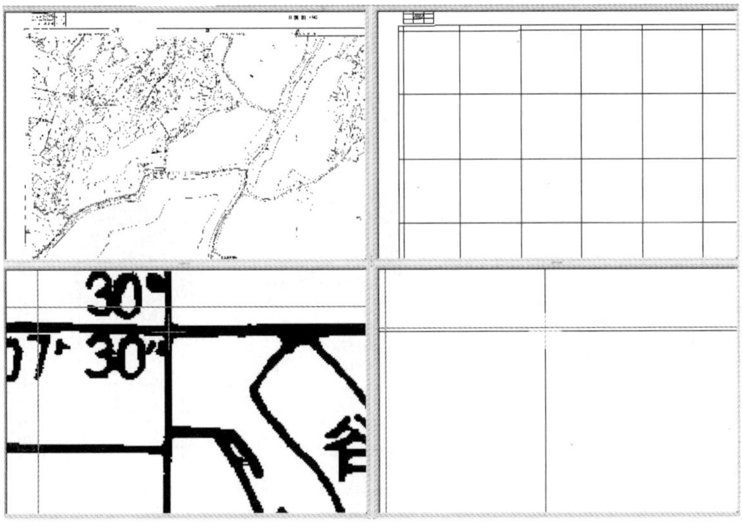

图 2.16　控制点添加界面

（5）依照上述步骤依次添加控制点，需要添加的控制点数至少为 4 组，控制点添加完毕后，用户可以检查残差值是否过大，如果残差值正常，最后对校正参数进行设置。校正参数信息设置可参考标准图幅校正，如图 2.18 所示。

图 2.17 参照点坐标信息

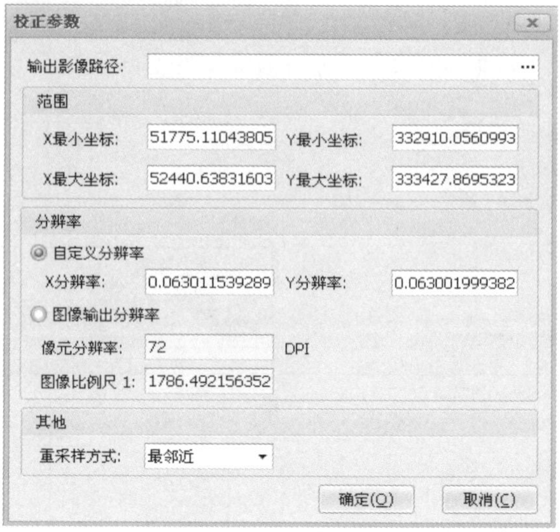

图 2.18 校正参数设置界面

2.2 扫描数字化

2.2.1 图例板制作

用户对数据进行矢量化时，在每一类图元输入之前，都需要进入菜单对此类图元的默认参数进行修改，这样大量重复的操作，极大地影响了矢量化工作效率。因此，用户可以生成含有固定参数的图例文件，并将其添加到图例板中，在矢量化时，可以直接拾取图例板中某一图元的固定参数，以实现灵活输入。

1. 打开样式库管理

用户通过选择菜单栏中的【设置】→【样式库管理】选项，打开样式库管理器，如图 2.19、图 2.20 所示。

图 2.19 【样式库管理】选项

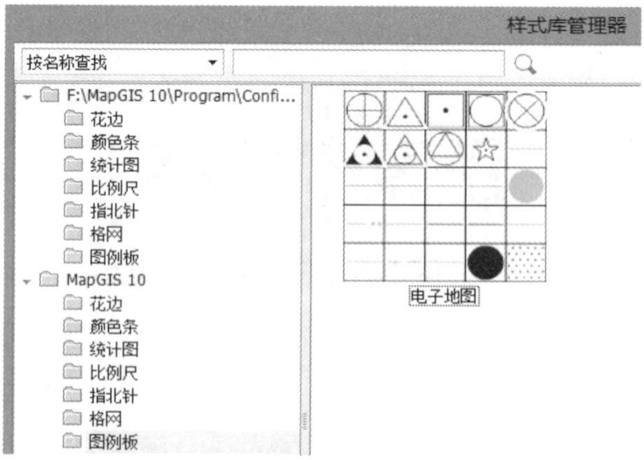

图 2.20 样式库管理器

2．新建图例

选择一个样式库，单击图例板选项，在右侧窗口的空白处单击【新建】按钮，系统弹出新建图例界面，如图 2.21 所示。用户可通过按钮“+”添加新的图例，也可通过按钮“-”删除某一图例。

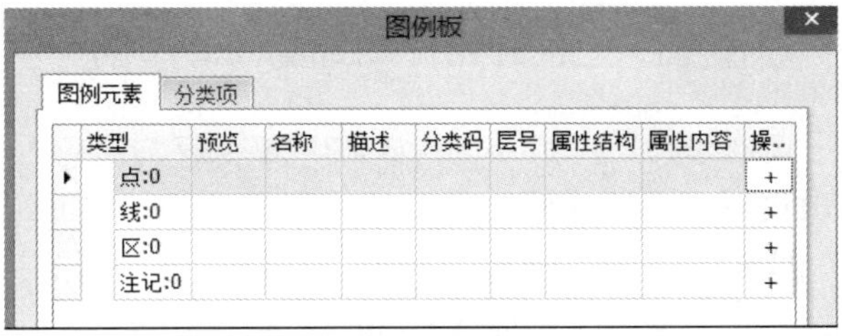

图 2.21　新建图例

（1）编辑图例参数。双击“预览”栏下的图例，系统弹出【参数修改】对话框，用户可以对图例参数信息进行修改，修改完毕单击【确定】按钮保存即可，如图 2.22 所示。

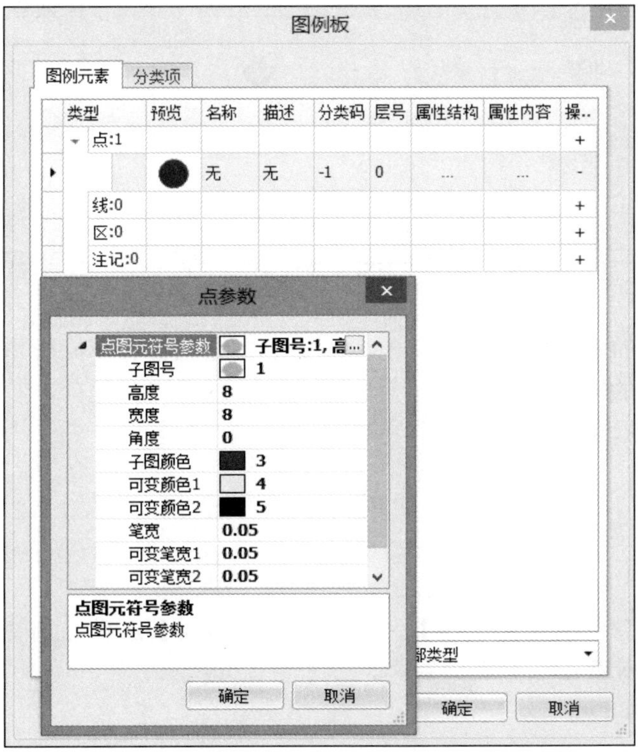

图 2.22　编辑图例参数

（2）编辑图例名称等信息。单击“名称”等栏目下的内容，可以对图例名称进行修改。

（3）编辑图例属性。单击“属性结构”或“属性内容”栏下按钮，弹出相应的对话框，用户可以对图例属性信息进行修改。图例板中的属性结构和属性内容与点、线、区菜单下的有所不同，当对图例中的属性结构和属性内容进行修改时，并不影响文件中图元的属性结构和属性内容，它只作为图例元素的一部分信息保存在图例文件中。

3. 选择图例类型

选择【图例类型】，输入名称、层号、描述等信息，单击【图例参数】项，在弹出的参数对话框中设置图例参数。

4. 设置图例属性

用户可以根据需要，选择是否设置图例的属性结构及其内容。

5. 完成图例设置

完成所添加的图例项设置，单击【确定】按钮将新建图例文件进行保存。如图 2.23 所示，新建一个名称为“H49”的图例板，主要包括河流、路灯、居民区等图例。

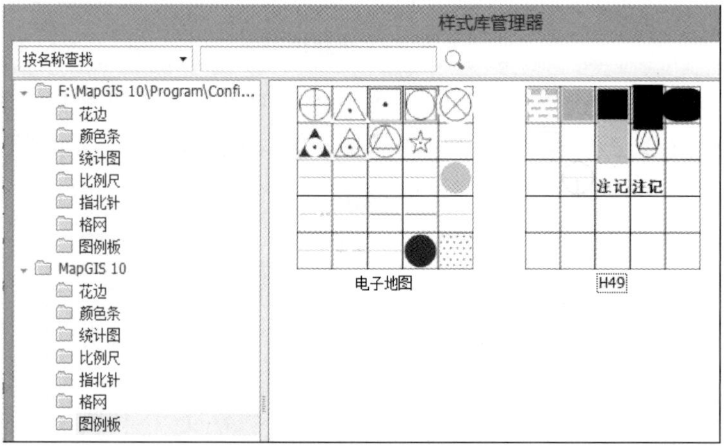

图 2.23 新建图例板

对于所需矢量化的栅格数据，通常一个图层中可能包含着不同应用的同类要素，层则能够较好地对不同应用的同类要素进行区分。因此，在进行矢量化前，往往需要根据栅格图信息设置相应层类，以提高矢量化的工作效率。

2.2.2 矢量化编辑

1. 打开栅格数据

右键单击文档视窗中的【新地图】，单击【添加图层】选项，选择校正后的栅格数据，将需要矢量化的栅格数据添加到新地图中，便于进一步操作。

2. 新建矢量图层

首先需要新建点、线、注记图层，右键单击文档视窗中的【新地图】，在弹出的快捷菜单中单击【新建图层】选项。输入文件名称（如“河流”），选择数据的保存路径，单击【确定】按钮完成图层的创建。同样的方法适用于其他文件的新建。完成图层的创建后，需要为新建的点、线、注记图层添加属性结构。

（1）点要素、注记的输入、编辑。在【编辑】菜单中选择【点编辑】选项，通过【点编辑】菜单中各个选项，完成图层中的点要素、注记添加、删除、修改等操作，如图 2.24 所示。数字地质图中的点主要包括：1）实体点，用来代表一个实体，如化石采样点、同位素采样点；

2）注记点，用于定位注记，如地质体注记；3）内点（label 点），用于记录多边形的属性，存在于多边形内；4）结点，表示线的终点和起点。

① 输入注记：用户在【编辑】菜单中选择【点编辑】→【输入注记】→【造注记】选项，可以添加新的注记。单击【设置注记参数信息】按钮，可以对注记参数进行设置，如图 2.25 所示。

图 2.24 【点编辑】菜单

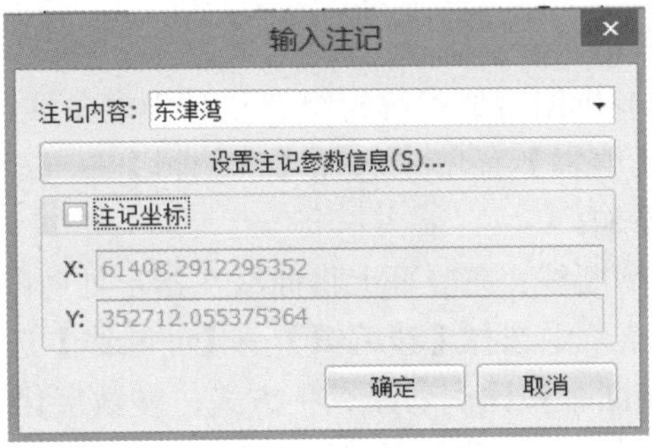

图 2.25　输入注记

② 特殊字串的输入：如果用户需要在图层上输入一个分数注记如“15-6/0.3”，则输入的注记内容应为“/15-6/0.3/”，如图 2.26 所示。

③ 剪断字串或连接字串：用户在【编辑】菜单中选择【点编辑】→【剪断字串】选项，弹出【剪断字串】对话框，通过单击□或□按钮改变主串和从串的长度，如图 2.27 所示。同样也可以通过【连接字串】选项，将分离的两个字符串进行连接。

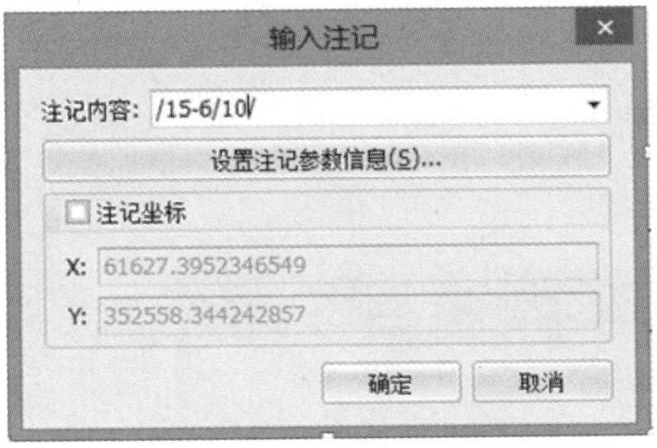

图 2.26　分数注记输入

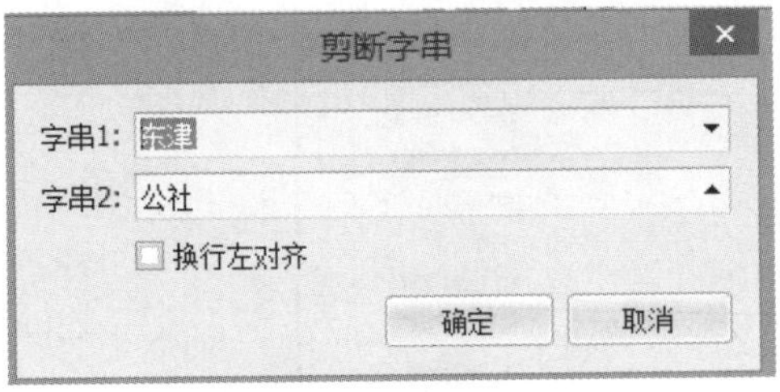

图 2.27　剪断字串

④ 字串替换：在【编辑】菜单中选择【点编辑】→【字串查找和替换】选项，对图层中所包含的注记，根据关键字进行查找，同时可以根据需要对所查注记进行替换。如图 2.28 所示，通过字串替换将“东”全部替换为“西”。

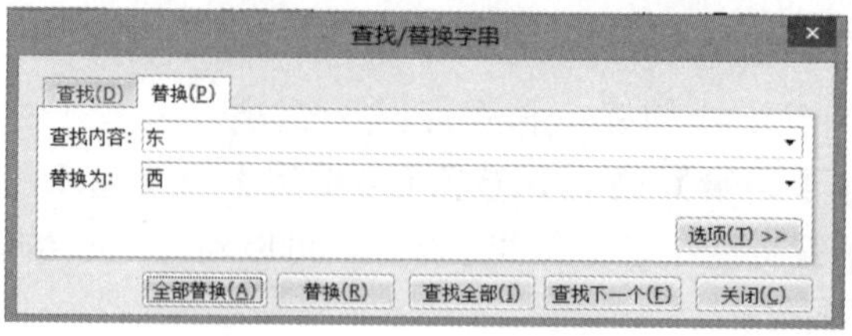

图 2.28　字符串查找和替换

（2）线要素输入、编辑。用户在【编辑】菜单中选择【线编辑】，通过单击【线编辑】菜单中各功能选项，完成线要素的输入与编辑。主要包括线要素的添加、删除、线参数和属性的修改以及对线进行抽稀、光滑、钝化等操作，如图 2.29 所示。

① 造折线、光滑曲线、正交线：用户在【编辑】菜单中选择【线编辑】→【输入线】选项，【输入线】选项中包括造折线、造光滑曲线、造正交线等选项，每种线都有“使用缺省参数”和“不使用缺省参数”两种选择，如果使用缺省（默认）参数，则输入线之前就需要确认缺省（默认）参数。如果不使用缺省（默认）参数，则每一次输入完一条线后就要输入这条线的参数。

② 解析组合线：解析组合线是由多条线图元组成的一个整体，拥有共同的参数与属性信息。在【编辑】菜单中选择【线编辑】→【输入线】→【造解析组合线】选项，完成解析组合线的添加。

③ 剪断线：在屏幕上将曲线在指定处剪断，将一条曲线变为两条曲线称为剪断线。用户在【编辑】菜单中选择【线编辑】→【剪断线】选项，对所选线进行剪断，包括有剪断点剪断、无剪断点剪断、按比例剪断三种方式。在数字化采集时，游标跟踪有时过头而多出一点线头，可以从多出的地方剪断，然后将多余的线头删除，按比例剪断的剪断线界面如图 2.30 所示。

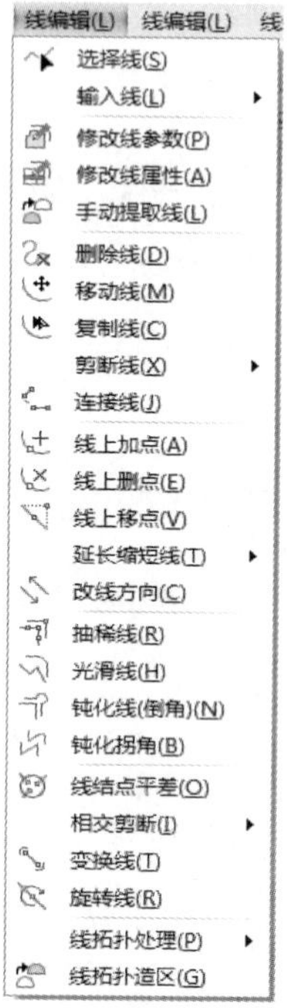

图 2.29　【线编辑】菜单

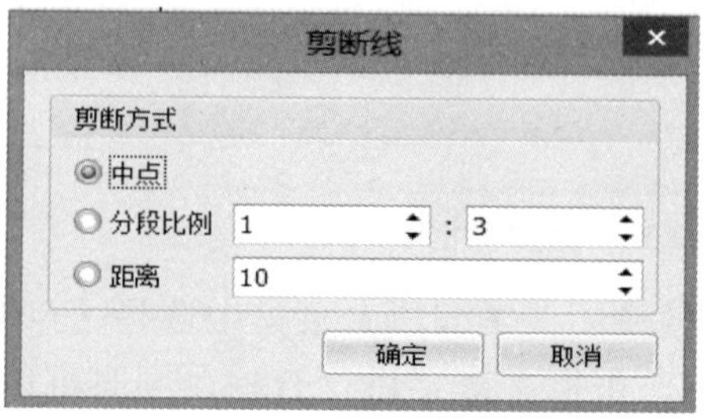

图 2.30　剪断线界面

④ 连接线：将两条曲线连接成一条线称为连接线。移动光标到第一条被连接曲线上的某点，单击鼠标左键，当捕获成功时，该曲线即变为闪烁。然后捕获第二条被连接线，当两条线连接成为一条线并闪烁时，单击鼠标右键结束连接。连接时系统把第一条线的尾端和第二条线的最近一端相连。

⑤ 钝化拐角：对线的尖角或者两条线相交处的倒角称为钝化拐角。用户在【编辑】菜单中选择【线编辑】→【钝化拐角】选项，设置倒角半径，对所选折线进行拐角钝化，如图 2.31、图 2.32 所示。

⑥ 延长缩短线：此功能下有四个分功能，其中延长线与缩短线的功能相似，单击此功能后，单击要延长（缩短）的线，即可以对该线进行延长或缩短。对于延长或缩短止于某一直线的线，则可以使用靠近线功能。在【编辑】菜单中选择【线编辑】→【延长缩短线】→【靠近线（母线加点）】选项，将分离的两条线以母线[①]上的一点进行连接。关于靠近线的操作，两条线可以在同一个文件中，也可以在不同文件中，如图 2.33 所示。

图 2.31　倒角半径参数设置

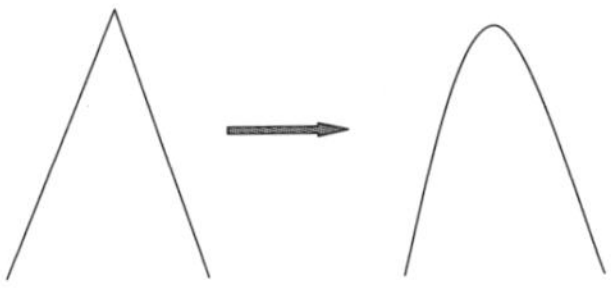
图 2.32　钝化拐角

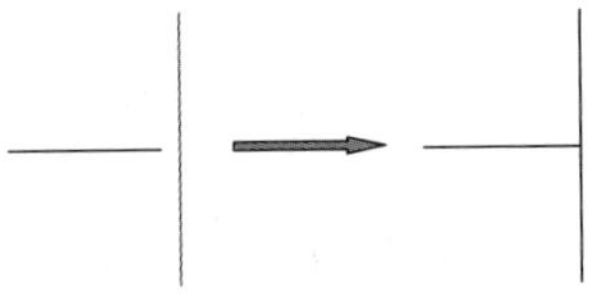
图 2.33　靠近线

（3）区要素输入与编辑。区编辑是图形编辑中很重要的一环。它包括区的形成及其属性的编辑，它能辅助用户提高绘图精度，协助用户制作出丰富多彩的地图。熟练掌握区编辑，对于提高编辑效率有很大的帮助。

① 输入区：输入区是以选择的方式构造多边面元，也称“手工造区”。具体操作如下：移动光标到欲生成的面元内，单击鼠标左键，此时如果弧段拓扑关系正确，则立即生成区，若造区失败则说明弧段拓扑关系不正确。

② 删除区：删除一个区，从屏幕上将指定的区域删除。移动图屏光标，捕获到被删除的区域，该区域加亮显示后马上变成屏幕背景颜色，这样该区就会被删除；删除一组区，选择删除区功能后，在图形管理窗口按下鼠标左键进行框选，系统会将窗口内的所有区删除。

③ 合并区：该功能可将相邻的两个面元合并为一个面元，移动鼠标左键依次捕获相邻的两个合并的面元，系统就会将后捕获的面元合并到先捕获的面元中，合并后的面元的图形参数及属性与先捕获的面元相同。如果是图形造区，则不能与其压盖的区合并。

④ 分割区：该功能可将一个面元分割成相邻的两个面元。执行分割操作前必须在该面元分割处画一条分割弧段，所画弧段两端必须与分割的区边界线相交，然后单击所画的分割弧段，系统捕获的弧段将区分割成相邻的两个面元，分割后的面元的图形参数及属性与分割前的面元相同。

3．矢量化

（1）在新地图选项右键单击【关联图例板】选项，选择之前已建立的相应图例板，单击【确定】按钮，完成图例板的关联。用户可以在地图上通过右键单击【打开图例板】选项，将图例板显示在地图上，如图 2.34 所示。

---

① 母线：用户先前用鼠标选择的线。

图 2.34　关联图例板

（2）为了保证矢量化后的数据精度，通常采用手工矢量化。

① 首先将需要矢量化的图层设置为当前编辑状态。

② 放大要矢量化的位置，辨明当前要矢量化的地物，在图例板中找到对应的地物图例，并将其选中。在【编辑】菜单中选择【输入线】→【造光滑曲线】选项，沿着地物的中心线造线，如图 2.35 所示，对河流进行矢量化。

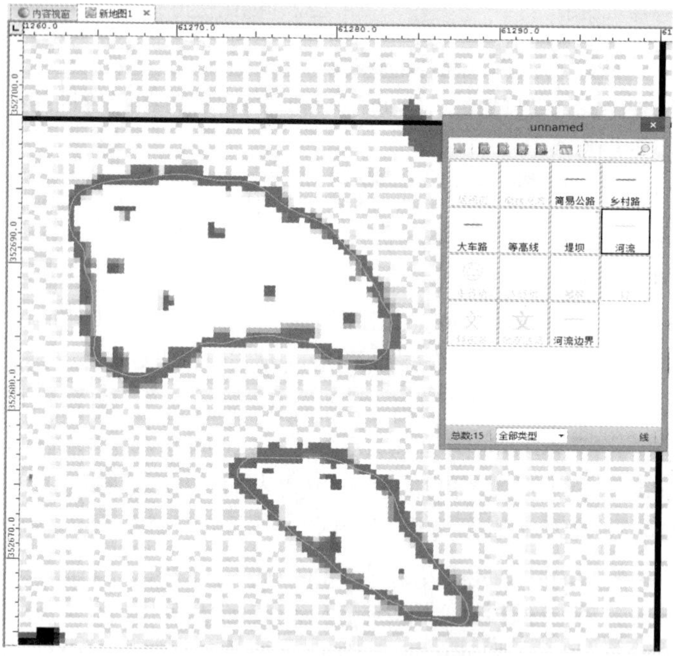

图 2.35　地物矢量化

③ 为了制图方便，在矢量化过程中可以根据不同要素开启不同的层。在图例板中选择河流，选择【层编辑】→【改层开关】选项，选择对应的图层类型，此处应选择“改线”。系统弹出【修改当前开关状态】对话框，双击“当前状态”列，将其他层的状态改为“OFF”，河流层的状态改为“ON”。修改完成后其他层的数据将被隐藏，当前视图中只显示河流层的数据。

层编辑主要包括：替换层号、修改层号、删除当前层、开所有层、关所有层、改层开关、修改层名等操作。

4．拓扑处理

当所有地物点、线、注记矢量化完成后，需要对线进行拓扑错误处理。拓扑处理的核心是建立拓扑关系，为了自动建立拓扑关系，系统提供了拓扑预处理功能。如果前期工作做得好，后期的许多工作，如弧段编辑、自动剪断等就可以省略。

（1）全图自动剪断。用户在矢量化时难免会出现一些失误，在该断开的地方没有断开，这给造区带来很大的障碍。在造区过程中，遇到线在结点处没有断开的情况，须剪断线后才能继续造区，这就显得很麻烦，全图自动剪断功能可以解决这个问题，如图 2.36 所示。自动剪断线后，有可能生出许多短线头，可以使用【清除微短线】功能消除这些无用的短线头。

（2）清除微短线。清除微短线功能用来清除自动剪断线后形成的微短线，以及输入编辑时不经意生成的微短线，这些无用的短线会对拓扑处理和空间分析产生影响。在【编辑】菜单中选择【线编辑】→【线拓扑处理】→【清除微短线】选项。弹出最短线长参数输入对话框，用户根据需要输入最小线长值，弹出拓扑错误信息对话框，会自动将小于该值的短线检索出来，可以对微短线进行删除。系统可以删除一条线，也可以删除符合条件的所有微短线，如图 2.37 所示。

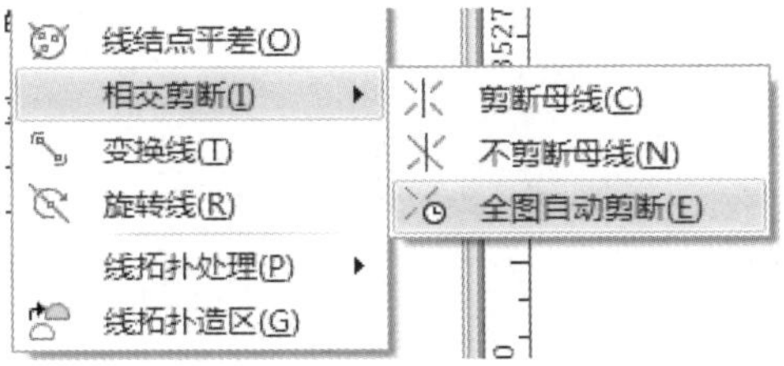

图 2.36 全自动剪断选项

图 2.37 设置最短线长

注意：不是所有检查出的微短线都可以删除；用户需要反复执行清除微短线，直到没有拓扑错误为止，如图 2.38 所示。

图 2.38 清除微短线

（3）清除重叠坐标。该功能用来清除某条线上重叠在一起的多余坐标点，这些重叠的点有可能是用户重复输入或采集的。当用户查出存在重叠坐标后，只需要单击右键就可以自动消除重叠坐标，清除重叠坐标的具体操作与清除微短线类似。

（4）弧段转线。将工作区中的弧段转换成线，并存入文件中，弧段与曲线是两个不同的概念，弧段属于面元轮廓边界，曲线属于线元。一个区域是由若干条弧段形成的封闭图形。

弧段转换成线就是把面元轮廓边界转换成线元，但不改变其形态与坐标位置。需要注意的是，输出面元时，只输出面色，不画弧段，面元边界靠与弧段吻合的线来画。如果线文件与弧段不吻合，则输出图元区域的色块与边界就不会吻合，所以当区域生成后，需利用【弧段转线】功能重新生成线文件，以保证不同地质体的色块和边界完全吻合。

（5）线拓扑查错。线拓扑查错是拓扑处理的关键步骤，只有当数据规范，不存在任何错误时，才能够建立正确的拓扑关系。用户可以通过此功能，方便快捷地找到拓扑错误的类型及出现错误的位置。线拓扑查错可以检查重叠坐标、悬挂弧段、弧段相交、重叠弧段、结点不封闭等影响拓扑关系建立的错误。所有查错工作都是系统自动进行的，查错系统在显示拓扑错误的同时，也会为用户提示错误位置，并在地图上动态显示，供用户改正错误时参考。进行线拓扑查错时同样要反复执行此命令，直到无拓扑错误为止，如图 2.39 所示。

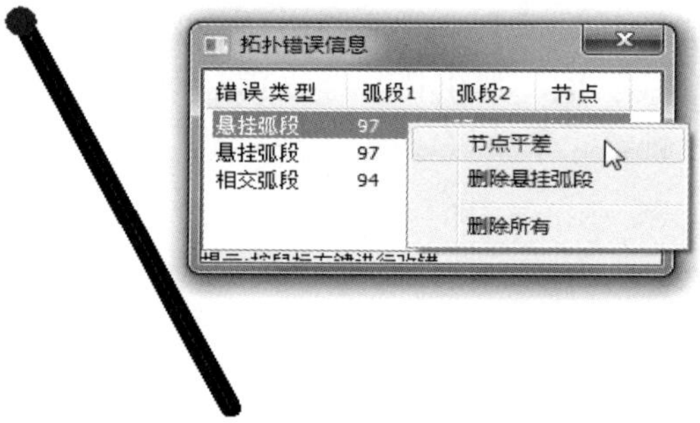

图 2.39 线拓扑查错

5. 拓扑造区

当用户完成拓扑处理后，可以在【编辑】菜单中选择【线编辑】→【线拓扑造区】选项，对线要素类进行拓扑造区，生成区图层。

矢量化过程中，可以配合快捷键对栅格影像进行矢量化，以方便操作。【F5】：放大，【F6】：平移，【F7】：缩小，【F8】：加点，【F9】：退点，【F11】：改线方向，【F12】：捕获功能，【F】：输入完成，【Z】：闭合线，Ctrl+鼠标右键：闭合线且输入完成，【N】：抓线拐点或线头线尾，【M】：捕捉线中点，【A】：输入线时要精确输入线的起始坐标值，【D】：修改参数快捷键。

矢量化过程中配合鹰眼功能，可全局掌控当前数字化的进度。

2.2.3 按层分离图元

在编辑操作中，大部分操作都是对指定的某个图元进行操作，这些操作都需要首先捕获指定的图元后才能进行，所以将图元从层中分离出来，并对特定的图元进行操作是极为重要的。

当用户需要分离图元时，首先要激活当前要分离图元的层，如河流这一层。然后右键单击该图层，弹出快捷菜单，在【层编辑】中选择【按层分离图元】选项，可以将该层所包含的图元进行分离，如图 2.40 所示。

在弹出的【按层分离图元】对话框中，选择要分离的层号（如“SHS”），单击【→】按钮，将其加入到“提取任务信息”栏中，单击【结果目录】栏设置新图层保存的路径，单击【分离】按钮，SHS 这一层数据就从河流层中提取出来，如图 2.41 所示。

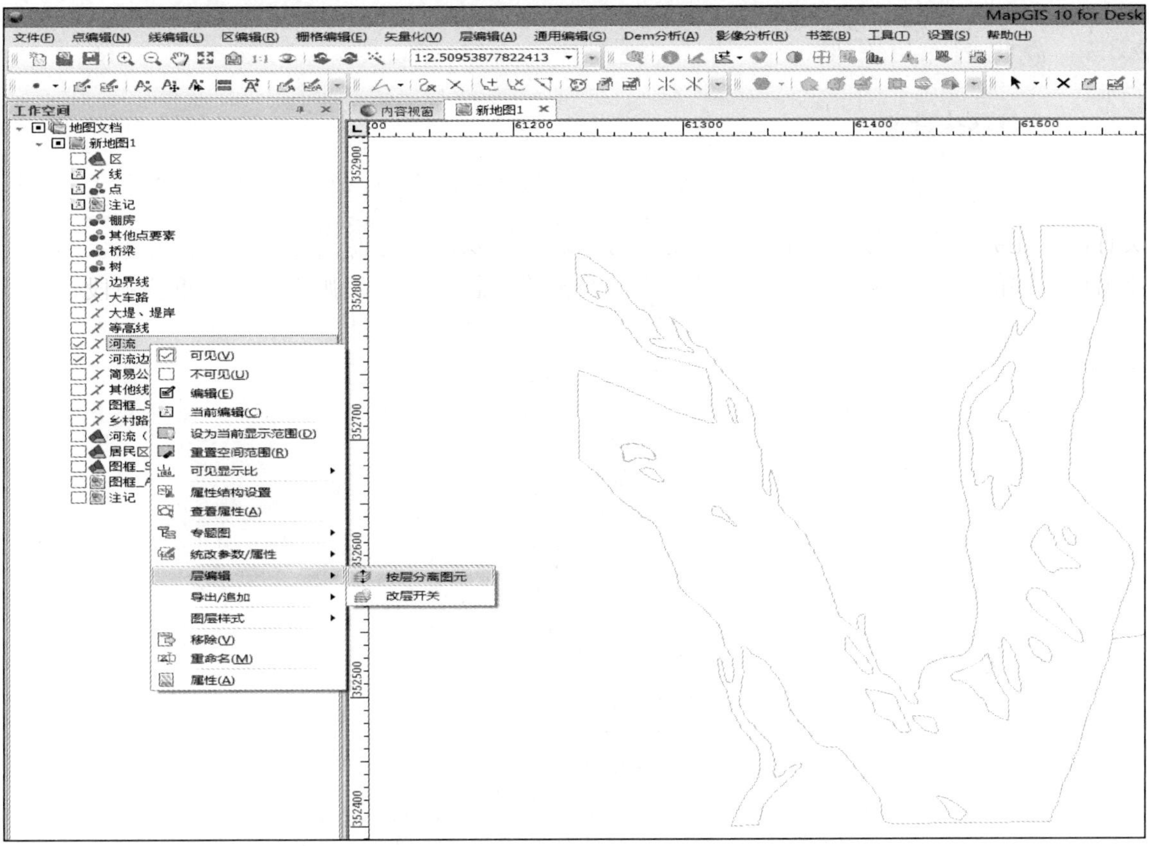

图 2.40　按层分离图元

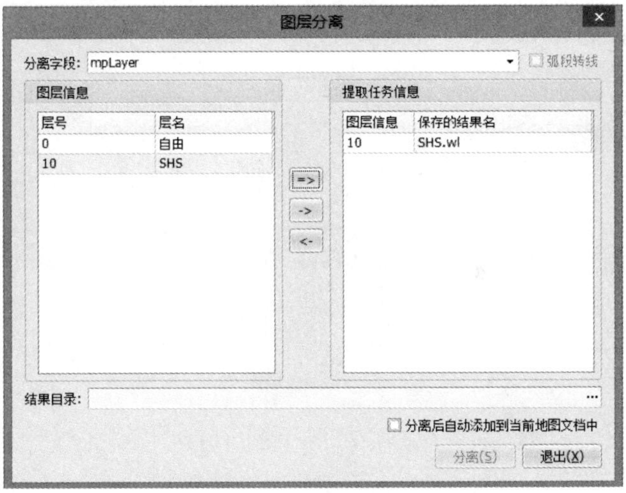

图 2.41　图层分离界面

2.3　属性数据录入

对已经矢量化的简单要素类赋予一定属性字段和值，为后面进行专题图分析、动态注记等准备必需数据。

2.3.1 属性输入与管理

1. 属性结构设置

（1）在工作空间下，用户右击需要输入属性的图层，在弹出的快捷菜单中单击【属性结构设置】选项，对所选图层的属性结构进行设置，如图 2.42 所示。

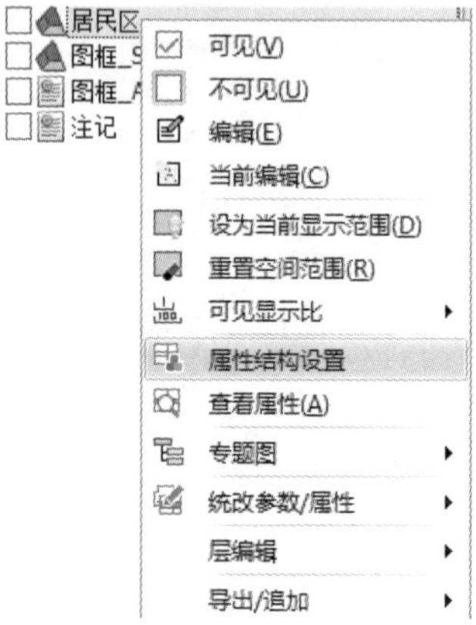

图 2.42 属性结构设置选项

（2）用户在软件下部弹框中输入“字段名称”，选择“类型”，确定长度、小数位，单击【确定】按钮即可对所选图层的属性结构进行设置。系统已为不同类型图元（点、线、面）指定了默认的属性结构，可以根据需要添加其他属性字段。通过属性结构设置界面的导入、导出选项，可以将属性结构导出为.xml 文件，同样，属性结构也可通过导入实现设置；数据类型主要包括字符串、字节型、布尔型、浮点型、日期型等，如图 2.43 所示。

图 2.43 属性结构设置界面

2．属性内容输入

（1）在工作空间中，右击需要输入属性的图层，从快捷菜单中单击【查看属性】选项打开属性表，查看属性记录，如图 2.44 所示。

图 2.44　属性查看选项

（2）在软件下部弹框中双击输入属性内容，属性的输入可通过相应的修改属性工具在非只读情况下直接修改属性记录，也可通过属性连接将已有属性表连接到对象，如图 2.45 所示。

属性视图

序号	OID	mpLength	mpLayer	河流深度
1	1	294.878916	10	<NULL>
2	2	65.391598	10	<NULL>
3	3	87.260224	10	<NULL>
4	7	19.540458	10	<NULL>
5	8	39.386924	10	<NULL>
6	9	103.304842	10	<NULL>

图 2.45　属性输入界面

3．属性修改

【修改属性】工具用来编辑修改图元的属性信息，该功能主要用于地理信息系统进行信息分析、查询的软件系统。用户选中【修改属性】功能项后，移动光标捕获某一区域，系统会将该区的属性信息显示出来，供用户进行修改。在地质制图中，常使用属性修改功能读取所造区的面积，如储量计算式，用其计算剖面面积、块段面积、工作区面积等。

2.3.2　属性处理

属性处理位于地图编辑器工具菜单中，主要包括：属性汇总、属性合并、属性连接和属性统计。

1．属性合并

属性合并功能是指将源类属性合并到目的类中，并在同一张属性表中展示，主要包括以下几步。

（1）设置源类及目的类。选择要合并的数据，以“餐饮娱乐.wt”和“旅游景点.wt”数据为例，如图 2.46、图 2.47 所示。

序号	OID	ID	名称	城区	mpLayer
15	15	15	大华饭店	江汉区	0
16	16	16	民众乐园...	江汉区	0
17	17	17	野味香酒楼	汉阳区	0
18	18	18	享葩城酒楼	汉阳区	0
19	19	19	知音咖啡屋	汉阳区	0
20	20	20	鸣华轩	汉阳区	0
21	21	21	美国麦克...	汉阳区	0
22	22	22	古琴台酒楼	汉阳区	0
23	23	23	海外美食...	汉阳区	0
24	24	24	乐佳海鲜屋	江汉区	0
25	25	25	红松餐馆	江汉区	0
26	26	26	麦香居	江汉区	0
27	27	27	武汉饭店		0
28	28	28	老大兴歌...		0
29	29	29	羊城大酒店	江汉区	0
30	30	30	双祥城	江汉区	0
31	31	31	金都酒店	江岸区	0

图 2.46　餐饮娱乐.wt

序号	OID	ID	名称	城区	mpLayer
1	1	1	武汉动物园	汉阳区	0
2	2	2	归元寺	汉阳区	0
3	3	3	古琴台	汉阳区	0
4	4	4	向警予烈...	汉阳区	0
5	5	5	龟山三国城	汉阳区	0
6	6	6	赤壁大战...	汉阳区	0
7	7	7	晴川阁	汉阳区	0
8	8	8	太山寺	汉阳区	0
9	9	9	武汉影视城	江岸区	0
10	10	10	南德寺	江岸区	0
11	11	11	龙王庙观...	江汉区	0
12	12	12	中营寺	蔡甸区	0
13	13	13	三角湖度...	蔡甸区	0
14	14	14	武汉展览馆	江汉区	0
15	15	15	武汉二七...	江岸区	0
16	16	16	龙阳度假渔	汉阳区	0
17	17	17	市青少年...	江岸区	0

图 2.47　旅游景点.wt

（2）设置不同属性结构。这里所选的两个文件属性结构相同，数据可以直接合并到一起。如果文件属性结构不同，则需要设置合并选项。

（3）设置目的类及创建新类。这里创建新类，系统自动生成一个对象类。

（4）系统将两个文件的属性合并到一张属性表当中，如图 2.48 所示。

序号	OID	ID	名称	城区	mpLayer
1	238	1	武汉动物园	汉阳区	0
2	1	1	红日火锅...		0
3	239	2	归元寺	汉阳区	0
4	2	2	祁万顺酒楼	汉阳区	0
5	240	3	古琴台	汉阳区	0
6	3	3	知音饭店	汉阳区	0
7	241	4	向警予烈...	汉阳区	0
8	4	4	钟声饭店	江岸区	0
9	242	5	龟山三国城	汉阳区	0
10	5	5	中日合资...	江岸区	0
11	243	6	赤壁大战...	汉阳区	0
12	6	6	金碧餐厅	江岸区	0
13	244	7	晴川阁	汉阳区	0
14	7	7	荣宝斋	江岸区	0
15	245	8	太山寺	汉阳区	0
16	8	8	北京路酒店	江岸区	0
17	246	9	武汉影视城	江岸区	0
18	9	9	台北斗牛...		0

图 2.48　属性合并表

2. 属性连接

属性连接功能能够实现将源类连接到目的类，在源类和目的类关键字段的记录值相等，且该关键字段类型可以兼容的前提下，在目的类中连入源类字段。以通过属性连接为简单要素类挂接属性为例，如图 2.49、图 2.50 所示。

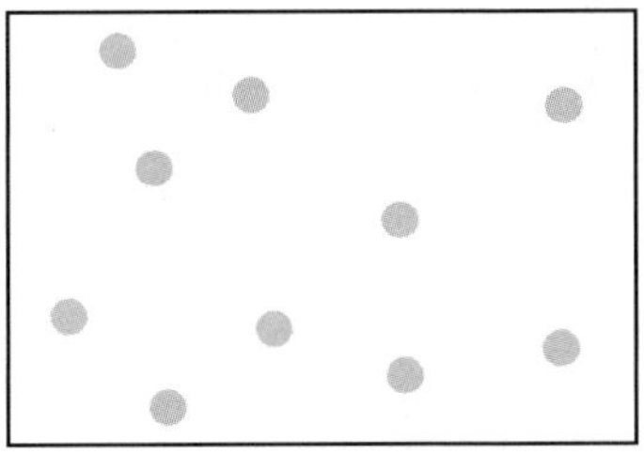

图 2.49 旅游景点简单要素

序号	OID	mpArea	mpPeri...	mpLayer	ID
1	8	306.897161	62.109123	0	2001
2	9	306.897161	62.109123	0	2002
3	10	306.897161	62.109123	0	2003
4	11	306.897161	62.109123	0	2004
5	12	306.897161	62.109123	0	2005
6	13	306.897161	62.109123	0	2006
7	14	306.897161	62.109123	0	2007
8	15	306.897161	62.109123	0	2008
9	16	306.897161	62.109123	0	2009
10	17	306.897161	62.109123	0	2010

图 2.50 旅游景点属性表

（1）选择源类及目的类。这里把对象类作为源类，连入简单要素类，连入字段默认选择全部字段。

（2）设置源类和目的类连接的关键字。多关键字段可以指定多个字段，这里以唯一标识各景点的 ID 字段与表格数据匹配连接。

（3）设置连接方式。若将连接结果保存为对象类，则需指定新对象类的保存路径及名称，这里将默认选择完全连接，不改变目的类，若选择不完全连接则会删除无法匹配的记录。

（4）显示属性连接结果，属性连接成功后原表格数据挂接到相应记录上，如图 2.51 所示。

序号	OID	mpArea	mpPeri...	mpLayer	ID	ID_1	名称_1	城区_1	缩写_1
1	8	306.897161	62.109123	0	2001	2001.000000	归元寺	汉阳区	GYS
2	9	306.897161	62.109123	0	2002	2002.000000	黄鹤楼	武昌区	HHL
3	10	306.897161	62.109123	0	2003	2003.000000	古琴台	汉阳区	GQT
4	11	306.897161	62.109123	0	2004	2004.000000	龙王庙	江汉区	LWM
5	12	306.897161	62.109123	0	2005	2005.000000	武汉展览馆	江汉区	WHZLG
6	13	306.897161	62.109123	0	2006	2006.000000	毛泽东故居	江岸区	MZDGJ
7	14	306.897161	62.109123	0	2007	2007.000000	相国寺	洪山区	XGS
8	15	306.897161	62.109123	0	2008	2008.000000	天主教堂	江岸区	TZJT
9	16	306.897161	62.109123	0	2009	2009.000000	湖北地质...	江汉区	HBDZBWG
10	17	306.897161	62.109123	0	2010	2010.000000	保通禅寺	武昌区	BTCS

图 2.51 属性连接结果

3. 属性汇总

对图形（点、线、面）和注记属性进行汇总，如将点坐标信息存入属性表，将注记内容存入属性表。这里以点坐标存入属性为例进行说明。

（1）在属性汇总下打开汇总数据。

（2）修改属性结构，其目的是为了将运算（坐标属性化）结果存入属性表相应字段。

（3）选择运算字段并执行，选择【坐标属性化】，指定字段为“x 坐标、y 坐标”，单击执行。

（4）查看属性汇总结果，用户可以看到点坐标信息被存为属性。

2.3.3 属性检查

用户可以利用属性检查工具，分析属性特征，了解每个属性所包含的图元信息。

（1）在【工具】菜单下选择【属性检查】选项，如图 2.52 所示。

（2）在弹出的对话框中选择要检查的属性字段名，在右边列表框中可以查看每个属性内容包含图元个数，以及图元总个数，如图 2.53 所示。

图 2.52 属性检查选项

图 2.53 图层属性检查

2.4 地图整饰与打印输出

本节主要介绍如何对矢量化完成后的地图进行修饰，如添加比例尺、文本、统计图等地图修饰工具，调整地图版面，打印设置及输出。

2.4.1 地图整饰

设置动态注记、显示比例打开工作空间，在左侧地图文档添加前述步骤中已完成矢量化的点、线、区以及注记图层，并将各个图层显示在主界面中，如图 2.54 所示。

在左侧地图文档中选择区图层，以居民区为例完成如下操作：选择该图层【右键属性】→【动态注记】选项。在居民区属性页，勾选【动态注记】选项，选择注记标注方式为“统一注记”，选择属性字段为“村庄名”，同时在右侧一栏设置动态注记显示参数，如图 2.55 所示。

矢量地图中标注村庄名后的图形效果如图 2.56 所示。

当前状态下的地图仍不能作为某个实际应用参考，接下来对地图的符号化操作就是根据地图属性的地类码以国家标准配置符号，生成具有某一专题信息的专题地图。进行专题图设置，生成一幅专题地图，主要需要进行以下几步操作。

（1）选择专题图。图层右键，单击【专题图】，选择【创建专题图】项，弹出专题图向导类型选择界面，选择【单值专题图】项单击【下一步】。

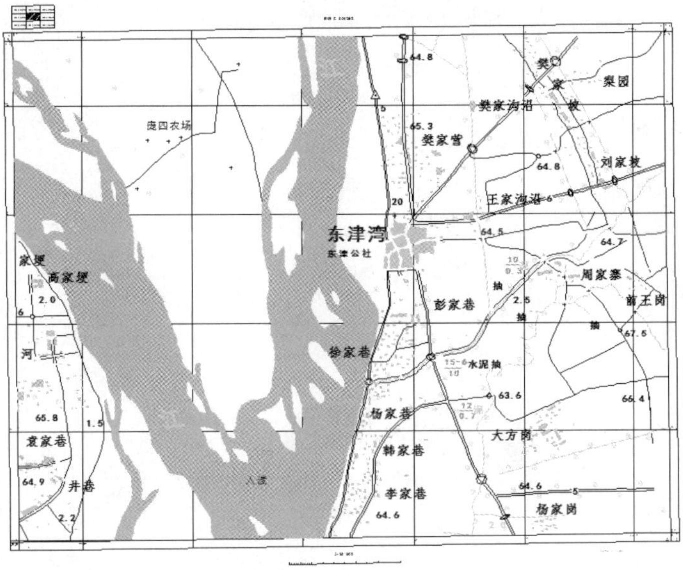

图 2.54　已完成矢量化的数据

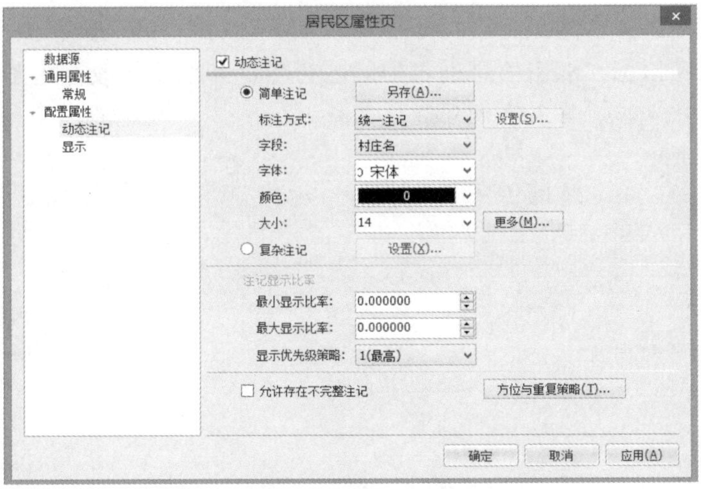

图 2.55　设置动态注记

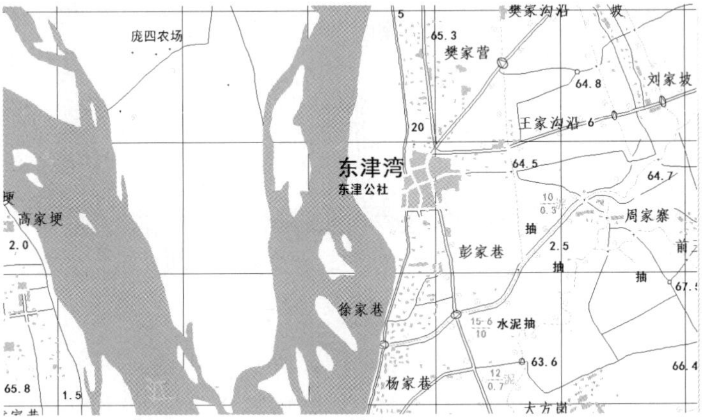

图 2.56　设置动态标注后的地图预览

（2）选择专题图分类字段为“地类码”，如图 2.57 所示。

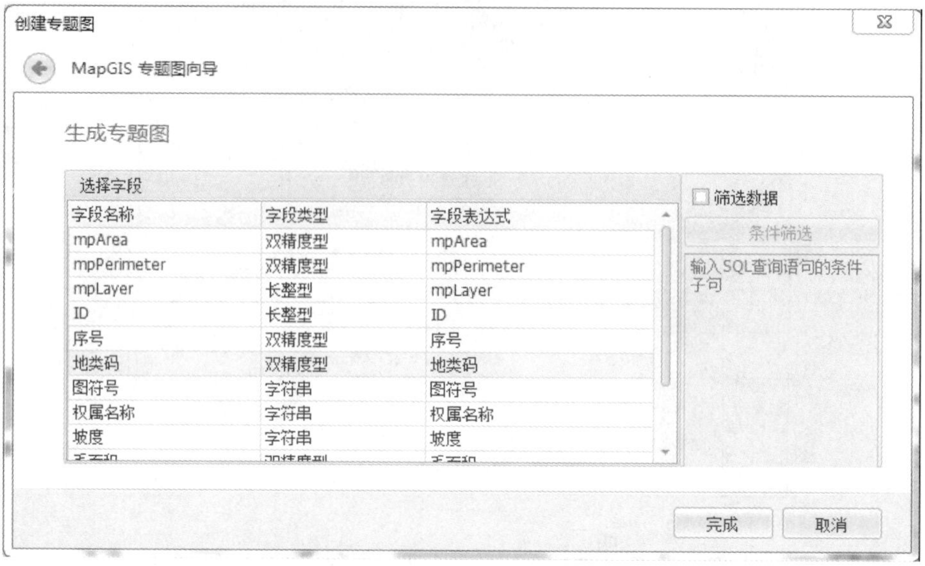

图 2.57　选择专题图分类字段

（3）修改专题图信息。双击信息列表中的区符号，弹出【修改专题图参数】对话框，完成对专题图参数的修改，如图 2.58 所示。

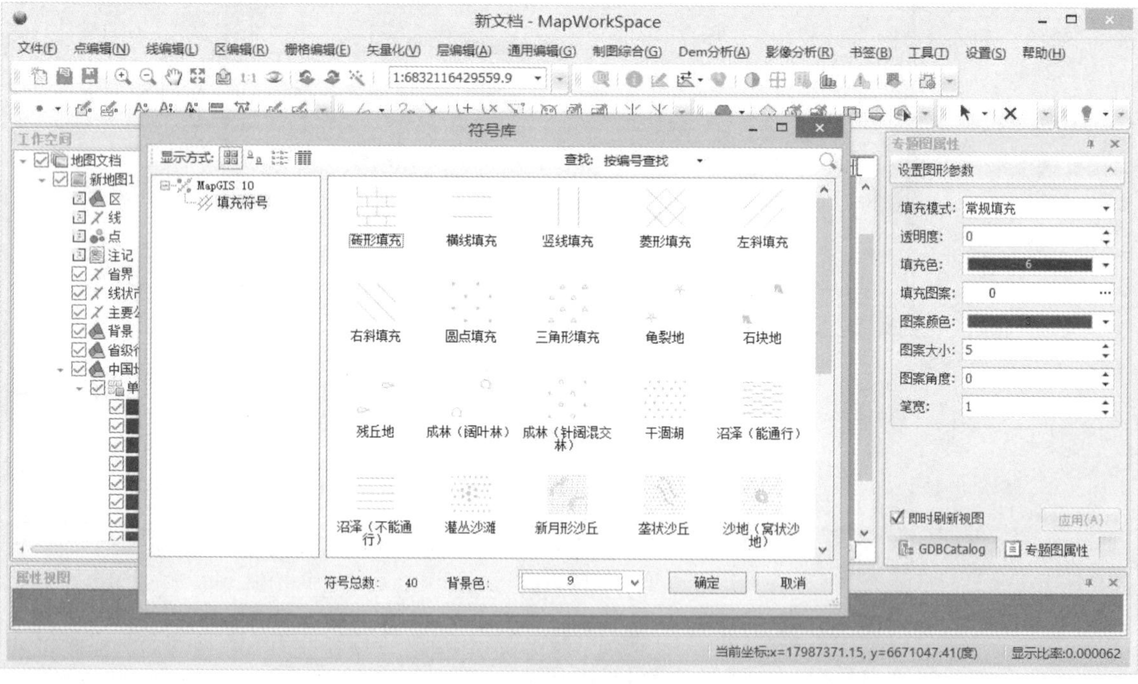

图 2.58　修改专题图参数

用户可以根据如上操作，依次完成其他图层的专题图生成。专题图信息修改完成后，在工作空间中可以直观显示单值专题图的地类码效果，其效果如图 2.59 所示。

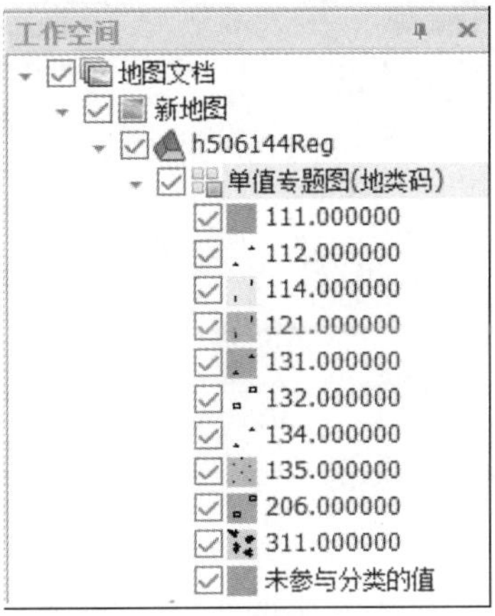

图 2.59　单值专题图

2.4.2　地图排版打印

以打印如图 2.60 所示的一幅已矢量化的中国地图为例进行说明。打印前先进行整图布局、整图修饰，如重置图层叠放、添加图框、注记等。

（1）在地图编辑器下打开该地图。选择工作空间下【文件】菜单，单击【打开版面视图】选项。

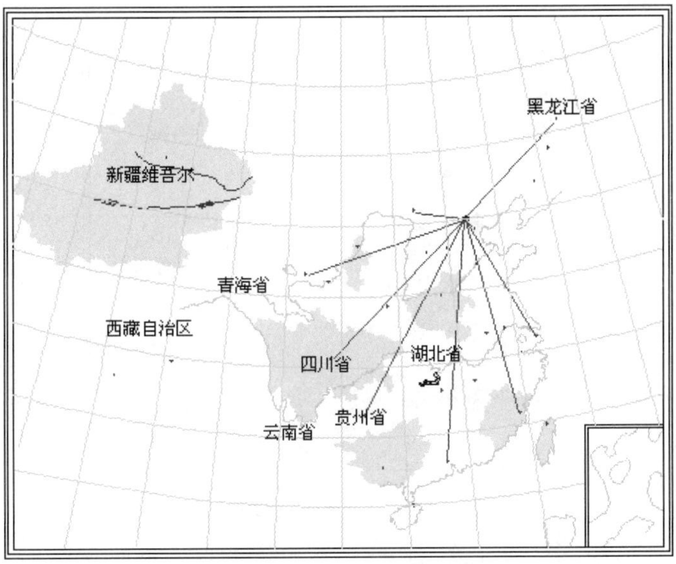

图 2.60　已矢量化中国地图

（2）设置地图版面。最终能够打印输出的只是位于版面范围内的图形，因此首先设置版面的大小，这里选择 A4 大小版面，最终打印范围也只有 A4 纸张范围。如果想要地图不进行缩放打印，这里要手动修改版面高度及宽度以适应地图的大小。

（3）设置排版框。右键单击排版框，从快捷菜单中选择【缩放地图】，在弹出的对话框中，使用“按比例尺缩放”将新比例尺改为 1∶10000，单击【应用】按钮，如图 2.61 所示。

选择【排版框适应到数据】项，单击【应用】按钮，如图 2.62 所示。

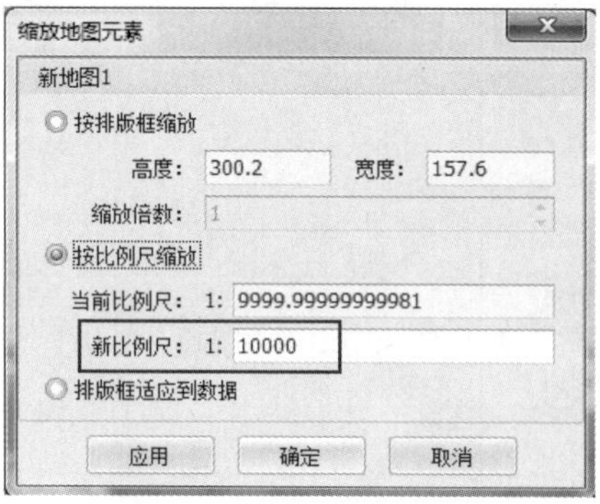

图 2.61 地图比例尺设置

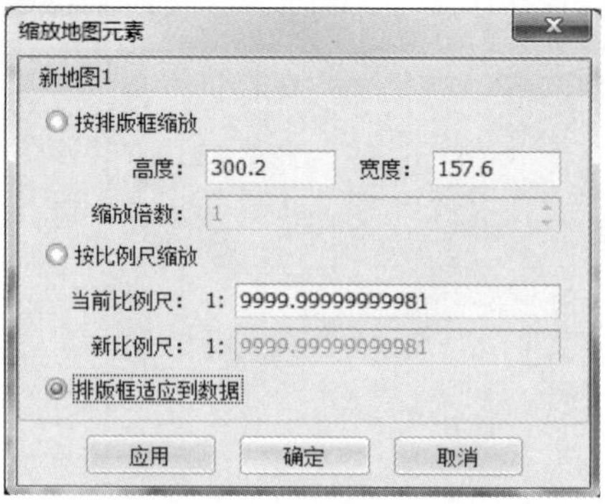

图 2.62 排版框适应到数据

（4）添加版面修饰元素。这里简单添加指北针、图框、比例尺等制图元素，根据需要还可添加图片、表格等。单幅地图打印无须进入版面视图，但是无法方便地添加修饰元素（如指北针、图例、比例尺等），如图 2.63 所示。

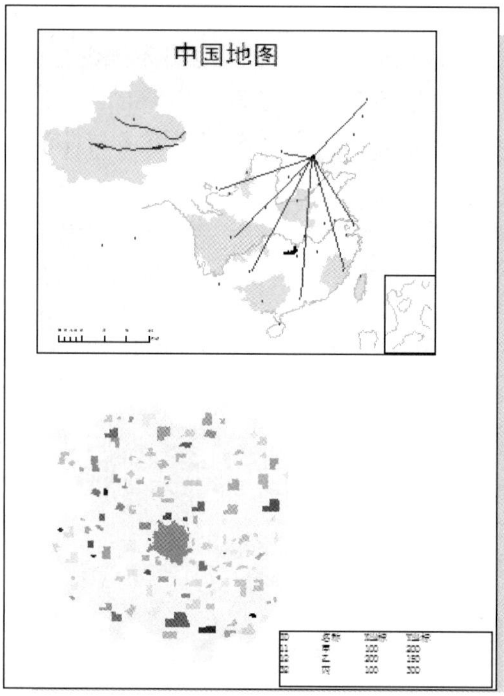

图 2.63 添加版面修饰元素

① 添加比例尺：在版面视图中选择【版面/编辑工具条】→【比例尺】→【选择比例尺类型】选项，系统自动读取到当前地图数据比例尺，即不用再计算去设置单位长度与实际长度的比值，可拖动比例尺长度至一个合适的长度，如图 2.64 所示。

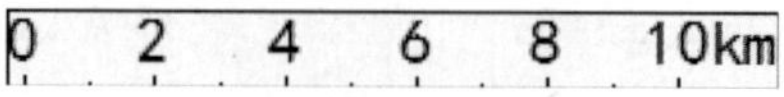

图 2.64 比例尺

② 添加指北针：在版面视图中选择【版面/编辑工具条】→【指北针】→【选择指北针类型】选项，手动拖动修改指北针大小，或通过其属性输入确定的指北针高宽值。

③ 添加文本：选择【版面/编辑工具条】→【文本】，输入当前地图的名称“中国地图”，用户可以通过修改文本属性对字体参数进行修改。

（5）打印设置。选择【打印工具条】→【版面/地图设置】→【打印机】一栏，在其下拉框中可选择打印纸张类型（这里选择 A4 纸张）、纸张打印方式以及设置纸张打印页边距。选择【打印工具条】→【版面/地图设置】→【布局】一栏，为用户提供了多种版面的设置及自适应方式，本次操作选择“适应纸张大小”。单击【属性】按钮，设置当前打印机的属性，其他项选择默认设置。

（6）打印预览。打印设置完毕，可进行打印预览，查看打印效果，如有问题可重新进行设置。当在一页内无法打印全图时，系统自动分页打印。

完成上述步骤后，即可输出打印光栅图片。

第 3 章　MapGIS 三维建模

3.1　三维场景

本章讲解的 MapGIS 三维建模基于 MapGIS 10 版本。

3.1.1　新建场景

在 MapGIS 10 软件平台上进行三维建模，首先需要在工作空间中新建或添加场景。新建场景的具体操作说明如下。

用户可通过【文件】菜单或工具条等创建一个新的三维场景。

（1）通过单击菜单栏上【文件】→【新建】命令，弹出【新建文档】对话框，如图 3.1 所示。

（2）在【新建文档】对话框中选择【空场景】，创建一个新的空场景。

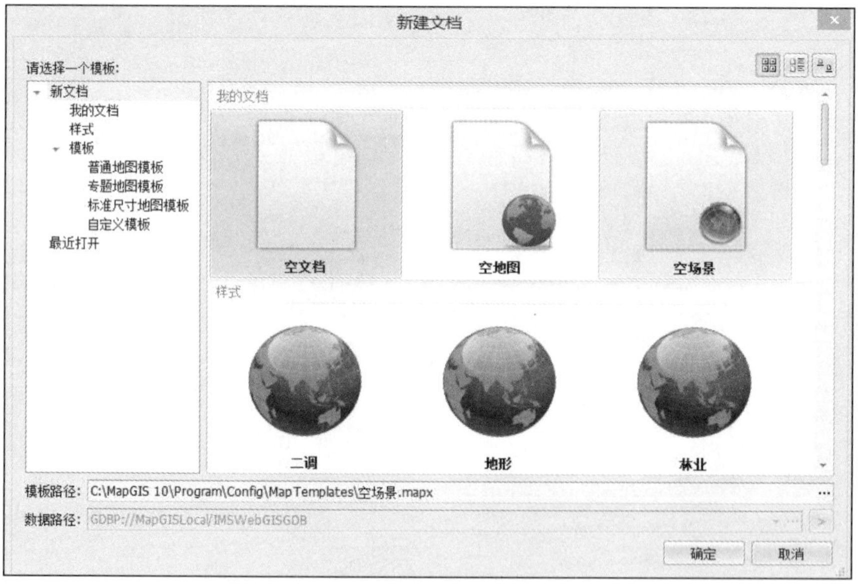

图 3.1　新建文档对话框

3.1.2　添加场景

在工作空间的地图文档结点上可以添加三维场景。

用户在工作空间【地图文档】结点的右键菜单中选择【添加场景】，即完成添加；也可根据需要在工作空间中添加多个场景，如图 3.2 所示。

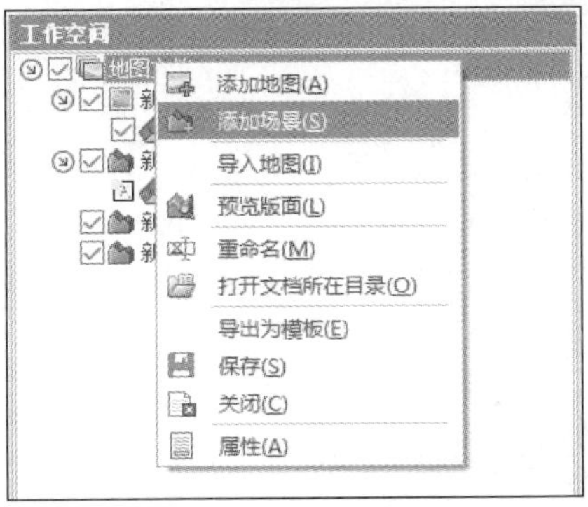

图 3.2　添加场景

3.1.3　场景属性设置

场景属性页中主要管理场景在显示中的常规信息和动态投影信息。

（1）在【场景】结点的右键菜单中，选择【属性】，弹出场景属性页如图 3.3 所示。

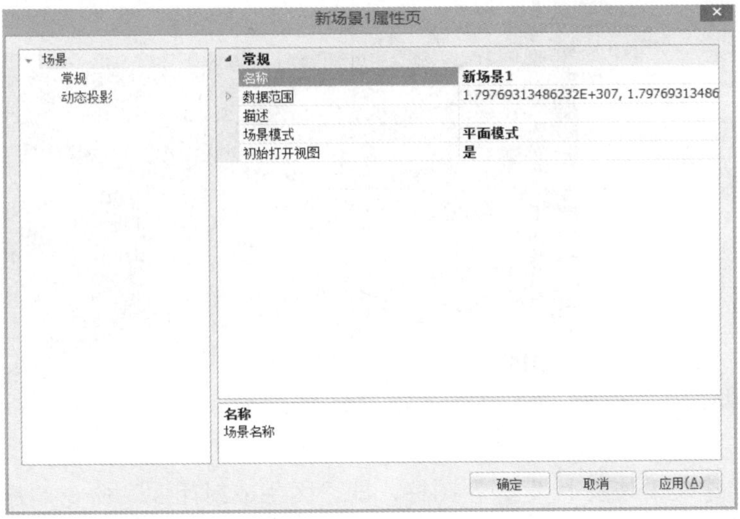

图 3.3　场景属性

（2）修改场景常规显示信息。

在场景属性页的【常规】设置栏中，用户可设置场景的名称、描述、场景模式、初始视图状态。该页面上，对各个设置项的说明如下。

① 名称：可修改场景名称。

② 描述：可输入描述信息，对场景进行描述。

③ 场景模式：即场景的视图模式，包括平面模式和球面模式，默认设置为平面模式。用户可在此切换三维场景的视图模式。

④ 初始时打开视图：包含“是”、“否”两个选择项。若选择“是”，再次在工作空间打开包含此场景的地图文档时，将在地图数据视图中自动打开场景；反之则需要手动在数据视图中打开场景。

（3）在场景属性页的【动态投影】设置栏中，用户可进行动态投影设置。使用场景的球面模式，当向场景中添加的图层参考系为投影坐标系时，需要在场景中进行动态投影，以保证图层在球面上正确地投影。

3.2　三维建模工具

3.2.1　区生成封闭面

区生成封闭面可以实现将矢量区数据生成封闭面数据，这里的封闭面是由 6 个面组成的面数据。

（1）在工作空间的场景下添加一个区类型的矢量图层，如图 3.4 所示，确保该矢量图层下存在区数据，激活该区图层使其处于当前编辑状态。

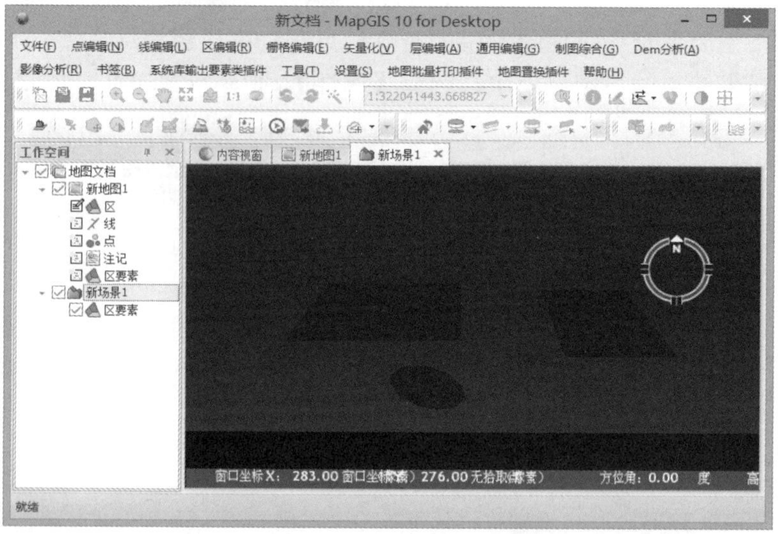

图 3.4　工作空间的场景

（2）单击三维建模工具条上“ ”图标，即“区生成封闭面”命令，弹出如图 3.5 所示的对话框，设置相关参数后，单击【确定】按钮，即可生成封闭面。

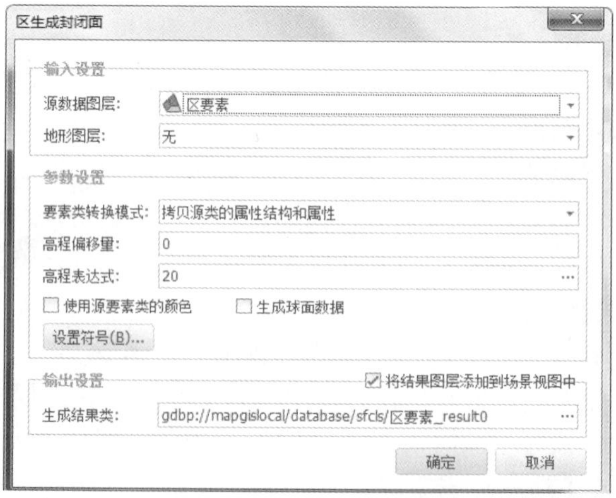

图 3.5　区生成封闭面设置

图 3.5 中各项参数说明如下。

① 源数据图层：选择需要进行转换的区图层。

② 地形图层：若场景下有地形模型，则单击下拉键，在展开的下拉框中选择一个地形图层，当源数据中有区图元在该地形上时，生成的面数据便如图 3.6 右图所示随地形起伏（即在设置的“高程表达式”基础上增加地形的高程），而图 3.6 左图所示的区由于不在地形区域内，因此生成的面不受地形数据影响。

图 3.6　基于地形图层生成封闭面

③ 要素类转换模式：共有三种模式可供选择，“拷贝源类的属性结构和属性”，即生成的面数据的属性结构和属性字段值与源数据保持一致；“只拷贝源类的属性结构”，即结果面数据的属性结构与源数据保持一致，但是属性字段中没有值；“不拷贝源类的属性结构和属性”，即生成的面数据不拷贝源数据的属性结构及属性值。

④ 高程偏移量：将源数据在 Z 方向移动该参数大小。

⑤ 设置符号信息：设置结果面数据的参数信息，单击【设置符号】按钮，弹出如图 3.7 所示的对话框，符号信息包括符号编号、填充色、透明度、缩放比。

⑥ 是否使用源要素类的颜色：若勾选，则结果面数据的填充色将与源数据区图元的颜色保持一致。

⑦ 是否生成球面数据：若勾选，则系统将生成的结果面处理为球面数据，球面数据即在场景模式为球面模式时可以将数据显示在球面上，此选项只可针对特定的数据（地理位置在球面上），否则无法在球面上观察到生成的数据。

⑧ 高程表达式：单击 ··· 按钮，在弹出的对话框内输入一个表达式或数字，则各区图元将根据该表达式计算得出的高程值生成面，表达式编辑界面如图 3.8 所示。

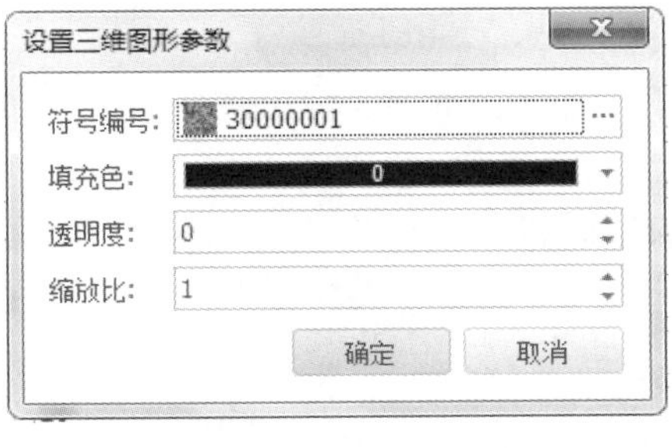

图 3.7　设置三维图像参数设置

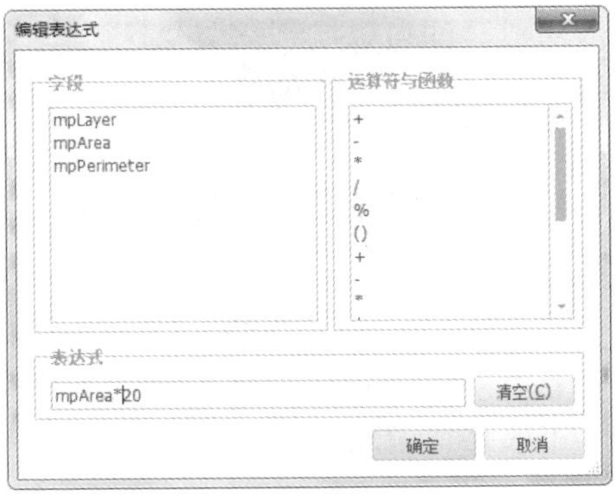

图 3.8　编辑表达式

⑨ 将结果图层添加到场景视图中：若勾选，则面数据生成成功后将自动添加到场景视图中。

⑩ 结果保存路径：设置生成的面数据的保存路径。

3.2.2　区生成水平面

区生成水平面可以实现将矢量区数据生成水平面数据，这里的水平面即由 1 个面组成的面数据。

（1）在工作空间的场景下添加一个区类型的矢量图层，并确保该矢量图层下存在区数据，激活该区图层。

（2）单击三维建模工具条上“ ”图标，即“区生成水平面”命令，弹出图 3.9 所示的对话框，设置相关参数后，单击【确定】按钮，即可生成水平面，其各项参数设置与区生成封闭面相同。

区生成水平面效果如图 3.10 所示。

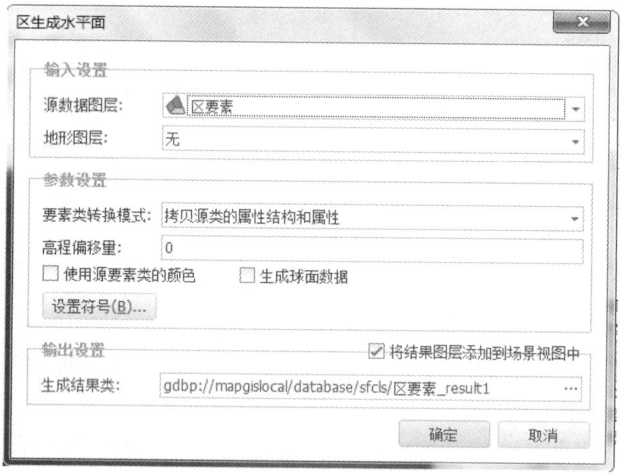

图 3.9　区生成水平面参数设置

图 3.10　区生成水平面效果图

3.2.3　区生成竖面

区生成竖面可以实现将矢量区数据生成竖面数据，这里的竖面即由 1 个面组成的面数据。

（1）在工作空间的场景下添加一个区类型的矢量图层，并确保该矢量图层下存在区数据，激活该区图层。

（2）单击三维建模工具条上“ ”图标，即“区生成竖面”命令，弹出图 3.11 所示的对话框，设置相关参数后，单击【确定】按钮，即可生成竖面。

在图 3.11 中，垂直面高度即生成的面在 Z 方向上的宽度，其他参数设置与区生成封闭面类似。

区生成竖直面效果如图 3.12 所示。

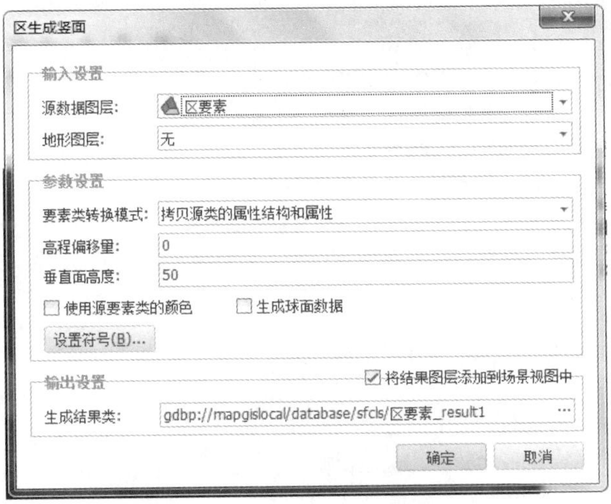

图 3.11　区生成竖直面参数设置

图 3.12　区生成竖直面效果图

3.2.4　线生成管状面

线生成管状面可以实现将线图元生成管状面。

（1）在工作空间的场景下添加一个线类型的矢量图层，并确保该矢量图层下存在线数据，激活该线图层。

（2）单击三维建模工具条上“ ”图标，即“线生成管状”命令，弹出图 3.13 所示的对话框，设置相关参数后，单击【确定】按钮，系统自动生成管状面。

图 3.13 中，【管线建模】用于设置生成的管线的参数信息，单击该按钮，弹出如图 3.14 所示的对话框。

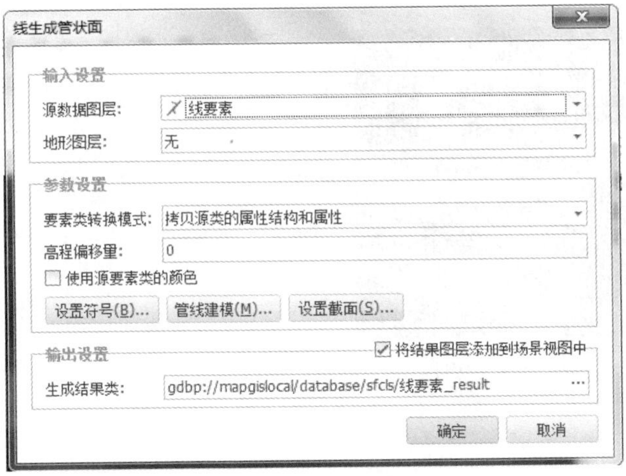

图 3.13　线生成管状面参数设置

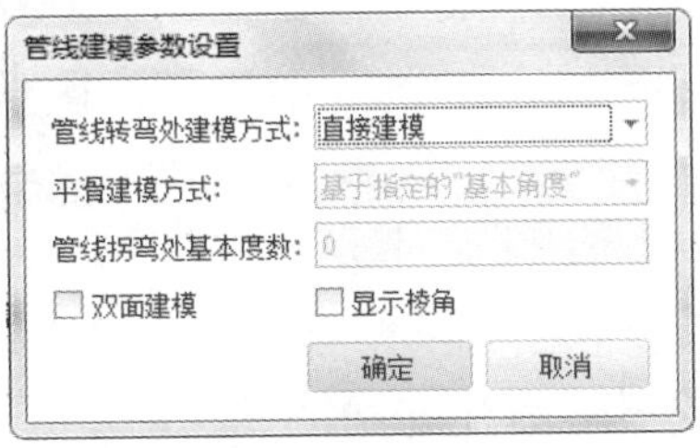

图 3.14　管线建模参数设置

图 3.14 中，“管线转弯处建模方式”项用于设置对管线拐弯处的处理，包括“直接建模”和“平滑建模”两种方式，“平滑建模”即对拐弯处做平滑处理，具体的光滑处理方式由“平滑建模方式”决定；“直接建模”即不做任何处理。若选择“平滑建模”方式，则需设置平滑方式。将拐角处进行光滑的处理，即在拐角处添加截面，如图 3.15 所示，其中包括基于指定的“基本角度”和基于指定的“截面数目”两种方式。

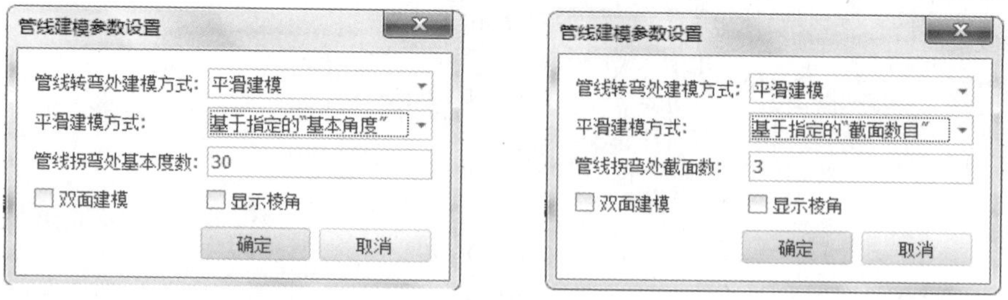

图 3.15　管线建模参数设置

图 3.13 中，【设置截面】用于设置截面的参数信息，如图 3.16 所示。

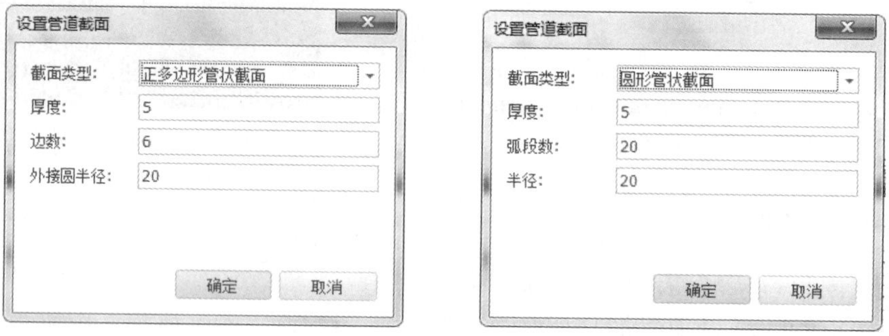

图 3.16　管道截面参数设置

图 3.16 中“截面类型”栏中共有圆形管状截面、正多边形管状截面、星形管状截面、凹槽形管状截面、拱形截面五种截面类型可供选择，针对每种截面类型，可通过相应的参数对截面样式、大小进行设置。

线生成管状面效果图如图 3.17 所示。

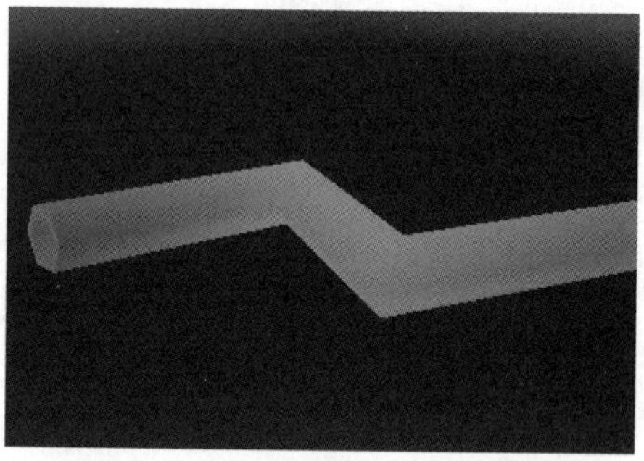

图 3.17　线生成管状面效果图

3.2.5　线生成水平面

线生成水平面可以实现将线图元在水平方向延伸一定宽度后形成面。

（1）在工作空间的场景下添加一个线类型的矢量图层，确保该矢量图层下存在线数据，激活该线图层。

（2）单击三维建模工具条上“ ”图标，即“线生成水平面”命令，弹出如图 3.18 所示的对话框，设置相关参数后，单击【确定】按钮，系统自动生成水平面。

图 3.18 中，水平面宽度即生成的水平面在水平方向上（即 XY 面）延伸的宽度，其他参数设置与区生成封闭面类似。

线生成水平面效果图如图 3.19 所示。

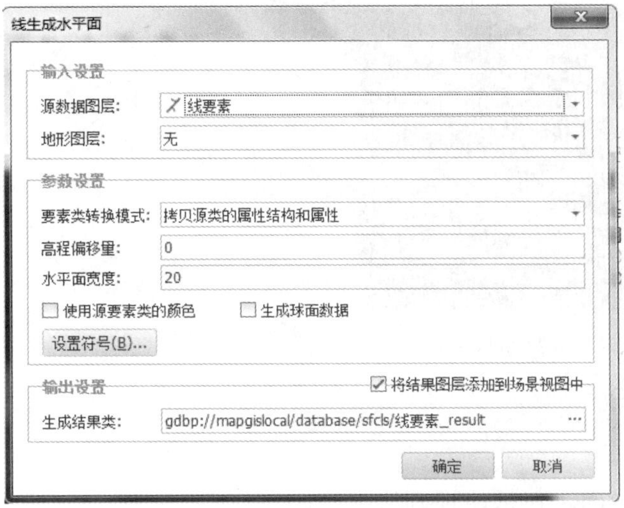

图 3.18　线生成水平面参数设置

图 3.19　线生成水平面效果图

3.2.6　线生成竖直面

线生成竖直面可以实现将线生成竖面，这里的竖面即将线图元在 Z 方向延伸一定高度后形成面。

（1）在工作空间的场景下添加一个线类型的矢量图层，确保该矢量图层下存在线数据，激活该线图层。

（2）单击三维建模工具条上“ ”图标，即“线生成竖面”命令，弹出如图 3.20 所示的对话框，设置相关参数后，单击【确定】按钮，系统自动生成竖面。

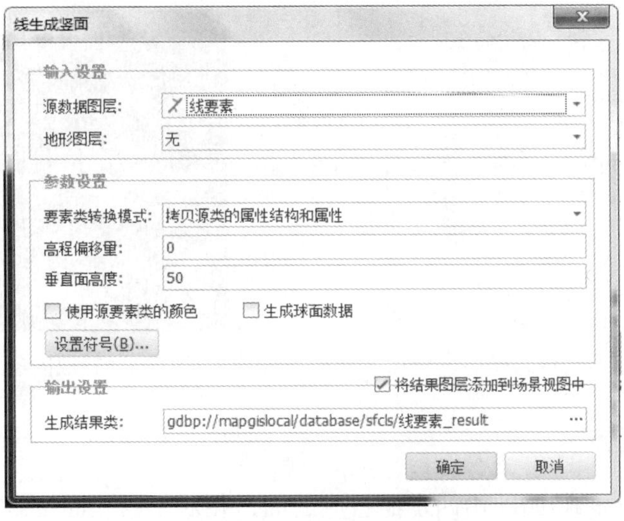

图 3.20　线生成竖面参数设置

图 3.20 中，垂直面高度即生成的竖面在 Z 方向延伸的高度，即面的高程值，其他参数设置与区生成封闭面类似。

线生成竖直面效果图如图 3.21 所示。

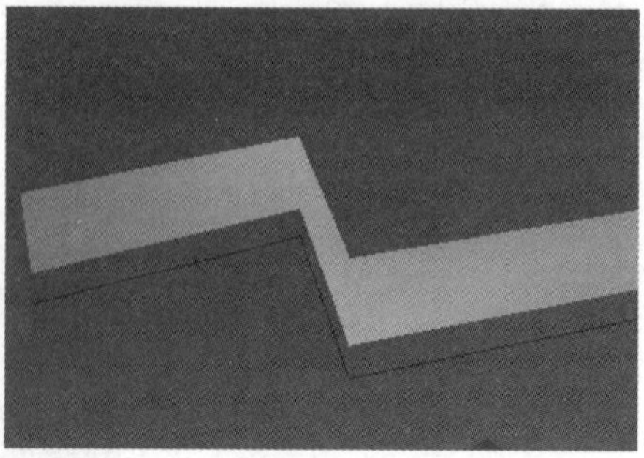

图 3.21　线生成竖面效果图

3.2.7　拾取区生成面

拾取区生成面可以实现将选择的区生成面，包括两种方法。

（1）在工作空间的场景下添加一个区矢量图层以及一个面图层，确保矢量图层下存在区数据，激活两个图层。

（2）单击三维建模工具条上“ ”按钮旁的下拉键，在弹出的下拉菜单中选择相应的命令。

1．拾取区生成封闭面

将选择的区图元生成封闭面，选择该命令后，在场景内单击鼠标左键选中一个区，弹出如图 3.22 所示的对话框，“高度”即生成的封闭面的高，“高程偏移”表示将区在 Z 方向上偏移一定值后再生成封闭面，设置完参数后单击【确定】按钮，系统自动生成封闭面。效果如图 3.23 所示。

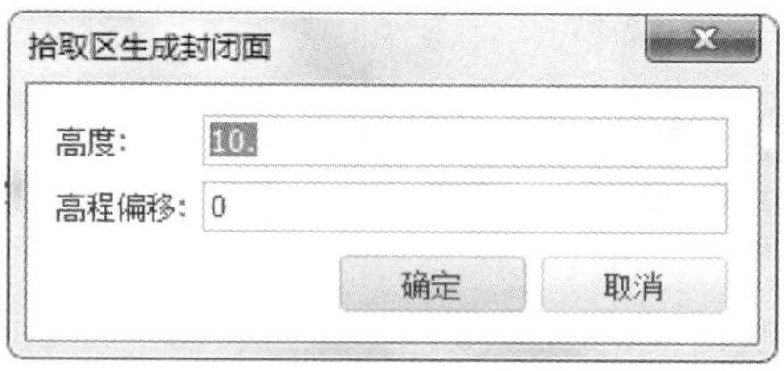

图 3.22　拾取区生成封闭面

图 3.23　拾取区生成封闭面效果图

2．拾取区生成竖面

拾取区生成竖面里的竖面即由四个面组成的面，相对于封闭面没有顶面及底面。

选择该命令后，在场景内单击鼠标左键选中一个区，弹出如图 3.24 所示的对话框，各参数含义与“拾取区生成封闭面”中相同，设置完参数后单击【确定】按钮，系统自动生成竖面。效果如图 3.25 所示。

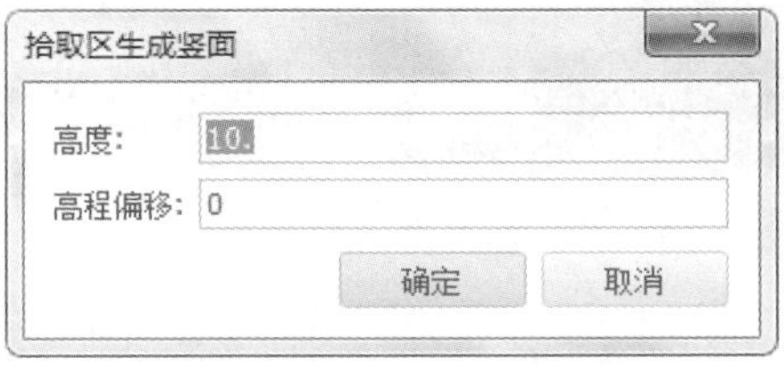

图 3.24　拾取区生成封闭面

图 3.25　拾取区生成封闭面效果图

3．拾取区生成水平面

选择拾取区生成水平面命令后，在场景内单击鼠标左键选中一个区，弹出如图 3.26 所示的对话框，“高程偏移”表示将区在 Z 方向上偏移一定值后再生成面，设置完参数后单击【确定】按钮，系统自动生成水平面。效果如图 3.27 所示。

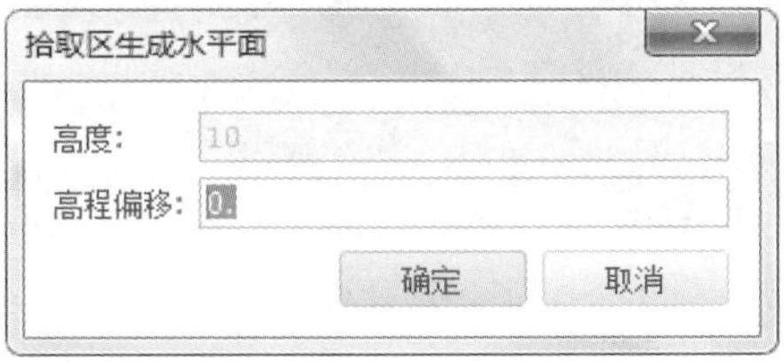

图 3.26　拾取区生成水平面

图 3.27　拾取区生成水平面效果图

3.2.8　拾取线生成面

拾取线生成面可以实现将选择的线生成面，有两种方法可以实现。

（1）在工作空间的场景下添加一个线矢量图层以及一个面图层，确保矢量图层下存在线数据，激活两个图层。

（2）单击三维建模工具条上“ ”按钮旁的下拉键，在弹出的下拉菜单中选择相应的命令。

1．拾取线生成竖面

拾取线生成竖面的竖面是将线图元在 Z 方向延伸一定高度后形成的面。

选择该命令后，在场景内单击鼠标左键选中一条线，弹出如图 3.28 所示的对话框，“高度”即生成的面数据在 Z 方向的高度，“高程偏移”即将线图元在 Z 方向偏移一定量后再生成面，设置完参数后单击【确定】按钮，系统自动生成竖面。效果如图 3.29 所示。

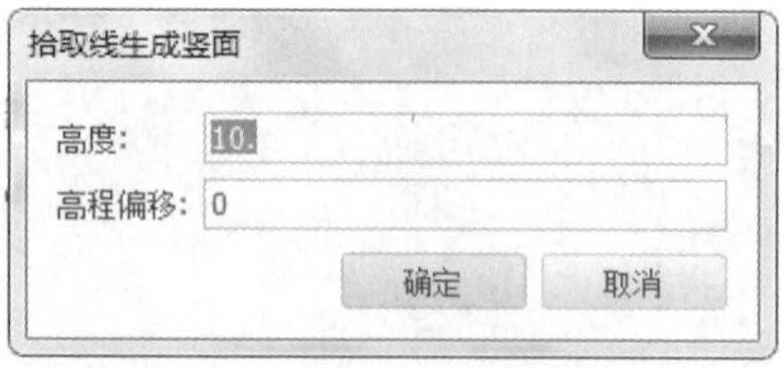

图 3.28　拾取线生成竖面

图 3.29　拾取线生成竖面效果图

2. 拾取线生成水平面

拾取线生成水平面的水平面是指将线图元在水平方向延伸一定宽度后形成的面。

选择该命令后，在场景内单击鼠标左键选中一条线，弹出如图 3.30 所示的对话框，“高度”即水平方向上延伸的宽度，设置完参数后单击【确定】按钮，系统自动生成水平面。效果如图 3.31 所示。

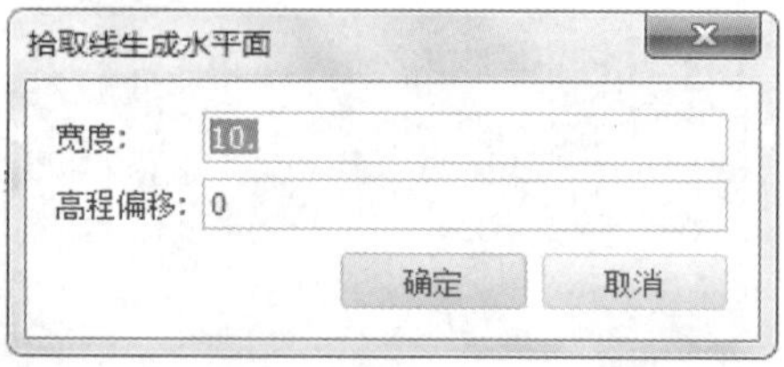

图 3.30　拾取线生成水平面

图 3.31　拾取线生成水平面

3.2.9　导入外部模型

导入外部模型可以实现将外部三维数据导入 MapGIS 数据库中，并将外部数据转换成简单要素类，即面或体。

（1）单击三维建模工具条上“导入外部模型”命令，弹出如图 3.32 所示的对话框。

（2）在对话框中设置完相应参数后，单击【转换】按钮，系统自动将外部数据转为 MapGIS 的简单要素类，并将结果保存到设置的数据库目录下。

图 3.32 中各项参数说明如下。

① 添加：单击该按钮添加需转换的外部数据，只可以添加后缀为 3ds 和 obj 的三维数据。

② 删除：在对话框中选中添加进来的数据，单击该按钮进行删除。

③ 目的数据目录：单击按钮，在弹出的对话框中选择保存结果数据的路径。

④ 目的要素类类型：选择结果数据类型，可生成“面简单要素类”或“体简单要素类”。

⑤ 球面模式、位置、缩放比、旋转角度：可根据图层需求进行设置。

⑥ 将结果图层添加到场景视图中：若勾选，则数据转换成功后将结果图层添加到当前场景下。

显示效果如图 3.33 所示：

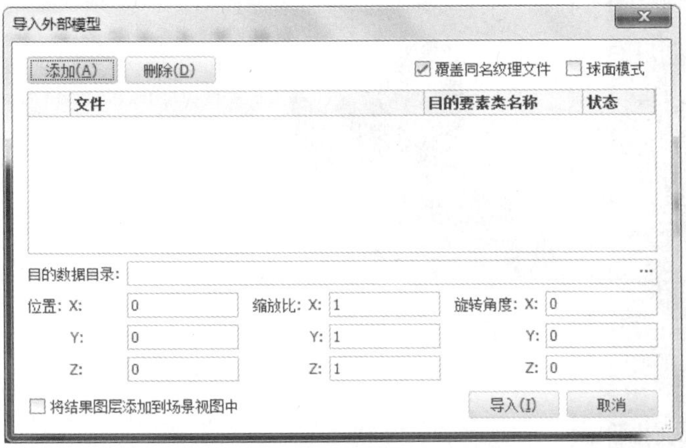

图 3.32　导入外部模型窗口

图 3.33　导入外部模型示例

3.3　三维编辑

3.3.1　关联场景

关联场景可以实现将场景视窗里的数据与地图视窗数据相关联。

（1）在工作空间添加需要关联的地图及场景，并分别在地图和场景下添加数据，需要注意的是，添加的地图范围与场景范围必须相同。

（2）单击三维编辑工具条上的“ （关联场景）”按钮，弹出如图 3.34 所示的对话框，在【地图视图】的下拉框中选择需要和“新场景 1”关联的地图，然后选择“排列方式”（地图视窗和场景视窗的排列显示方式），最后单击【确定】按钮关闭对话框。

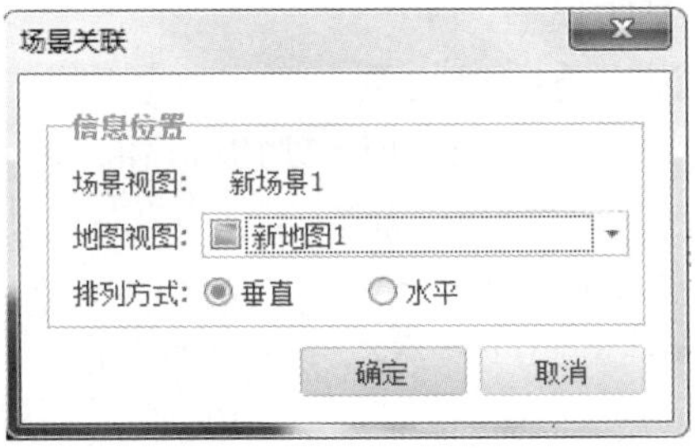

图 3.34　场景关联

（3）视图窗口将调整成如图 3.35 所示（图 3.35 为垂直排列方式），在二维地图中交互放大、缩小、复位操作的同时，三维视图联动变化（同样，在三维场景中进行操作的同时，二维地图也联动变化），联动时三维视图默认以 45 度俯视角进行漫游，手动改变三维视角后则以当前视角进行联动漫游。单击地图数据视窗中某位置，相应的场景视窗中会自动漫游到对应的该点处显示。

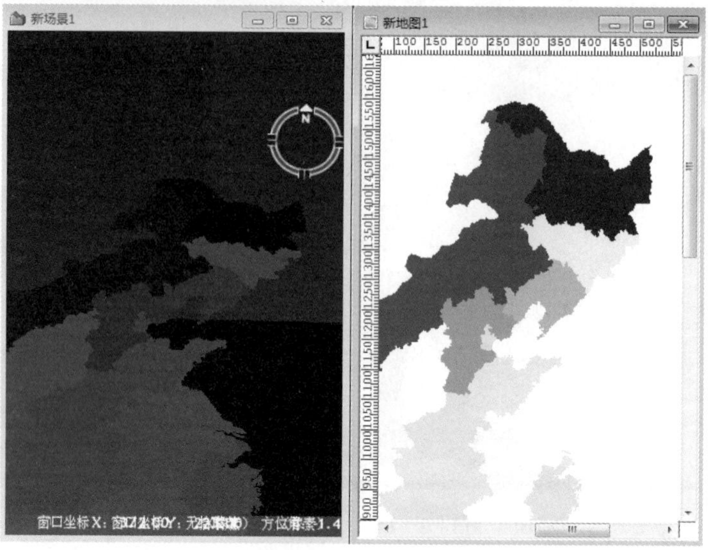

图 3.35 场景关联演示

3.3.2 删除要素

删除要素可以删除选中的模型，该操作不可逆。

（1）将待操作的模型设置为当前编辑状态。

（2）单击三维编辑工具条上“ （删除要素）”按钮，在视图区单击鼠标左键选择一个模型，若被选中则该模型高亮显示，并弹出对话框提示用户是否确定删除要素，单击【确定】按钮删除模型，单击【取消】按钮则取消对该模型的删除操作，之后用户可继续在视图区选择模型进行删除操作。

3.3.3 移动模型

移动模型可以实现移动选中的模型。

（1）将待操作的模型设置为当前编辑状态。

（2）单击三维编辑工具条上“ （移动模型）”按钮，在视图区单击鼠标左键选择一个模型，若被选中则该模型高亮显示，并弹出如图 3.36 所示的对话框，用户可在对话框中输入“X 方向”、“Y 方向”、“Z 方向”的角度数值，也可单击下拉按钮，在弹出的滑动条上拖动滑杆设置位移大小，从而对选中的模型从 X、Y、Z 三个方向进行移动。

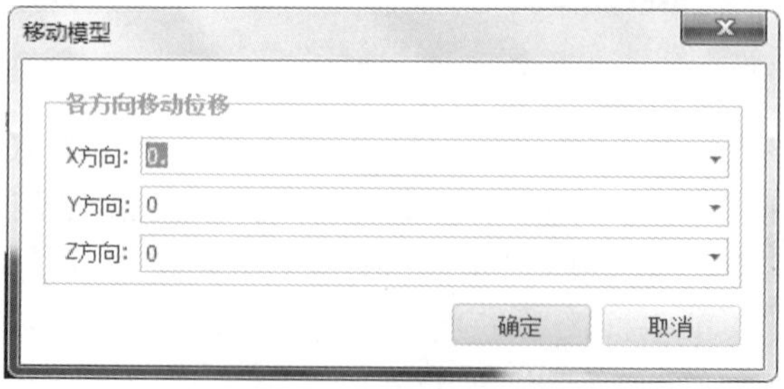

图 3.36 移动模型

注意：输入移动变量后，用户可在视图区查看移动轨迹，通过对轨迹的观察确定是否对模型进行移动，若确定则单击【确定】按钮，在场景中按下鼠标右键拖动鼠标，模型可跟随鼠标的移动方向进行移动。

3.3.4　旋转模型

旋转模型可以旋转选中的模型。

（1）将待操作的模型设置为当前编辑状态。

（2）单击三维编辑工具条上的“（旋转模型）”按钮，在视图区单击鼠标左键选择一个模型，若被选中则该模型高亮显示，并弹出如图 3.37 所示的对话框。用户可在对话框上设置中心点及旋转角度，设置过程中，用户可在视图区通过轨迹观察旋转结果，确认无误后，单击【确定】按钮完成旋转。

图 3.37　旋转模型

对图 3.37 中各项说明如下。

① 各方向旋转角度：设置模型旋转的角度，可以分别从 X、Y、Z 三个方向进行旋转。用户直接输入“X 方向”、“Y 方向”、“Z 方向”的角度数值，也可单击下拉按钮，在弹出的滑动条上拖动滑杆设置角度大小。

② 中心点坐标：模型会根据设置的中心点进行旋转，用户同样可以直接输入数值或拖动滑杆设置中心点坐标。

③ 拾取中心点：单击该按钮后，在视图区用鼠标单击模型上某点，系统自动获取该点位置并显示到“中心点坐标”的各栏中。

3.3.5　修改图元

用户可通过“修改图元参数/属性”命令实现对模型的参数、属性信息的修改与完善。

（1）将待操作的模型设置为当前编辑状态。

（2）修改图元参数：单击三维编辑工具条上的“（修改图元参数）”按钮，在视图区单击鼠标左键选择一个模型，若被选中则该模型高亮显示，并弹出如图 3.38 所示的对话框，用户可在对话框中修改模型的图形参数。

图 3.38　修改图元参数

对图 3.38 中各项说明如下。

① 符号编号：即面的填充图案编号，用户可选中该参数，单击出现的按钮，在符号库中选择填充图案。

② 填充色：面的填充颜色。

③ 透明度：类似于区图元参数中的“透明度”，即设置面的透视效果，数值越大，面越透明。

④ 缩放比：类似于区图元参数中的“图案大小”，数值越大表示填充图案越大。

（3）修改图元属性：单击三维编辑工具条上“ （修改图元属性）”按钮，在视图区单击鼠标左键选择一个模型，若被选中则该模型高亮显示，并弹出如图 3.39 所示的对话框，用户可在对话框中修改模型的图形属性。

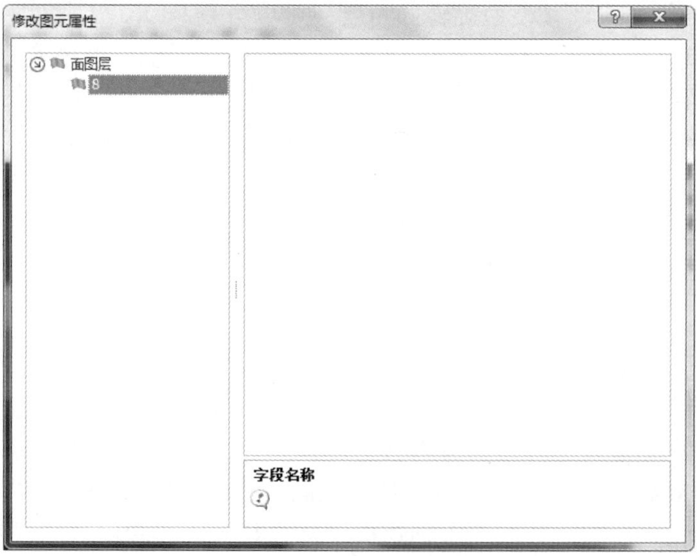

图 3.39　修改图元属性

3.3.6　路径漫游

MapGIS 的三维插件可以实现对三维场景的漫游功能，漫游即在地形数据（也可以在模型）上添加漫游点，通过设置漫游速度等参数，使系统自动沿着各漫游点展示地形数据。

（1）单击三维编辑工具条上的【路径漫游】按钮，弹出如图 3.40 所示的悬浮窗口，用户可以在该对话框中完成路径编辑。

图 3.40　飞行管理窗口

（2）添加漫游点，即在图 3.40 的窗口空白区域单击鼠标右键，在弹出的右键菜单中选择【添加点】项，列表中出现图 3.41 所示内容，用户可单击各文本输入框修改该漫游点的信息；或者在场景中数据范围内双击左键，系统可将双击处坐标信息添加到窗口中，作为漫游点。

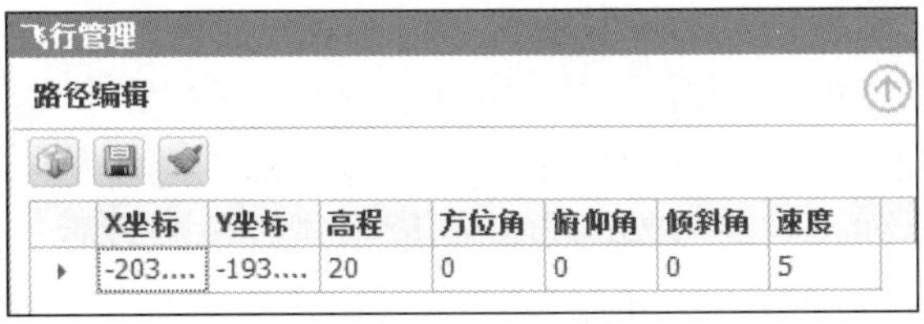

图 3.41　飞行路径编辑

① 高程：设置该漫游点相对于大地水准面的高度值。

② 方位角：设置该点漫游至下一点时的方位角，方位角即沿着 Z 轴旋转的角度。

③ 俯仰角：设置该点漫游至下一点的俯仰角，俯仰角即沿着 X 轴旋转的角度。

④ 倾斜角：设置该点漫游至下一点的倾斜角，倾斜角即沿着 Y 轴旋转的角度。

⑤ 速度：该点漫游到相邻下一点的漫游速度。

（3）添加完漫游点，即在对话框上完成其他参数设置后，单击【开始漫游】按钮，系统便根据用户设置开始漫游。

① 保存路径：将当前编辑的路径保存为本地的路径文件（*.pat），方便下次直接读取。

② 清除路径：清除路径编辑下的所有路径点信息。

③ 预览路径：设置好路径漫游上各漫游点的参数以后，单击【预览路径】按钮，将按照设置好的路径进行漫游效果预览。

④ 装载路径：打开保存在本地的路径文件（*.pat）。

⑤ 显示路径：勾选此项后，在三维场景中会显示添加的漫游点及漫游路径。

（4）速度设置，即设置漫游时的速度，在对话框中选择【速度设置】标签，页面显示如图 3.42 所示。

图 3.42　飞行管理速度设置

① 固定速度：若勾选该项，则漫游路径上所有点的速度均设置为同一个值；若取消选择，则各点速度值恢复为原始值。

② 固定时间：设置走完全程所需要的时间，以秒为单位。

（5）高程设置，用户也可以在漫游点列表中对各段漫游路径上的速度值进行单独设置。

设置各漫游点的高程值，在对话框中选择【高程设置】标签，页面显示如图 3.43 所示。

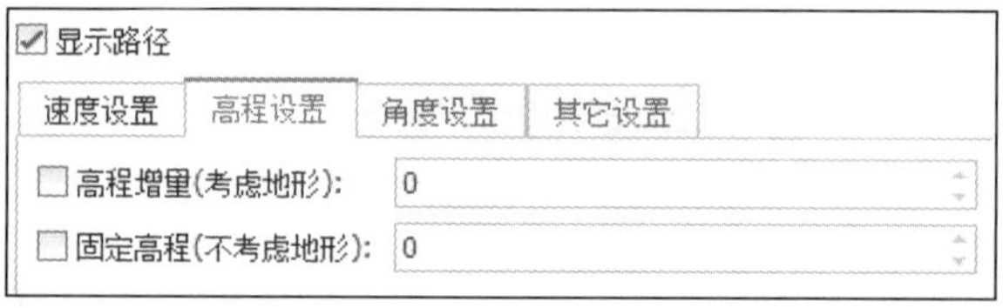

图 3.43　飞行管理高程设置

① 高程增量（考虑地形）：若勾选该项，则漫游点高程为该处地形的高程值加上该参数值。若取消选择，则各点高程恢复为原始值。

② 高程增量（不考虑地形）：选中该项，所有漫游点的高程值均为当前高程加上该参数值。

③ 固定高程（不考虑地形）：选中该项，所有漫游点的高程值均为该参数所设置的值。

用户也可以在漫游点列表中对各漫游点的高程值进行单独设置。

（6）角度设置，设置各漫游点的角度值，在对话框中选择【角度设置】标签，页面显示如图 3.44 所示。

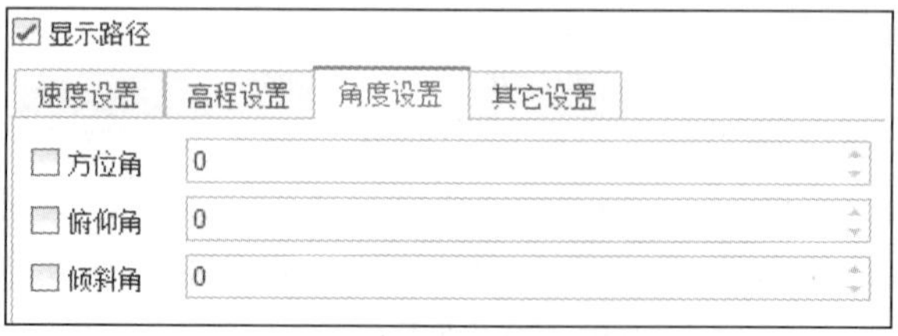

图 3.44　飞行管理角度设置

① 方位角：沿着 Z 轴旋转的角度。勾选此项，则漫游路径上所有点的方位角设置为同一个值；取消选择，各点方位角恢复为原始值。

② 俯仰角：沿着 X 轴旋转的角度。勾选此项，漫游路径上所有点的俯仰角设置为同一个值；取消选择，各点俯仰角恢复为原始值。

③ 倾斜角：沿着 Y 轴旋转的角度。勾选此项，漫游路径上所有点的倾斜角设置为同一个值；取消选择，各点倾斜角恢复为原始值。

用户也可以在漫游点列表中对各段漫游路径上的角度进行单独设置。

（7）其他设置，如图 3.45 所示。

① 平滑方式：提供了两种插值方式，线性插值和样条插值。

② 插值半径类型包括：不插值、开始段插值、结束段插值、开始段和结束段插值。

③ 开始段比例：漫游方向在转弯前开始的比例值。

④ 结束段比例：漫游方向在转弯后开始的比例值。

（8）漫游设置，在漫游时可添加漫游模型，如图 3.46 所示。

图 3.45　飞行管理其他设置

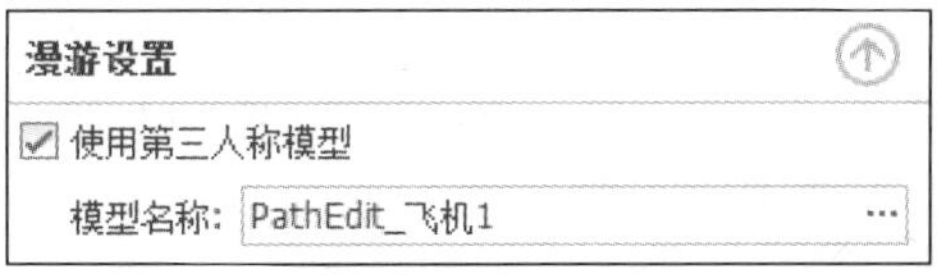

图 3.46　漫游设置

若使用第三人称模型，则勾选【使用第三人称模型】复选框，单击“模型名称”栏中的⋯按钮，弹出如图 3.47 所示的【模型选择】对话框，选择一个模型，单击【确定】按钮即可。

图 3.47　飞行模型选择

漫游过程中用户可通过各快捷键调整漫游方式，各快捷键功能如表 3.1 所示。

表 3.1 飞行管理快捷键

快捷键	功能	快捷键	功能
空格键	开始/暂停漫游	Enter 键	停止漫游并回到起点
S 键	减速	W 键	加速
R 键	正/反向漫游（即起止点交换）	Backspace 键	前进/后退模式
X 键	放大模型	I 键	缩小模型
L 键	锁定相对模型位置	V 键	模型是否可见
Tab 键	显示当前信息		

3.4 三维模型分析

3.4.1 洪水淹没演示

（1）单击三维分析工具条上的【洪水淹没演示】命令，在弹出的如图 3.48 所示的对话框中单击【选取起始点】按钮，在视图区的地形图上选择一个点单击鼠标左键，地形上该点将出现一个小红旗。

（2）单击【选取分析区】按钮，在地形上单击鼠标左键并拖出一块区域，该区域即要分析的区域，同时该区域的海拔范围将显示到“区域海拔范围”栏中。

（3）在“指定淹没高度”中输入当前的洪水高度值，系统将自行计算出洪水水位为该高度时，所选区域为被洪水淹没的范围，结果如图 3.49 所示。

图 3.48 洪水淹没分析参数设置

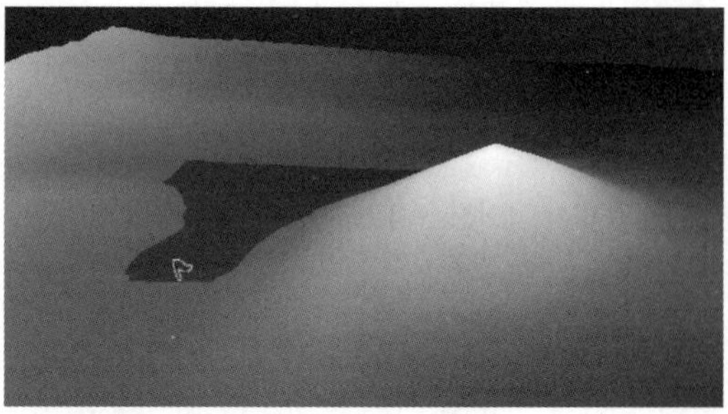

图 3.49 洪水淹没分析功能展示

注意：扩大区域的倍数决定了分析区洪水外延的面积。当指定淹没高度发生变化时，模型上的洪水水位也将发生变化。

3.4.2 坡度分析

坡度是指过地表面任意一点的切平面与水平地面之间的夹角，以度（°）度量，范围为 0～90 度。坡度用来计算任一单元和邻域单元间变化的最大比率，如单元下降最陡的坡面（单元和它相邻单元间的高程距离的最大变化率）。输出数据中的每个单元都有一个坡度值，坡度值较低则表明地势较平坦，坡度值较高则地势较陡峭[17]。坡度分析的步骤如下。

（1）单击三维分析工具条上的【坡度分析】命令。

（2）在三维场景中的地形模型上按下鼠标左键，画出一块区域，此区域即为进行地形坡度分析的区域，系统将自动计算出该区域的地形坡度值，并显示相应的灰度色表图，功能效果如图 3.50 所示。

图 3.50　坡度分析功能展示

3.4.3　坡向分析

坡向是指地表面上一点的切平面的法线矢量在水平面的投影与过该点的正北方向上的夹角。对于地面任意一点而言，坡向表征了该点高程值改变量的最大变化方向。坡向用度数来测量，范围为按顺时针方向从 0 度（正北方向）到 360 度（重新回到正北方向，一个完整的圆形），即正北为 0 度，正东为 90 度，正南为 180 度，正西为 270 度。坡向分析的操作如下：

（1）单击三维分析工具条上的【坡向分析】命令。

（2）在三维场景中的地形模型上按下鼠标左键，画出一块区域，此区域即为进行地形坡度分析的区域，系统将自动计算出该区域的地形坡度值，并显示相应坡向色度图，功能效果如图 3.51 所示。

图 3.51　坡向分析功能展示

3.4.4　填挖方计算

填挖操作是一个通过添加或移除表面物质来修改地表高程的过程。通过给定平整高程，填挖函数会生成一个栅格数据来显示表面物质增加的区域或表面物质移除的区域，以及在该时段内表面未发生变化的区域。在实际应用中，填挖方可以解决计算平整一块建筑用地需移除和填充的表面物质的体积和面积等问题。填挖方计算操作步骤如下。

（1）单击三维分析工具条上的【填挖方计算】命令，弹出如图 3.52 所示的对话框。

（2）在对话框上单击【选取分析区】按钮，然后在场景中的地形模型上按下鼠标左键并拖出一块区域，此区域即要进行分析的地形区域，此时“区域海拔范围”栏中显示出该片区域的海拔范围。

（3）在“平整高程”栏中填入欲平整的高度值（默认值为该片区域的最低海拔值），系统将自行计算出需要开挖和填充的区域。效果如图 3.53 所示，其中深色缺口为填埋区域，浅色区域为开挖的区域。

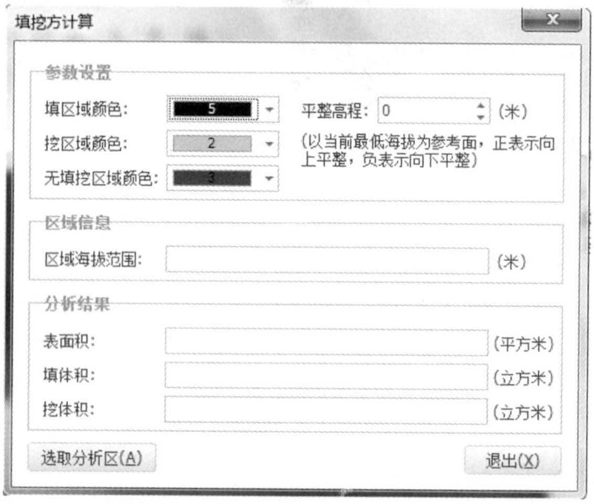

图 3.52　填挖方计算参数设置

图 3.53　填挖方计算功能展示

3.4.5　单点地形参数查询

单点地形参数是指单点的 X 坐标、Y 坐标和 Z 坐标。查询的具体操作步骤如下。

（1）单击三维分析工具条上的【单点地形参数查询】命令。

（2）在三维地形模型上单击鼠标左键，选择待查询高程点，选中点将出现一面小红旗，界面中显示出该点地形的相关参数值，效果如图 3.54 所示。

图 3.54　单点地形参数查询功能展示

3.4.6　两点通视性判断

两点通视性判断是指从观察点 A 观察目标点 B，从连接 A、B 两点的线段可以判断 A、B 之间是否被地形遮挡住，即判断两点是否可视，其具体操作步骤如下。

（1）单击三维分析工具条上的【两点通视性判断】命令。

（2）首先选取第一个观测点，在三维地形模型上单击鼠标左键，将出现一面小红旗作为标记，接着在地形上另一位置单击鼠标左键，将出现另一面小红旗，该点即为目标点；系统将根据观察点和目标点的地形信息，判断计算出这两点是否通视可见，并以三维标注的形式显示出来，效果如图 3.55 所示。

图 3.55　两点通视性判断功能展示

3.4.7　可视域分析

可视域可以用来确定输入栅格中能够从一个或者多个观测位置看到的像元。可视域分析在用户想要知道可见对象情况时很有用处，例如，将水塔放在特定位置，从地表上的哪些位置可以看到水塔，或者从某一位置可看到哪些风景等。可视域分析的具体操作步骤如下。

（1）单击三维分析工具条上的【可视域分析】命令，弹出如图 3.56 所示的对话框。

（2）单击【选取观察点】按钮，在三维地形模型上单击鼠标左键，将出现一面小红旗，该点即为选定的观察点，还可以根据需要在“观察点高度”栏中输入指定数值（该参数默认值为选取点的高程值）。

（3）单击【选取分析区】按钮，按住鼠标左键并拖动选择，该区域即为可视域分析区。

系统以不同的颜色表现了观察点在区域范围内的可视区与不可视区，如图 3.57 所示，深色区域为不可视区，小旗右侧浅色区域为可视区域。

图 3.56　可视域分析参数设置

图 3.57　可视域分析功能展示

3.4.8 地形剖切

（1）单击三维分析工具条上的【地形剖切】命令，弹出如图 3.58 所示的对话框，可在此对地形剖面图的参数进行设置，包括地形切割线设置和剖面颜色设置。剖面颜色的设置包括对剖面图采样模式、剖面线和剖面图颜色的选择。

图 3.58　地形切剖参数设置

（2）设置相关参数后，单击【确定】按钮关闭对话框，此时三维场景中弹出 UI 界面，在该 UI 界面上有【重新绘制剖面】、【缩小】、【关闭】三个按钮（当移动光标到该 UI 界面上时，上方将会出现图形工具栏）。

（3）在地形模型上某一位置单击鼠标左键确定剖面的起点，接着移动鼠标，地形模型上将出现一条红色切割线，将其拉至自己想确定的位置，单击鼠标右键结束画线（该过程类似于绘制折线，因此绘制过程中可单击鼠标左键形成折线）。此时 UI 界面上将会绘制出该条线段的地形剖面图，并显示出各处的海拔。效果如图 3.59 所示。

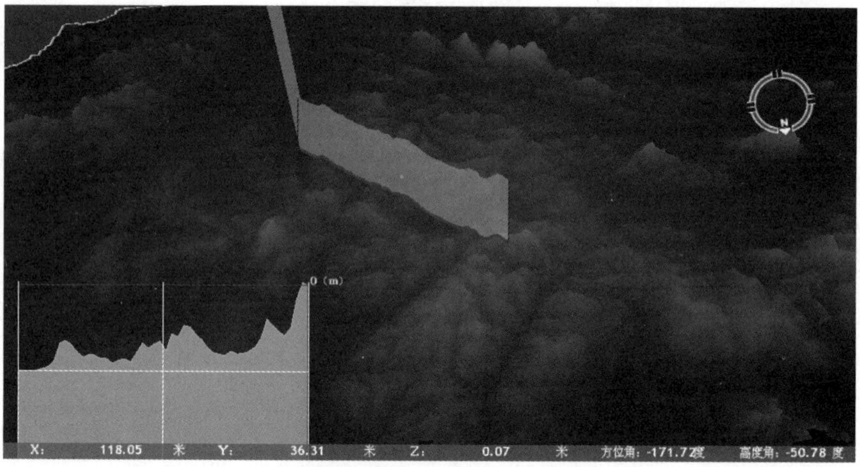

图 3.59　地形剖切功能展示

3.5　MapGIS 三维建模案例

21 世纪是信息化、数字化的时代，GIS（Geographic Information System）是一种特定的且十分重要的空间信息系统，它在计算机软、硬件系统支持下，对整个或部分地球表层空间中的有关地理分布数据进行采集、储存、管理、运算、分析、显示和描述。电子导航地图为生活提供了方便，基于位置的服务如雨后春笋，随着 MapGIS 10 软件的发布，国产 GIS 软件功能日趋强大。二维地图已经不能完全满足人们的需求，为了提供更精确、漂亮、真实的三维地图，MapGIS 10 的三维可视化建模功能便有了用武之地。

在熟练掌握三维建模工具、三维编辑工具、三维模型分析工具的基础上，以山东科技大学 C 区宿舍区域为例，创建该区域的三维模型。

3.5.1　新建数据库

打开 MapGIS 10 软件，在 GDBCatalog 中创建数据库，命名为“学校”（设置 Slib、Clib 路径）。在“学校”数据库中导入已有的该地区 dxf 数据，该数据带有坐标等信息，同时建立相关的要素数据集和要素，并设置必要字段，如图 3.60 所示。若要根据地区影像数据建立相关要素数据集、要素等，需选取控制点坐标对影像进行配准。

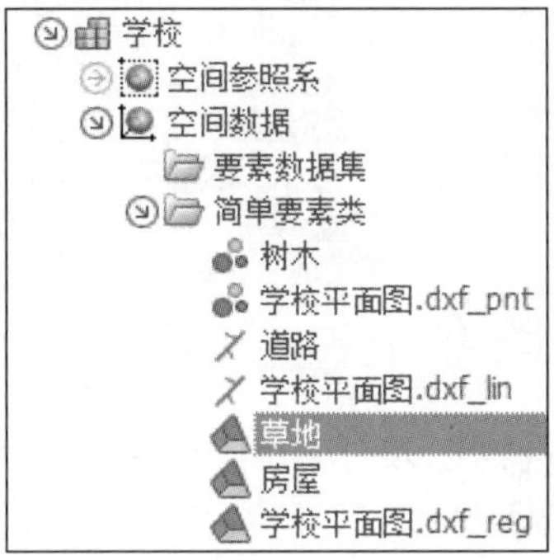

图 3.60　“学校”数据库

3.5.2　创建地图文档

通过菜单栏上的【文件】→【新建】命令，新建一个地图文档并命名为“学校地图”，并导入底图数据文件、要素，同时对要素进行矢量化，对面状要素建立区要素，线状要素用线要素代替，对点状要素输入点图元，如图 3.61 所示。各类地物应分类建立不同的要素，以方便进行数据的修改与管理。

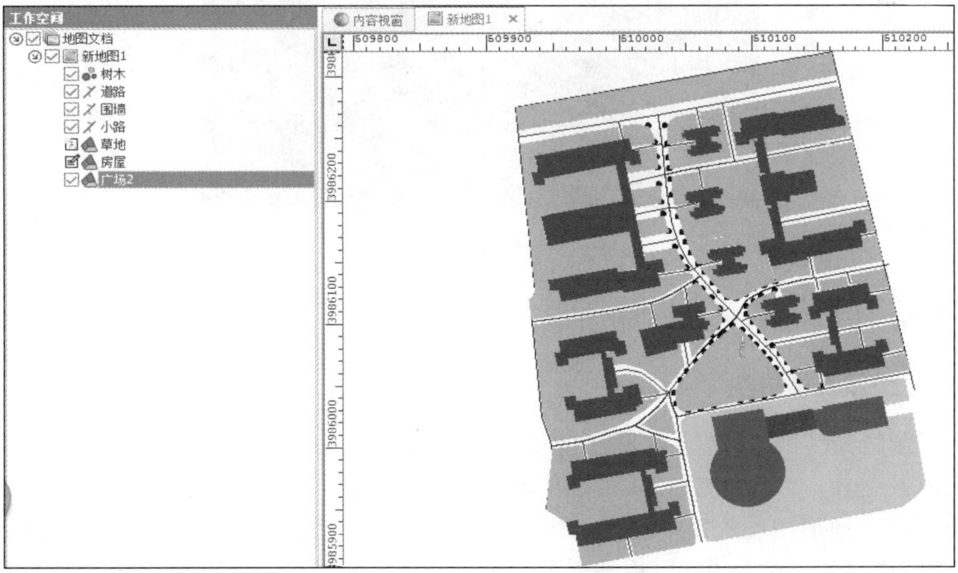

图 3.61　“学校地图”地图文档

3.5.3 属性编辑

输入要素时，要尽量考虑完善要素所需字段等属性信息，例如为各个有高程的要素赋予比较真实的高程数据，该校区宿舍楼的高度约为 50m。

通过属性视图窗口或者【区编辑】→【修改区属性】命令对要素赋予高程，同时可为有名称的建筑物输入名字（name 字段）以及为有名称的道路输入道路的名称，区要素属性表如图 3.62 所示。

属性视图

序号	OID	mpLayer	mpArea	mpPerimeter	high	name
1	1	0	4188.600861	678.379189	50.000000	C7宿舍楼
2	2	0	531.681273	134.916003	50.000000	C17宿舍楼
3	3	0	521.665746	135.712919	50.000000	C15宿舍楼
4	4	0	517.763715	137.190683	50.000000	C11宿舍楼
5	5	0	5273.959106	720.128463	50.000000	C8宿舍楼
6	6	0	1243.806055	200.708752	50.000000	C6宿舍楼

图 3.62 区要素属性表

对于具有不同表面纹理的建筑物以及结构复杂的建筑物，可以对区要素适当进行裁剪，使其在贴图时可以贴不同纹理的图片。

3.5.4 添加三维场景

在工作空间【地图文档】结点的右键菜单中选择【添加场景】，同时将预先创建的房屋、草地、河流等区要素图层，道路等线要素图层，树木等点要素图层，以及该区域地形的 DEM 数据通过拖入的方式添加进三维场景中，效果如图 3.63 所示。

图 3.63 三维场景中的二维地图

3.5.5 创建三维模型

1. 创建房屋三维模型

双击三维场景中的【房屋】区图层使其处于当前编辑状态，单击三维建模工具条上的【区生成封闭面】工具，弹出如图 3.64 所示的对话框，“源数据图层”栏选择“房屋”。若需要建立地形，则在“地形图层”栏中选择相应的地形图层，此功能需将地形图层拖入到三维场景中。“高程偏移量”默认为 0，可根据需要设置。单击“高程表达式”栏的下拉菜单键，即可显示图 3.64 右侧的界面，若需要根据字段设置，则选择相应的字段即可，否则可以根据实际情况在表达式一栏输入相应的数值或者计算公式。单击【设置符号】按钮即可选择相应的符号并设置合适的符号比，最后单击【确定】按钮即可生成房屋的三维模型。

为了使建筑物贴图更加真实美观，可获得该地区建筑物的照片，通过 Photoshop 软件对照片进行处理（移动、缩放等），得到适合贴图的材质。然后将处理好的图片导入系统库 MapGIS 10 填充符号中，制作贴图材质，调整纹理缩放比和纹理 X、Y 位置。最后对建筑模型进行贴图（按照与实地对应的建筑进行贴图），将建筑模型设置当前编辑状态，使用工具条中的【修改图元参数】命令为需贴图的建筑选择贴图，调整好缩放比以达到最佳效果；对于复杂的模型，可根据结构进行合理拆分，方能达到预期效果。

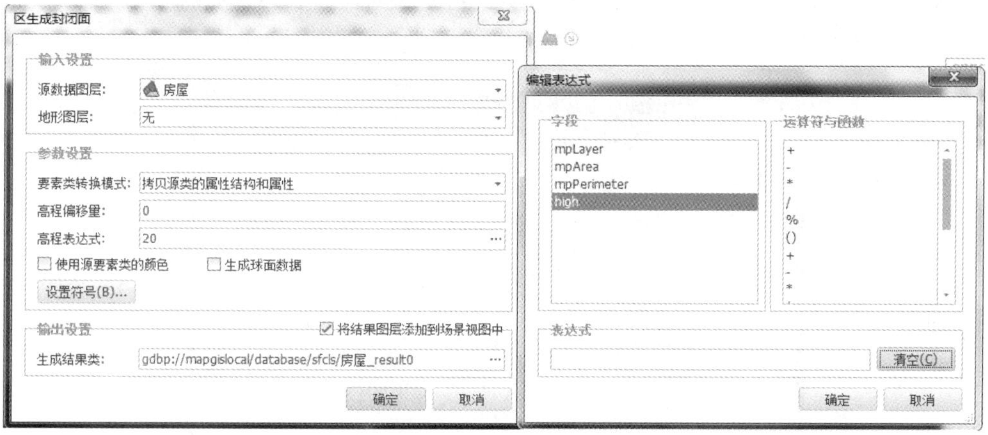

图 3.64　房屋区要素生成封闭面

系统库填充符号导入的操作步骤如下：单击菜单栏【设置】项中的【系统库管理】命令，弹出如图 3.65 所示的对话框，在填充符号的区域单击鼠标右键选择【导入】项，找到需要导入的相应照片，然后双击导入的贴图对其进行相应的编辑，包括高度、宽度、缩放比例、贴图模式等设置，然后单击【确定】按钮即可。

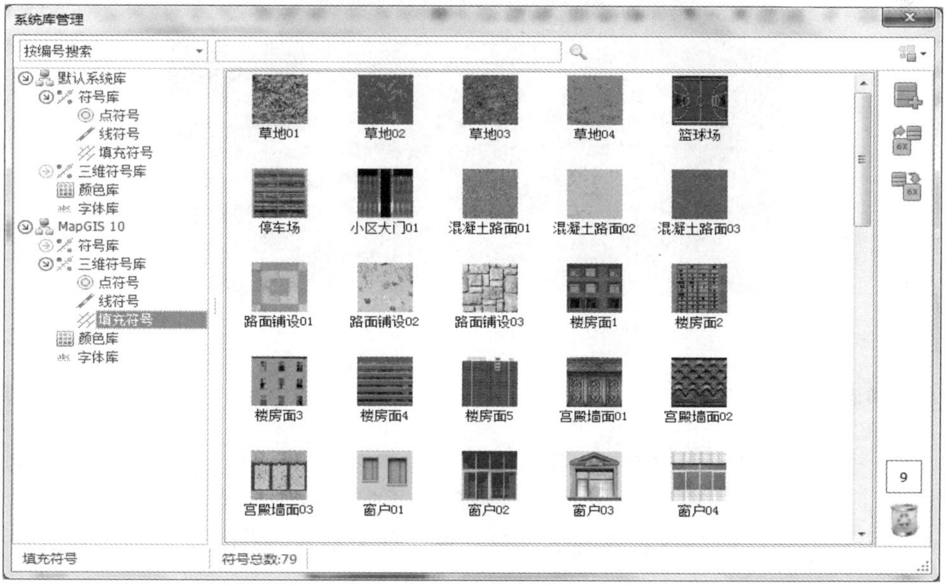

图 3.65　【系统库管理】对话框

修改图元参数的步骤如下：在右侧工作空间双击生成的房屋模型，使其处于当前编辑状态，单击三维编辑工具条上的【修改图元参数】按钮，可以对单个模型进行参数修改和编辑，例如修改图元参数符号、填充色、缩放比等参数使其更加美观。

移动模型的方法是：单击三维编辑工具条上的【移动模型】按钮，对单个模型进行X、Y、Z方向的移动。

2. 创建草地三维模型

双击三维场景中的【草地】区图层使其处于当前编辑状态，单击三维建模工具条上的【区生成水平面】工具，弹出如图3.66所示的对话框，其各项参数设置与【区生成封闭面】类似，生成的草地三维模型如图3.67所示。

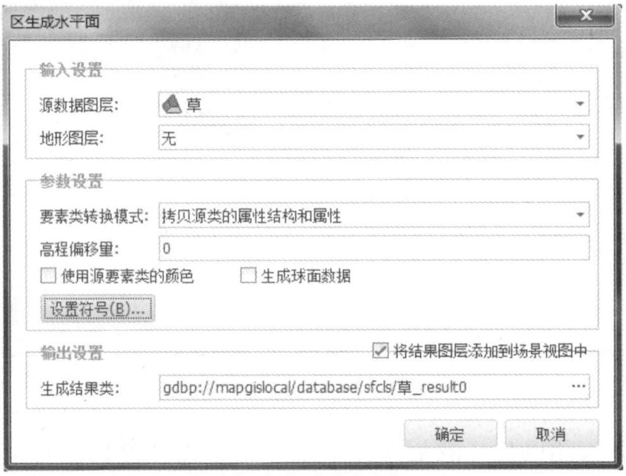

图3.66 生成草地水平面

图3.67 生成草地水平面效果图

3. 创建道路三维模型

双击三维场景中的【道路】线图层使其处于当前编辑状态，单击三维建模工具条上的【线生成水平面】工具，弹出如图3.68所示的对话框，其中“水平面宽度”即道路的宽度，可根据设计需要进行设置，其他参数设置与【区生成水平面】相同，生成的道路三维模型如图3.69所示。

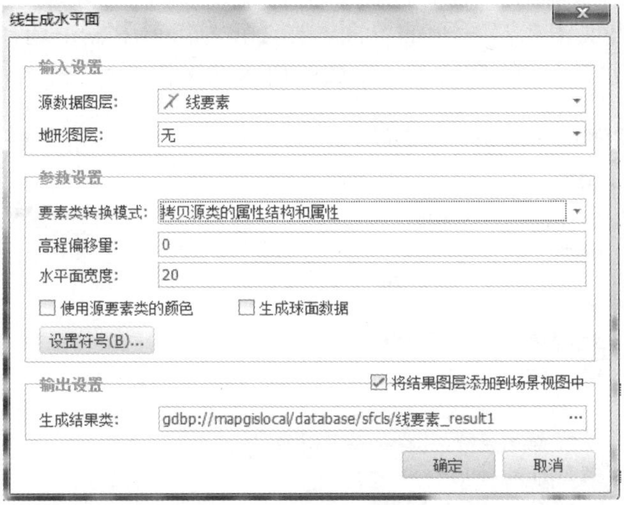

图 3.68　线要素生成水平面

图 3.69　生成道路水平面效果图

4．创建围墙三维模型

双击三维场景中的【围墙】线图层使其处于当前编辑状态，单击三维建模工具条上的【线生成竖直面】工具，弹出图 3.70 所示的对话框，其中“垂直面高度”即围墙的高度，可根据设计需要进行设置，其他参数设置与【区生成水平面】相同，生成的围墙三维模型如图 3.71 所示。

5．创建广场三维模型

双击三维场景中的【广场】区图层使其处于当前编辑状态，单击三维建模工具条上的【区生成水平面】工具，在弹出的对话框中对各项参数进行设置，方法与建立草地模型类似，生成的广场三维模型如图 3.72 所示。

6．创建树木三维模型

双击工作空间中的【树木】点图层使其处于当前编辑状态，右键单击【树木】点图层，在快捷菜单中选择【专题图】项中的【创建专题图】命令，然后选择【统一专题图】项并单击【完成】按钮，即出现图 3.73 所示的界面。在【符号编号】栏中选择相应的树木模型，并在下方的设置信息中设置对应的缩放比，生成的树木三维模型如图 3.74 所示。

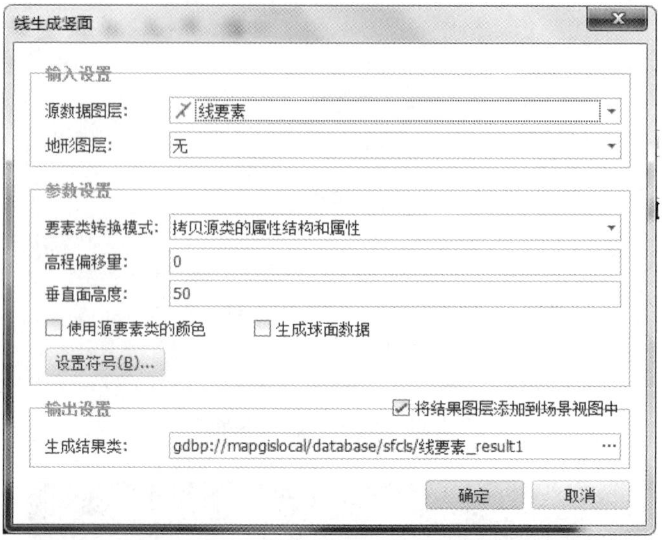

图 3.70　线生产竖面参数设置

图 3.71　生成围墙效果图

图 3.72　生成广场效果图

图 3.73　创建专题图

图 3.74　生成树木效果图

若需要导入外部三维模型，可执行【模型导入】功能，将利用其他三维辅助软件制作的复杂的外部建筑模型（.obj、.3ds）导入到场景当中，导入模型时输入模型对应的 X、Y、Z 坐标值，以及调整模型的缩放比、旋转角度。

MapGIS 10 建立的三维模型总体效果如图 3.75 所示。

图 3.75　总体三维模型效果图

第 4 章　SuperMap 地图制图

4.1　数据预处理

本章讲解的 SuperMap 地图制图是基于 SuperMap iDesktop 7C。

4.1.1　数据集成

1．操作基础

获取地图所需数据，并集成到 SuperMap iDesktop 7C 中。数据格式如表 4.1 所示。

表 4.1　数据格式

数据	数据格式	集成方式
矢量数据	*.dxf/*.dwg(CAD)/*.mif/*.tab/*.e00/*.shp 等	导入
栅格数据	*.bmp/*.jpg/*.2tiff/*.img/*.SIT 等	导入；直接打开

（1）SuperMap Deskpro 6R 和 SuperMap iDesktop 7C 都可以打开*.smwu、*.sxwu、*.smw、*.sxw 文件格式的工作空间文件，SuperMap Deskpro 6R 可将工作空间保存为*.smwu、*.sxwu、*.smw、*.sxw 文件格式，SuperMap iDesktop 7C 可将工作空间保存为*.smwu、*.sxwu 文件格式。

SuperMap Deskpro 6R 和 SuperMap iDesktop 7C 的默认工作空间格式是*.smwu，这是 SuperMap 系列产品提供的 XML 格式的工作空间文件格式，可以通过【文件】→【另存为】存储为*.smwu 工作空间文件。*.smwu 工作空间文件用记事本打开后可以看到工作空间里的数据源、地图、文件等信息。

（2）数据集的命名只能用汉字、字母、数字和下画线表示，不能以数字、下画线和“sm”开头；不能有非法字符；不能与各个数据库的保留字段冲突；长度为 0 到 30 个字节。

2．具体操作

（1）打开工作空间

① 打开文件型工作空间：单击菜单栏【文件】菜单，单击【打开】→【文件型】，弹出【打开数据源】对话框，如图 4.1 和图 4.2 所示。

或者直接单击【开始】→【打开】→【文件型】，打开【打开数据源】对话框，如图 4.3 所示。

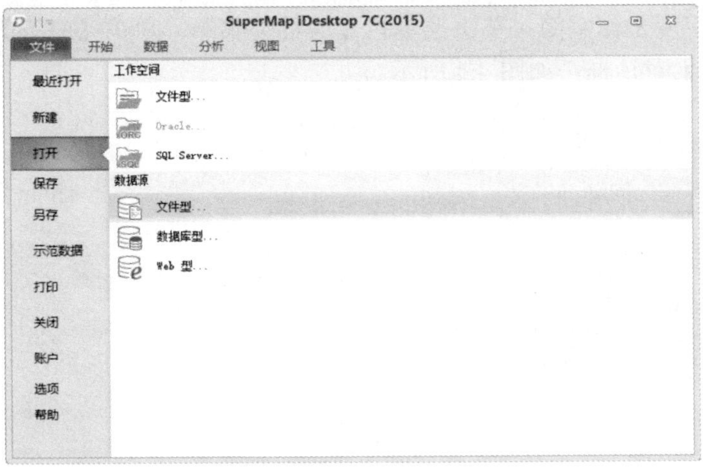

图 4.1　打开文件型数据源

图 4.2　打开数据源文件

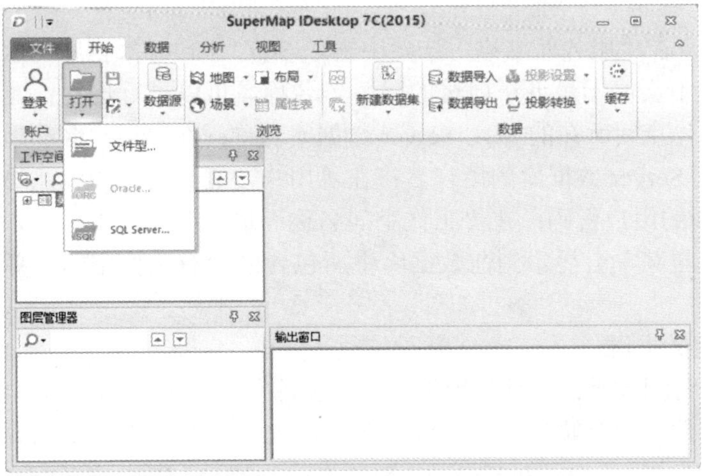

图 4.3　直接打开数据源

② 打开数据库型工作空间：单击菜单栏【文件】菜单，单击【打开】→【数据库型】，弹出【打开数据源】对话框，如图 4.4 所示。

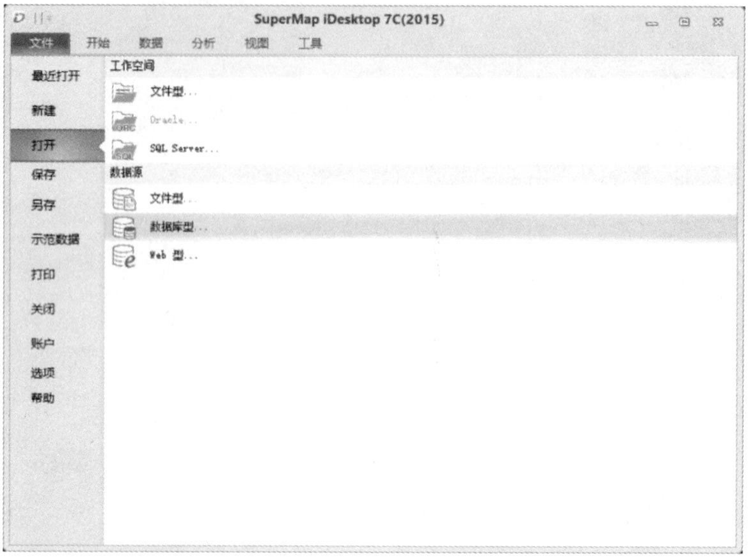

图 4.4 打开数据库型数据源对话框

在【打开数据源】对话框中确定工作空间文件的路径和名称，并单击【打开】选项以打开工作空间，如图 4.5 所示。

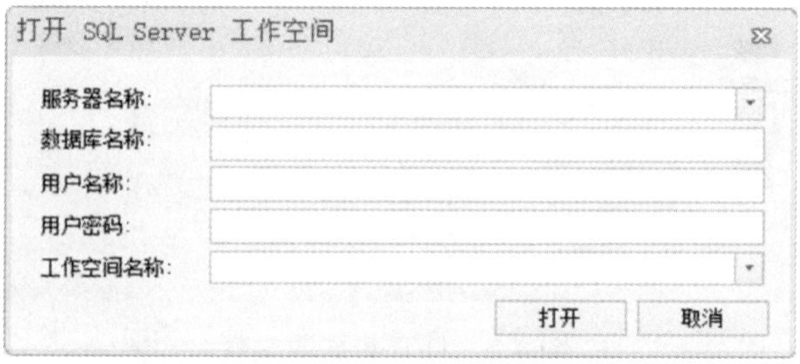

图 4.5 打开工作空间

如图 4.5 所示，在“服务器名称”选项中输入 SQL Server 数据库的服务器名称，服务器名称后的下拉菜单中会显示最近访问过的服务器名称，可以进行选择；在“数据库名称”选项中输入数据库工作空间所在的 SQL Server 数据库名称；在“用户名称”选项中输入进入工作空间所在的 SQL Server 数据库的用户名；在“用户密码”选项中输入进入工作空间所在的 SQL Server 数据库的用户密码；在“工作空间名称”选项中当以上所输入的信息正确时，工作空间名称后的下拉菜单会显示当前数据库中所包含的所有工作空间名称，可以选择所要打开的工作空间。

（2）打开/新建数据源

数据源类型分为四大类：文件型数据源、数据库型数据源、内存数据源和 Web 数据源。文件型数据源是将数据源存储为扩展名为 *.udb 的文件。数据库型数据源是将数据源存储在数据库中，如 Oracle Plus、Oracle Spatial、SQL Server Plus、PostgreSQL、DB2、KingBase 和

MySQL。内存数据源为临时数据源，不支持保存。Web 数据源是将数据源存储在网络服务器中，如 OGC 数据源、GoogleMaps 数据源、超图云服务数据源、天地图服务数据源、百度地图数据源。

需要注意的是数据源被打开后，打开的数据源会被组织到工作空间中的数据源集合下，并通过数据源的别名来唯一标识数据源，同时，工作空间管理器也会随之发生变化，工作空间管理器的树状结构中的数据源集合结点下将增加一个数据源子结点，该结点对应打开的数据源，并且结点的显示名称为该数据源的别名。该数据源结点下将增加一系列子结点，每个子结点对应数据源中的一个数据集。

具体操作如下。

① 打开文件型数据源：【打开】下拉菜单中的【文件型...】选项用来打开一个文件型数据源。

单击【打开】的下拉按钮，弹出下拉菜单。选择下拉菜单中的【文件型...】项，如图 4.6 所示。

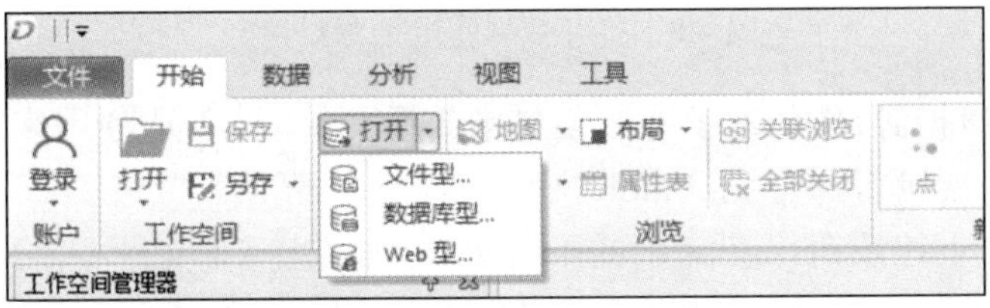

图 4.6　直接打开文件型数据源

弹出【打开数据源】对话框，如图 4.7 所示，设置打开数据源的必要信息，然后单击【打开】按钮即可打开相应的文件型数据源。

图 4.7　打开文件型数据源对话框

② 打开数据库型数据源：【打开】下拉菜单中的【数据库型...】选项用来打开一个数据库型数据源。

单击【打开】的下拉按钮，弹出下拉菜单，选择下拉菜单中的【数据型...】项，弹出【打开数据库型数据源】对话框，可在左侧数据库类型列表中选择要打开的数据库类型，在右侧输入要打开的数据源的必要信息，然后单击【打开】按钮即可打开相应类型的数据库型数据源。打开【打开数据库型数据源】对话框以后，默认显示打开 SQLPlus 数据源界面，若想打开其他数据库型数据源，则可在左侧类型列表内选择相应类型。在【打开数据库型数据源】对话框中，单击左侧【Web 型】选项，可切换至【打开 Web 型数据源】对话框，如图 4.8 所示。

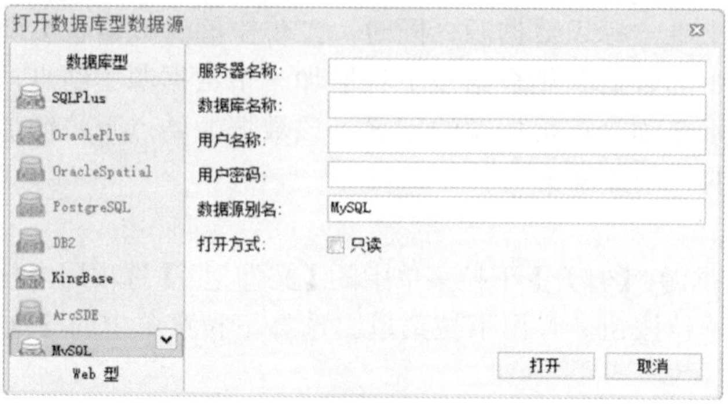

图 4.8　打开数据库数据源对话框

③ 新建文件型数据源：【新建】下拉菜单中的【文件型...】选项用来新建一个文件型数据源，并且该文件型数据源将保存到 *.udb 文件中。

单击【新建】的下拉按钮，在弹出的下拉菜单中，选择【文件型...】项，如图 4.9 所示；或者在工作空间管理器的数据源节点处，单击鼠标右键，选择【新建文件型数据源...】选项。

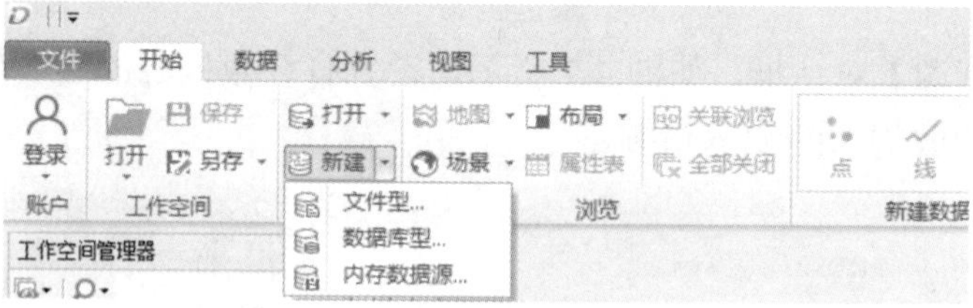

图 4.9　直接新建文件型数据源

弹出的【新建数据源】对话框如图 4.10 所示，设置新建数据源的必要信息，然后单击【保存】按钮即可创建相应类型的文件型数据源。

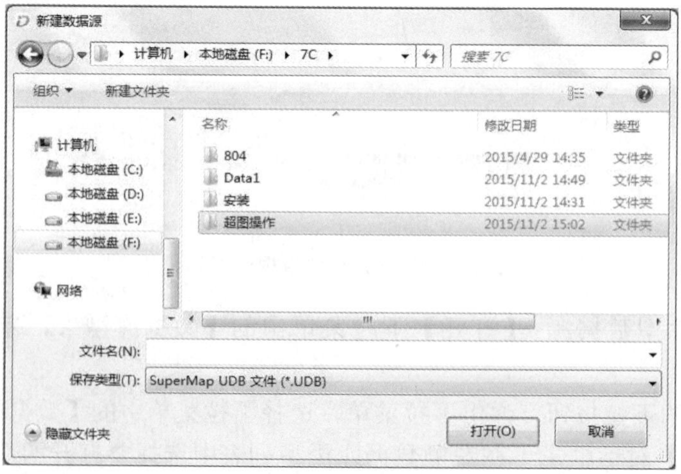

图 4.10　新建文件型数据源对话框

④ 新建数据库型数据源：【新建】下拉菜单中的【数据库型...】选项用来新建一个数据库型数据源，目前桌面产品提供 SQLPlus、OraclePlus、PostgreSQL、DB2、KingBase、MySQL 六种数据库型数据源功能。

单击【新建】的下拉按钮，在弹出的下拉菜单中，选择【数据型...】项；或者在工作空间管理器的数据源节点处，单击鼠标右键，选择【新建数据库型数据源…】选项。弹出的【新建数据库型数据源】对话框如图 4.11 所示，可在左侧数据源类型列表中选择需要创建的数据库类型，在右侧设置新建该项数据源的必要信息，然后单击【创建】按钮即可创建相应类型的数据库型数据源。打开【新建数据库型数据源】对话框以后，默认显示打开 SQLPlus 数据源界面，若想打开其他数据库型数据源，则可在左侧类型列表内选择相应类型。

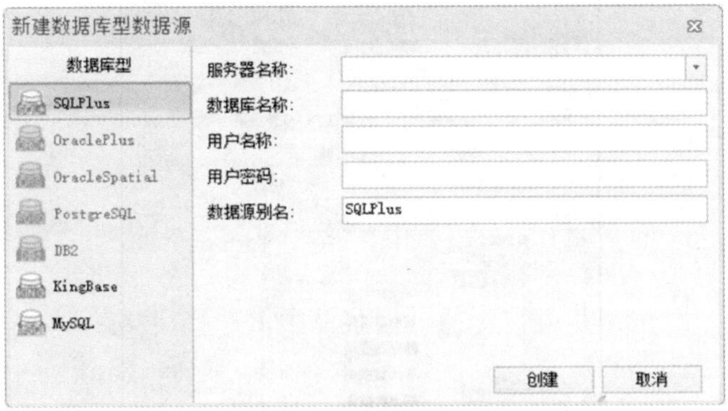

图 4.11　新建数据库型数据源对话框

（3）新建/导入/导出/复制/删除数据集

数据集用来存储相同类型的空间对象，是 SuperMap 空间数据的基本组织单位之一。目前支持点数据集、线数据集、面数据集、纯属性数据集、网络数据集、复合数据集、文本数据集、路由数据集、影像/栅格数据集等多种类型。数据集的管理包括数据集的新建、复制、删除、关闭、重命名等操作，也包括对多个数据集进行排序、查看数据的属性、设置数据集的编码方式等。

① 新建数据集：SuperMap 可创建点、线、面、文本、CAD、属性表、三维点、三维线、三维面、影像集合十种类型的数据集，但是只有在当前打开的工作空间中有打开的数据源时才可创建数据集。

数据集命名需要注意：由汉字、字母、数字和下划线组成，但不能以数字、下画线开头；长度不得为 0，不得超过 30 个字节，即 30 个英文字母或者 15 个汉字，超出部分会自动截断；不能有非法字符，如空格、括号等；不能与各个数据库的保留字段冲突。

选择【数据源】，单击【开始】→【新建数据集】下拉按钮，打开可新建的数据集类型，选择需要建立的数据类型，如图 4.12 所示。

也可以右键单击需要创建的数据集所在的数据源，选择【新建数据集】选项，如图 4.13 所示。

在弹出的【新建数据集】对话框中可设置新建的数据集的目标数据源、创建类型、名称、编码类型、字符集、是否添加到地图等功能，如图 4.14 所示，单击【创建】按钮即可完成。

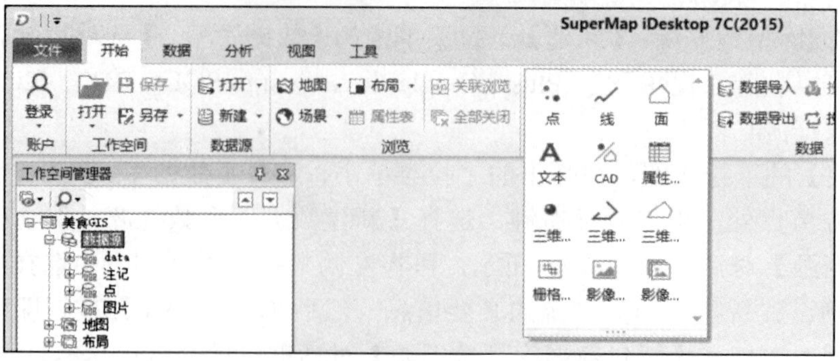

图 4.12　新建数据集工具栏

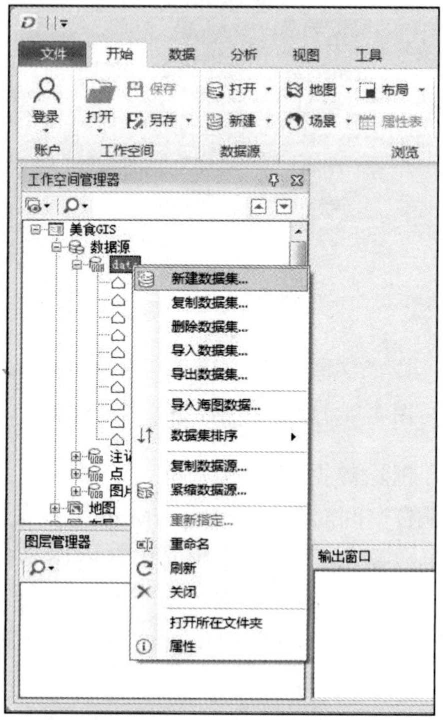

图 4.13　快速新建数据集

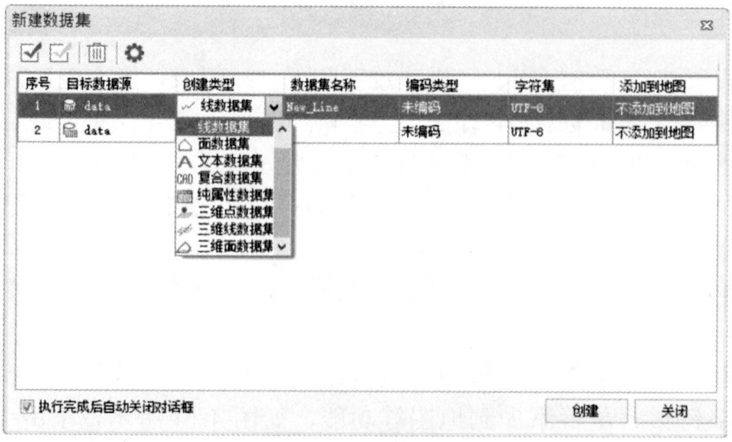

图 4.14　新建数据集对话框

② 导入数据集：右键单击需要创建的数据集所在的数据源，选择【导入数据集】选项，如图 4.15 所示。

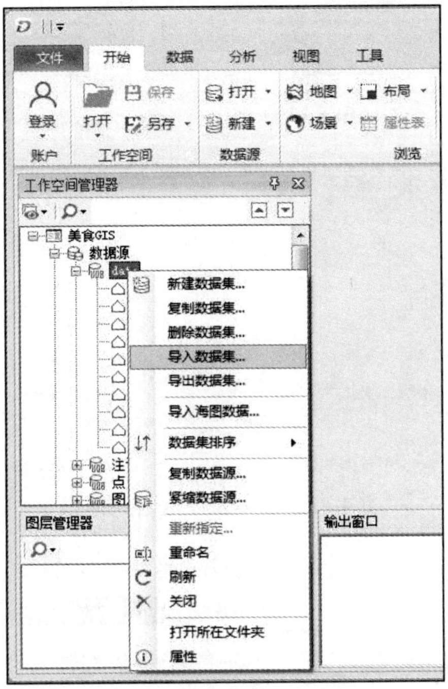

图 4.15　选择导入数据集

在弹出的【数据导入】对话框中单击添加文件按钮“ ”，如图 4.16 所示。

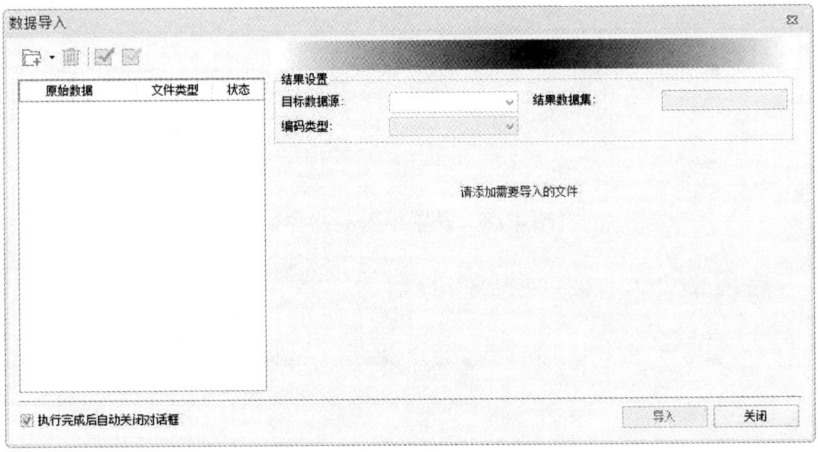

图 4.16　数据导入对话框

在弹出的对话框中选择需要导入的文件所在的位置和文件，单击【打开】按钮，如图 4.17 所示。

数据导入完成后自动关闭对话框，并显示将要导入的数据信息，检查无误后单击【导入】按钮即可，如图 4.18 所示。

③ 导出数据集：右键单击数据集，选择【导出数据集】选项，弹出【数据导出】对话框，如图 4.19 所示。

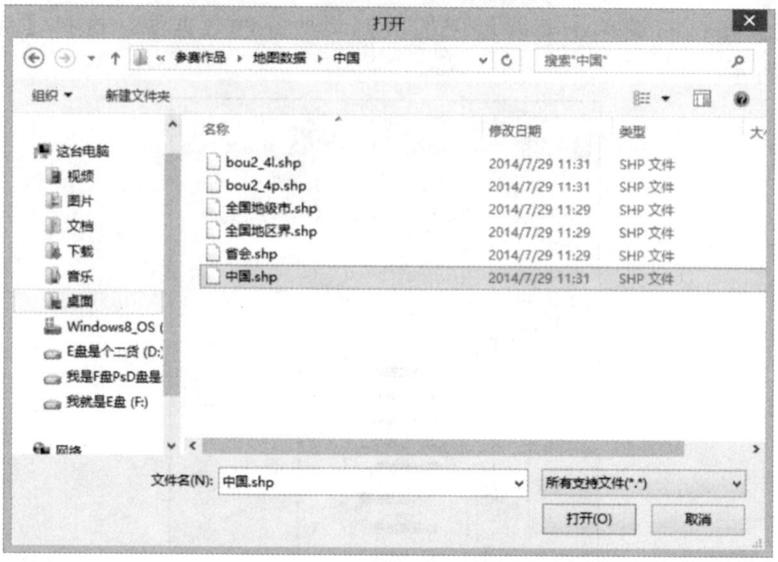

图 4.17　选择要导入的数据集

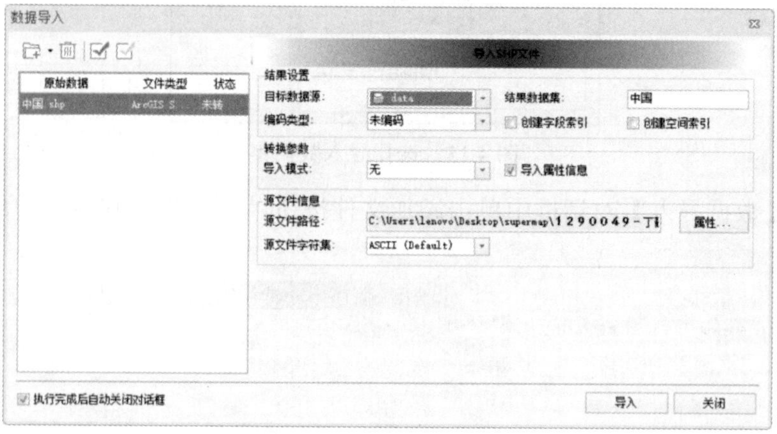

图 4.18　设置导入数据参数

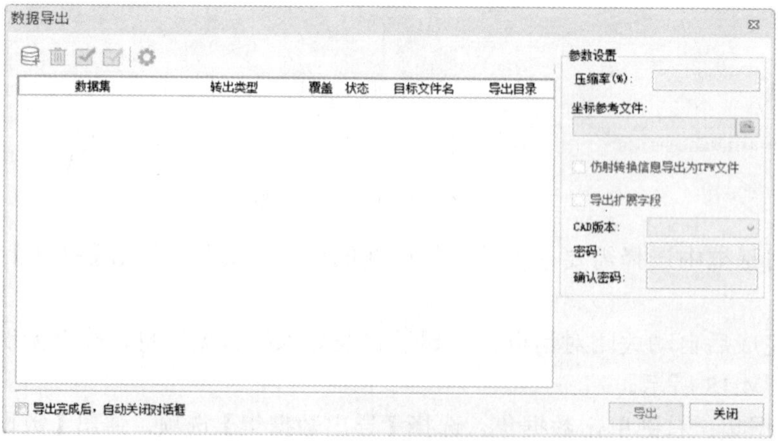

图 4.19　导出数据对话框

单击添加文件按钮“ ”，添加需要导出的数据集，选择完成后单击【确定】按钮，如图 4.20 所示。

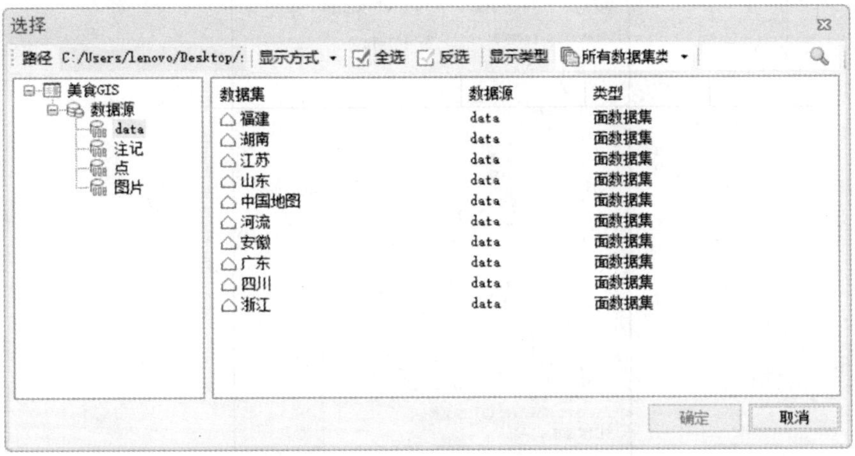

图 4.20　选择要导出的数据集

设置导出数据集的转出类型、目标文件名、导出位置等信息，确认无误后单击【导出】按钮即可，如图 4.21 所示。

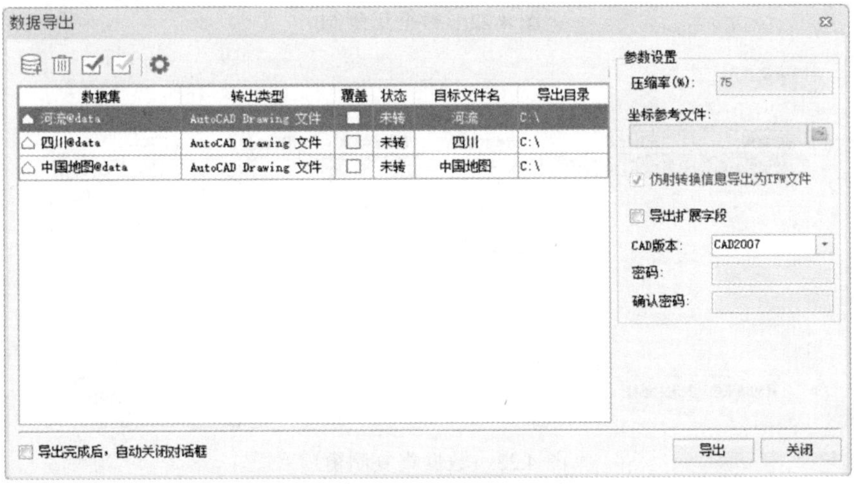

图 4.21　数据导出设置

④ 复制数据集：在工作空间管理器中，右键单击要进行复制的数据集，在弹出的菜单中选择【复制数据集】选项，如图 4.22 所示。

在弹出的【数据集复制】对话框（见图 4.23 中），可以设置源数据源、目标数据源、目标数据集等信息。也可以单击添加按钮“ ”，添加所需复制的数据集。单击【复制】按钮进行数据集复制，如图 4.24 所示。

⑤ 删除数据集：选中要删除的数据集，右键单击选中的数据集，在弹出的右键菜单中选择【删除数据集】项，弹出【删除数据集】提示对话框。单击【确定】按钮，则删除所有选中的数据集；单击【取消】按钮，取消删除数据集操作。

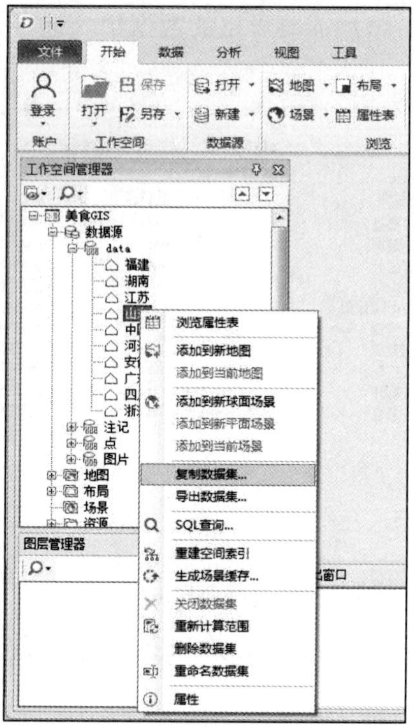

图 4.22　数据集复制

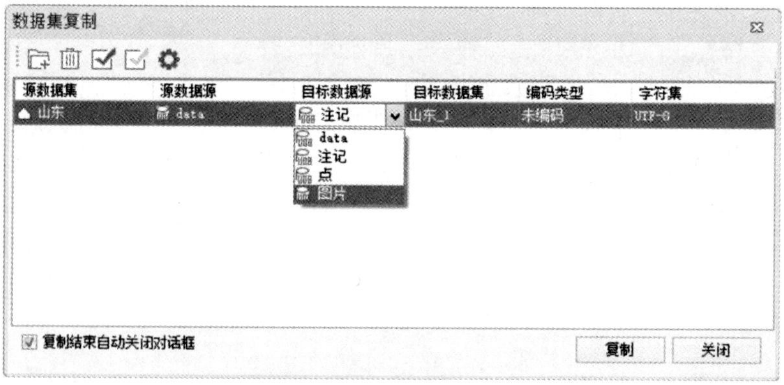

图 4.23　数据集复制窗口

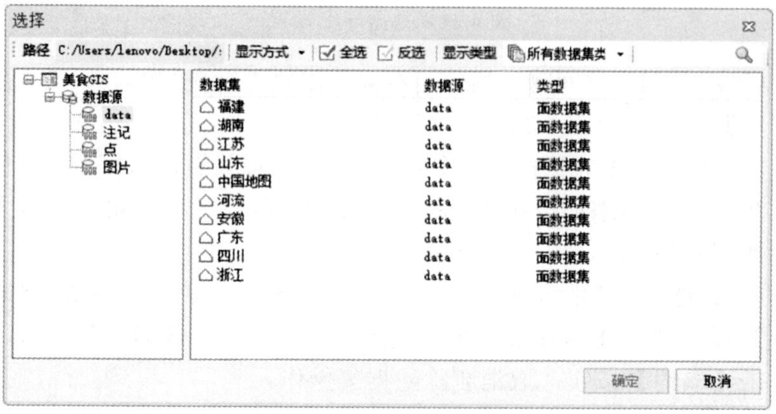

图 4.24　选择复制数据集

（4）查看数据集属性信息

在工作空间管理器中选择一个或者多个数据集后，单击鼠标右键，在弹出的右键菜单中选择【属性】选项，弹出数据集属性窗口，可查看当前选中数据集的属性、投影以及表结构信息，如图 4.25 所示。

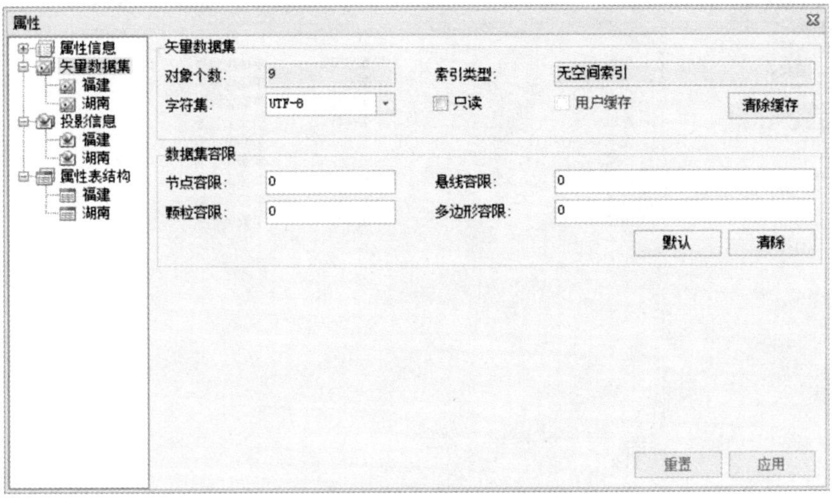

图 4.25　数据集属性信息窗口

（5）保存工作空间

【保存】按钮提供保存当前打开的工作空间中的操作结果以及保存工作空间的功能，工作空间中的操作结果只有先保存到工作空间中，再进行工作空间本身的保存，这些操作成果才能最终保存下来。在关闭工作空间后，当再次打开工作空间时，才能获取上一次工作的环境以及操作成果。具体操作如下。

① 单击【保存】按钮，只有工作空间中有未保存的内容，该按钮才可用。

② 弹出【保存】对话框，提示用户当前工作空间中有哪些未保存的内容，如未保存的地图、三维场景、布局，如图 4.26 所示。

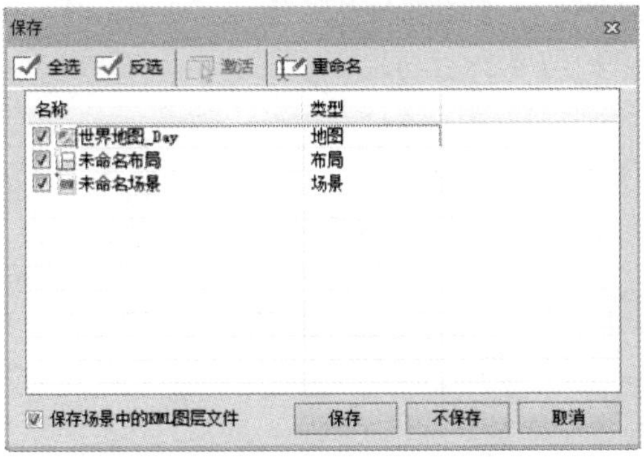

图 4.26　保存工作空间

4.1.2　坐标系设置

1．基本原理

SuperMap Desktop 7C 包括平面坐标系、地理坐标系、投影坐标系三种类型的坐标系。用户可以根据数据源或者数据集的需要，设置不同类型的坐标系统。

2．具体操作

在当前工作空间中，先选中数据源或数据集结点，再单击【开始】选项卡的【数据】组中的【投影设置】下拉按钮，在下拉菜单中选择【投影设置】项，弹出【投影设置】对话框，如图 4.27 所示。

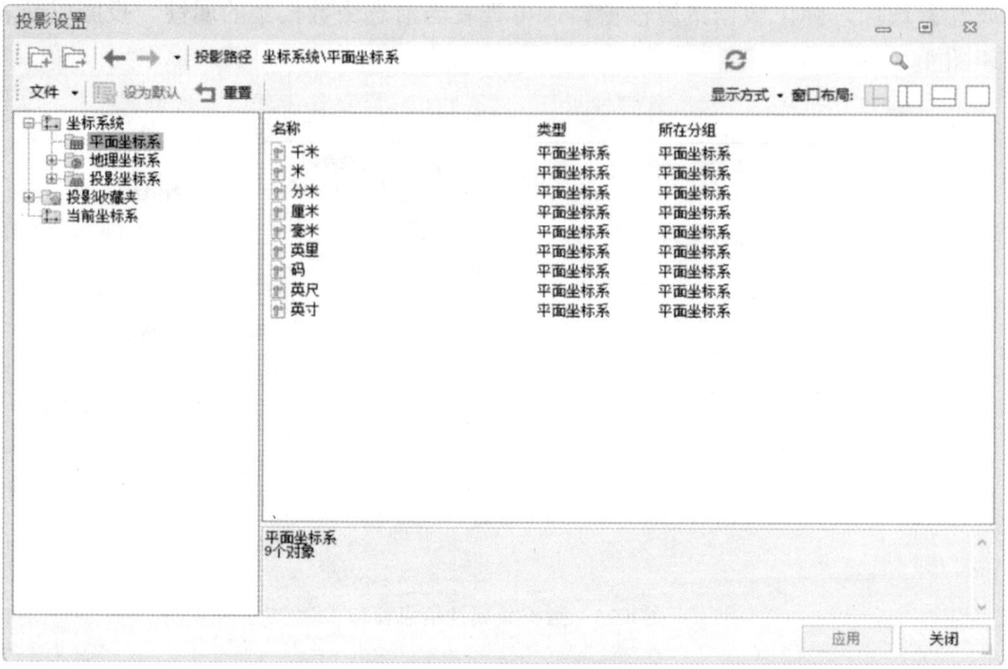

图 4.27 投影设置窗口

这里以选择西安 1980 坐标系为例，单击【坐标系统】→【地理坐标系】→【default】，选择【Xi-An 1980 China】坐标系，单击【应用】按钮，如图 4.28 所示。

图 4.28 选择投影坐标系设置

也可以右键单击需要设定和修改的坐标系的数据源或数据集，单击【属性】，在弹出的【属性】对话框中可以查看投影信息并进行修改，如图 4.29 所示。

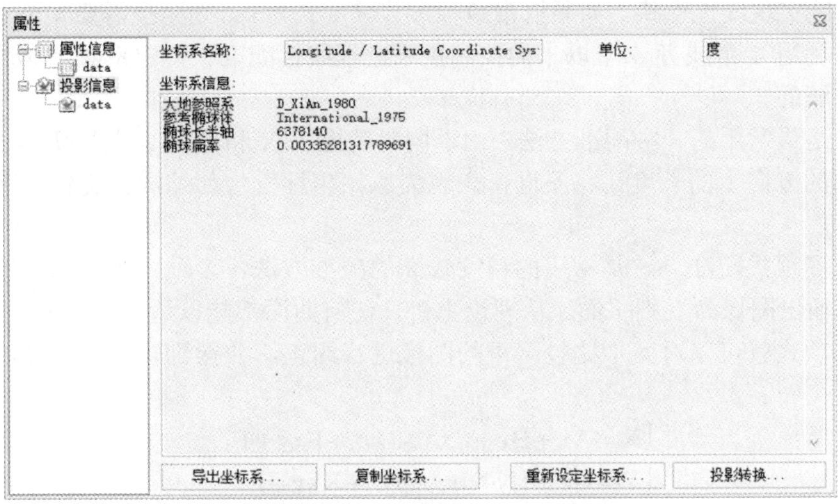

图 4.29　投影信息显示窗口

4.1.3　地图配准

1. 基本原理

遥感影像数据在成像过程中存在多种几何畸变，需要通过配准操作对影像/栅格数据集的坐标进行纠正；纸质地图的保存过程中存在纸张变形，扫描后的图纸容易产生误差变形，并且纸质图扫描后都是没有空间位置的，需要通过数据配准将其纠正到地理坐标系或投影坐标系中，同时也可以纠正几何畸变和变形误差，达到同一区域不同数据集地理坐标的统一。另一种情形是，在对多个数据集进行分析时，例如影像镶嵌、矢量数据合并或者叠加，要求所有参与分析的数据集在同一坐标系下，此时也需要进行数据的配准。

数据配准是通过参考数据集（图层）对配准数据集（图层）进行空间位置纠正和变换的过程。通过确定的配准算法和控制点信息，对配准数据集进行配准，可以得到与参考数据集（图层）空间位置一致的配准结果数据集[10]。

在指定参考图层的情况下，需要在配准图层中选择合适的配准点，同时在参考图层的相应位置上也需要选择控制点。配准过程会将配准图层中配准点的位置通过一定的配准算法，转换到与参考图层一致的空间位置。在不指定参考图层的情况下，需要在配准图层选择合适的配准点，同时在【输入控制点】对话框中输入与配准点相应位置的控制点坐标。

SuperMap iDesktop 7C 提供了线性配准、二次多项式配准、矩形配准和偏移配准四种配准方法。

（1）线性配准，也称仿射变换。这种配准方法假设地图因变形而引起的实际比例尺在 X、Y 方向上不相同，因此，具有纠正地图变形的功能。假设 x、y 为输入图像的原始坐标，X、Y 为纠正后的输出坐标，则坐标变换如下式：

$$\begin{cases} X = Ax + By + C \\ Y = Dx + Ey + F \end{cases} \quad (1)$$

公式（1）中包含 6 个参数：A、B、C、D、E、F，可以通过选择配准图层和参考图层的同名控制点来确定。理论上要求上述 6 个待定参数中至少需要知道不在同一直线上的 3 对控制点坐标，才能实现线性变换。如果取常数项参数 C、F 为 0，则至少需要 4 个点，所以实际应用中，通常利用 4 个或者 4 个以上的控制点来进行线性配准。待定系数是通过最小二乘法的原理进行求解的。

线性变换是最常用的一种配准方法，由于同时考虑了 X 和 Y 方向上的变形，所以纠正后的坐标在不同的方向上的长度比将不同，表现为原始坐标发生如缩放、旋转、平移等变化后得到输出坐标。

（2）二次多项式配准。它是常用的精度较高的配准方法，多项式纠正把原始图像变形看成某种曲面，输出图像为规则平面。从理论上讲，任何曲面都能以适当高次的多项式来拟合。一般用二次二项式就可以对变形比较严重的图像进行纠正，并得到较高的精度。二次二项式的纠正式如下：

$$\begin{cases} X = Ax + By + Cx^2 + Dy^2 + Exy + F \\ Y = Gx + Hy + Ix^2 + Jy^2 + Kxy + L \end{cases} \tag{2}$$

公式（2）共有 12 个参数，理论上需要 6 对控制点就可实现转换，为得到较高的精度，一般要求二次多项式纠正的控制点至少为 7 对，适当增加控制点的个数，可以明显提高影像配准的精度。多项式系数是用所选定的控制点坐标按照最小二乘法求得的。对比多项式纠正公式与线性纠正的公式可以看出，线性配准其实是一次的多项式配准，二次多项式纠正比线性配准需要更多的控制点对，但也会纠正更多的变形。

（3）矩形配准。矩形配准实质上是一种特殊的，有限定条件的线性配准。如果原图像为规则矩形，纠正后的图像坐标仍是规则矩形，则选择两个相对的角点就可以确定矩形 4 个角点的坐标，在线性配准的纠正公式中的常数项取 0，则已知 2 个相对角点坐标就可以求解得到纠正公式，从而实现几何纠正。这种方法既方便省时，又避免了由于选择多个控制点时造成误差的累积。矩形配准是一种简单方便的配准纠正方法，但是因为输出结果不能计算误差，所以其配准的精度不可知，是一种精度不高的粗纠正方法。

（4）偏移配准。此方法仅需要一组控制点和参考点，分别对 X 坐标和 Y 坐标求差值，再利用差值对原数据集所有组坐标点进行偏移。

本书将通过一个数据配准实例，介绍如何使用 SuperMap iDesktop 7C 桌面应用系统对扫描的地图进行配准。配准之后生成的地图具有真实的地理坐标，此时，可继续对其进行数字化操作，分别提取地图中的铁路、河流、公路等信息。最后与行政区界面图层进行叠加配图，类似于传统数据采集以及成图的全过程。

2. 具体操作

（1）数据导入。打开 SuperMap iDesktop 7C，新建工作空间并命名为“美食 GIS”，新建一个 SDB 型数据源，导入数据集。右键单击【数据源】，选择【新建数据源】，新建一个名为“栅格图层”的数据源。右键单击“栅格图层”数据源，选择【导入数据集】，将“中国政区图”添加到数据源中。中国政区图的栅格数据如图 4.30 所示。

（2）新建配准窗口。单击【数据】→【配准】→【新建配准窗口】，在弹出的【配准数据设置】对话框中进行相应的设置，如图 4.31 所示。

中 国 政 区 图

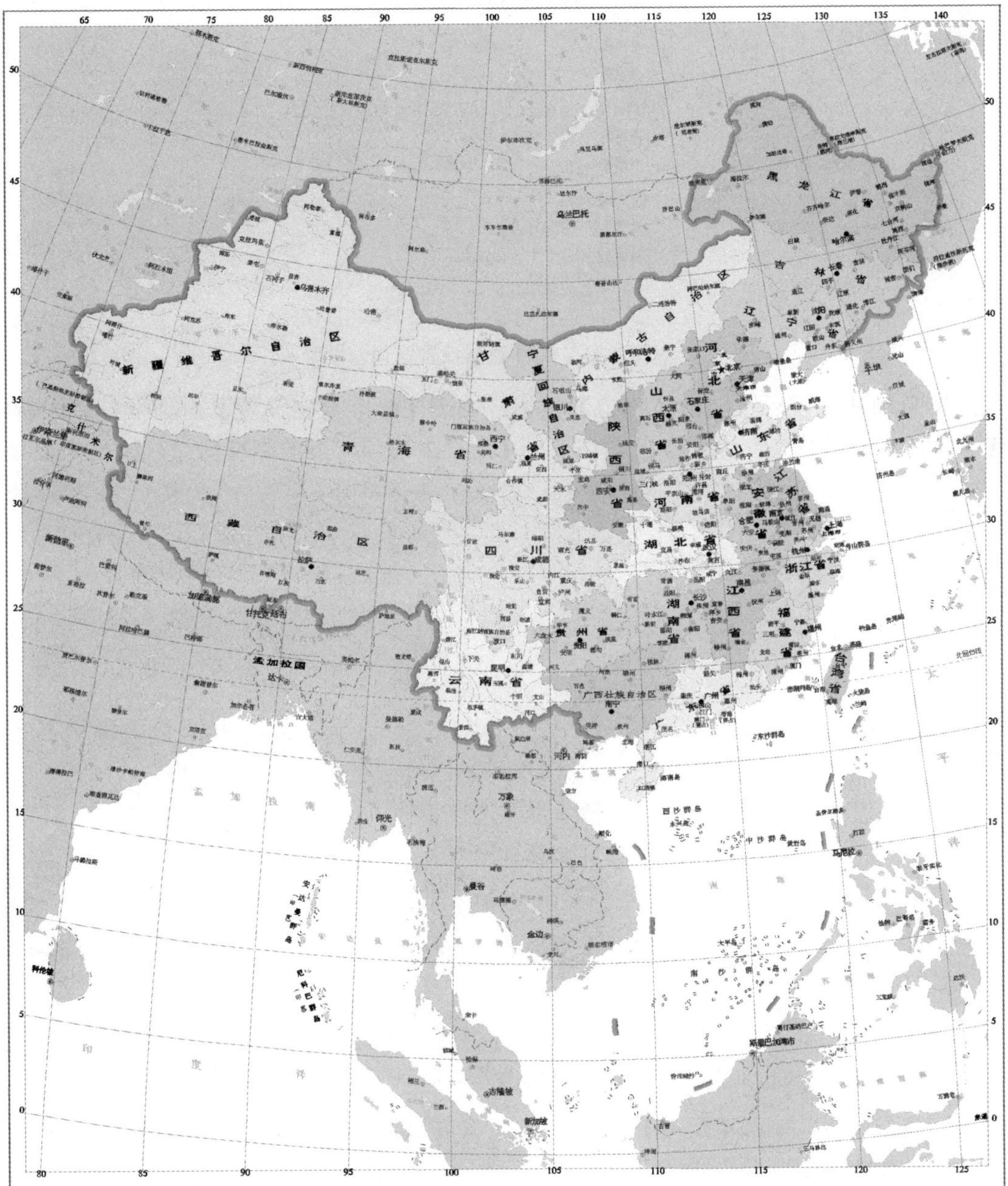

全 国 行 政 区 划 统 计 表 （截止1978年12月31日）

省 22 / 直辖市 3 / 自治区 5		北京市	上海市	天津市	河北省	山西省	内蒙古自治区	辽宁省	吉林省	黑龙江省	陕西省	甘肃省	宁夏回族自治区	青海省	新疆维吾尔自治区	山东省	江苏省	浙江省	安徽省	江西省	福建省	台湾省	河南省	湖北省	湖南省	广东省	广西壮族自治区	四川省	贵州省	云南省	西藏自治区	合计	
地级	自治州								1			2		6	8										1	1		3	2	8		29	210
	行政区																									1						1	
	地区				10	7		2	3	8	7	8	2	1	8	9	7	8	9	6	7	（资料暂缺）	10	8	10	7	8	11	5	7	5	173	
	盟						4	1	1	1																						7	
省辖和地辖市					9	7	5	11	10	13	5	4	2	1	7	9	11	3	11	8	6		14	6	10	11	6	11	5	4	1	190	
县级	县	9	10	5	137	101	16	44	39	63	92	66	16	33	74	106	64	65	70	80	62		111	73	86	94	72	179	67	106	71	2011	2138
	自治县				2			2	2	1		6		5	6										4	3	8	2	9	15		65	
	旗						27	7	7	9		2	1																			53	
	自治旗									3																						3	
	特区																												3			3	
	山																			2												2	
	镇																													1		1	

★ 我国首都
● 省、自治区、直辖市革命委员会驻地
◎ 外国首都和首府

比例尺 1:18 000 000
0 200 400 600 800 1000公里

图 4.30　中国政区图的栅格地图数据

图 4.31 配准数据设置窗口

输入信息确认无误后，单击【确定】按钮，关闭【配准数据设置】对话框，完成新建配准的操作，进入配准状态。界面会自动切换到【配准】选项卡下的配准窗口，如图 4.32 所示。

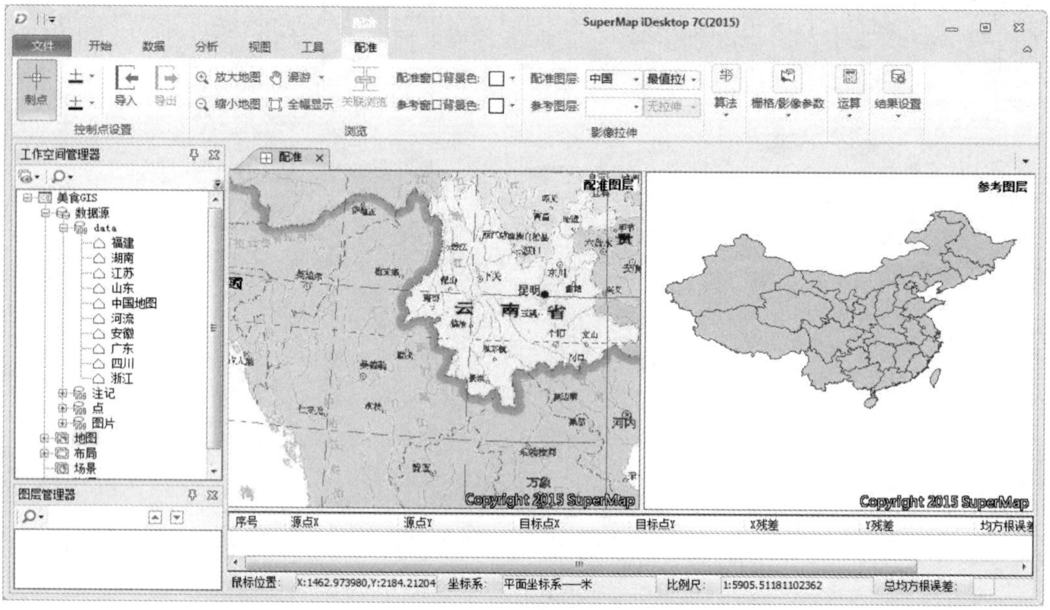

图 4.32 配准界面

（3）控制点设置。单击【配准】→【算法】，单击【配准算法】的下拉箭头，在弹出的下拉列表中选择【线性配准（至少 4 个控制点)】选项，如图 4.33 所示。

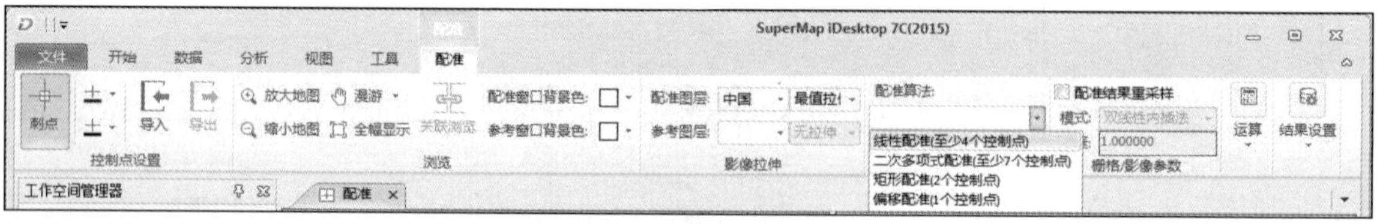

图 4.33 控制点设置菜单栏

在配准窗口中，对比浏览配准图层和参考图层，寻找这两个图层的特征位置的同名点并将配准图层定位到具体的某一个具有特殊性的位置上。单击【控制点设置】→【刺点】，光标变为“ ”，找准定位的特征点位置，单击鼠标左键，完成一次刺点操作。可以看到在鼠标单击位置，用蓝色十字丝标记（默认当前所刺的控制点为选中状态）。同时在控制点列表中，系统会自动给配准控制点编号，同时将其坐标值 X 值与 Y 值显示在控制点列表中，如图 4.34 所示。

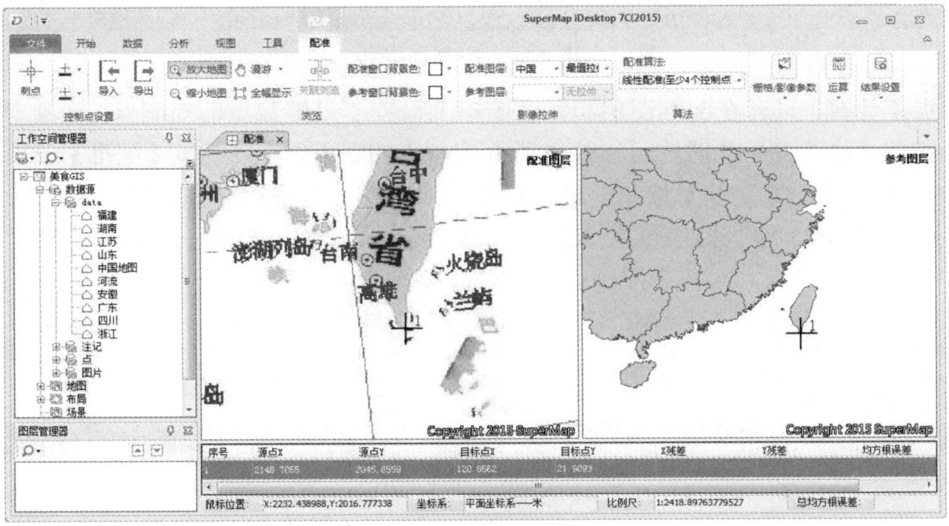

图 4.34　刺点操作

在“浏览”组中，将参考图层定位到在配准图层刺点的同名点位置，在参考图层的同名点位置，单击鼠标左键，完成参考图层的一次刺点操作。可以看到在鼠标单击位置，用蓝色十字丝标记（默认当前所刺的控制点为选中状态）。同时在控制点列表中，系统会自动给配准控制点编号，同时将其坐标值显示在控制点列表中。

重复以上操作过程，完成多个控制点的刺点操作。根据本书中实例采用的配准算法，至少需要选择 4 个控制点，才能保证完成配准操作，如图 4.35 和图 4.36 所示。

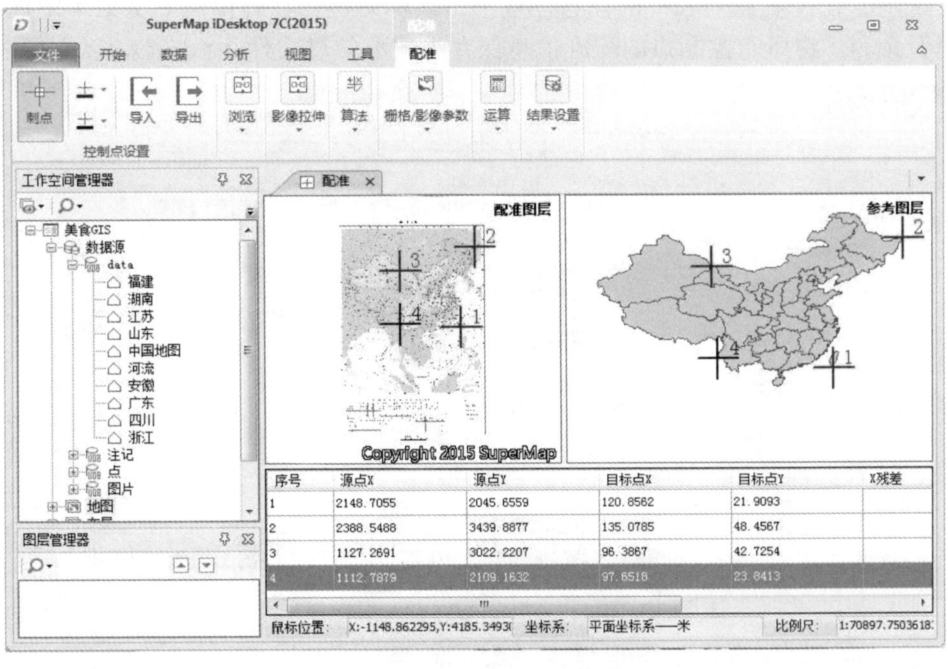

图 4.35　控制点的刺点操作

序号	源点X	源点Y	目标点X	目标点Y	X残差	Y残差	均方根误差	锁定编辑
1	2148.7055	2045.6559	120.8562	21.9093				☐
2	2388.548802643701	3439.8877	135.0785	48.4567				☐
3	1127.2691	3022.2207	96.3867	42.7254				☐
4	1112.7879	2109.1632	97.6518	23.8413				☐

图 4.36　控制点信息

（4）误差计算。只有在配准图层和参考图层上设置了足够数量的控制点，选项卡中的【计算误差】按钮才会变亮，此时才可以计算所有控制点的误差。在功能区【配准】选项卡的【运算】组中，单击【计算误差】按钮，进行误差计算，在控制点列表中列出了各个控制点的误差，如图 4.37 所示。这些误差包括 X 残差、Y 残差以及均方根误差，同时在配准窗口中的状态栏中输出总误差值，即各个控制点的均方根误差之和。

序号	源点X	源点Y	目标点X	目标点Y	X残差	Y残差	均方根误差	锁定编辑
1	2148.7055	2045.6559	120.8562	21.9093	2.0126	0.3634	2.0451	☐
2	2388.5488	3439.8877	135.0785	48.4567	1.6726	0.302	1.6997	☐
3	1127.2691	3022.2207	96.3867	42.7254	2.5924	0.4681	2.6343	☐
4	1108.868	2113.7331	98.6703	23.8046	2.9323	0.5294	2.9797	☐

图 4.37　误差展示

在图 4.37 中选择误差较大的 4 号控制点，勾选“锁定编辑”列对应的复选框，表示对该控制点启用锁定编辑功能。选择【配准】→【控制点设置】→【刺点】，在配准窗口中的配准图层和参考图层中重新选择 4 号控制点的位置。再次进行误差计算，重新计算的误差结果如图 4.38 所示。

序号	源点X	源点Y	目标点X	目标点Y	X残差	Y残差	均方根误差	锁定编辑
1	2148.7055	2045.6559	120.8562	21.9093	1.7093	0.3299	1.7409	☐
2	2388.5488	3439.8877	135.0785	48.4567	1.4206	0.2742	1.4468	☐
3	1127.2691	3022.2207	96.3867	42.7254	2.2018	0.4249	2.2425	☐
4	1108.868	2113.7331	97.5314	23.9304	2.4906	0.4806	2.5365	☑

图 4.38　锁定编辑

（5）配准。在控制点列表中的任意位置单击鼠标右键，在弹出的右键菜单中选择【导出配准信息】命令，将所有控制点的配准信息保存为配准信息文件（*.druf），以方便以后使用，如图 4.39 所示。

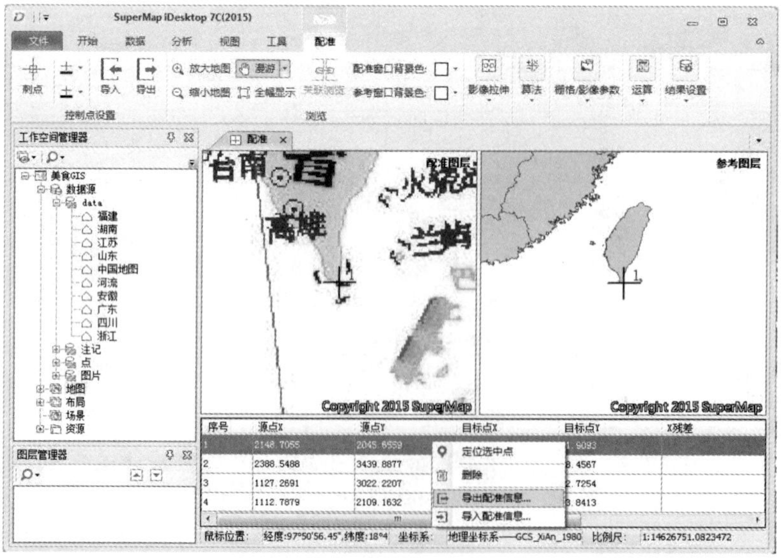

图 4.39　导出配准信息

单击【配准】选项卡的【运算】组，选择【配准】项，对配准图层执行配准操作。得到配准后的栅格地图如图 4.40 所示。

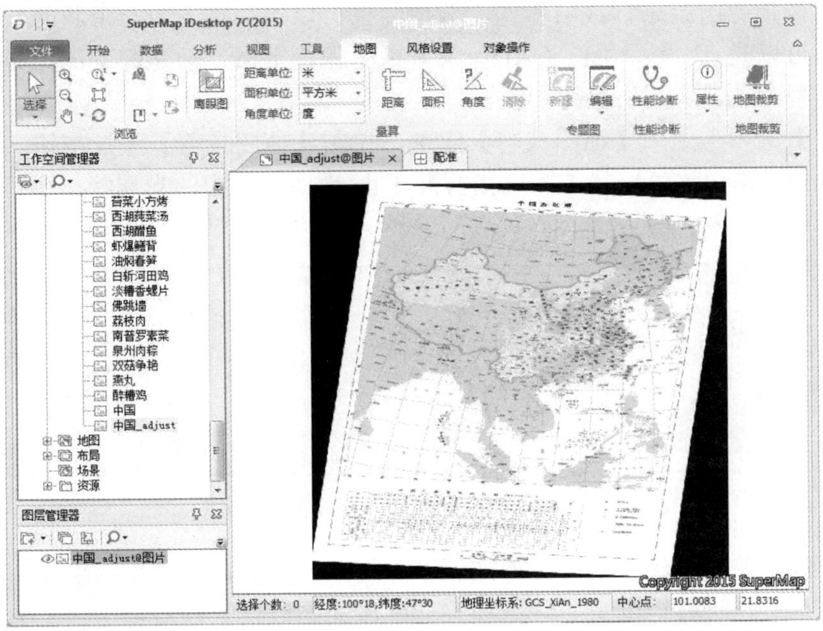

图 4.40　配准结果显示

4.1.4　栅格地图矢量化

1．基本原理

SuperMap iDesktop 7C 对栅格数据类型的数据进行矢量化处理，可以将栅格数据集转化成点、线、面数据集。

一般地，SuperMap 地图矢量化的步骤为：

（1）扫描纸质地图；

（2）新建数据源；

（3）导入栅格地图；

（4）设置坐标系；

（5）地图配准；

（6）地图裁剪；

（7）创建矢量数据集；

（8）屏幕跟踪矢量化；

（9）属性表编辑。

矢量化的前 5 个步骤可以参考前面章节，下面介绍地图裁剪、创建矢量数据集、屏幕跟踪矢量化、属性表编辑 4 个步骤。

2．具体操作

（1）地图裁剪。用户可能只需要使用一部分栅格地图的数据，为简化操作，可以只提取所需的这部分地图区域，并且可以减少后续处理的数据量，此时就会用到地图裁剪的功能。当地图窗口中存在一个或多个图层时，可以通过绘制矩形、圆形、多边形或者选中某一图层中的面对象对被裁剪图层进行裁剪操作。裁剪结果可以保存输出为一个新的数据集。被裁剪图层数据类型可以是点、线、面、CAD、文本或者栅格数据，但是裁剪图层必须是面图层。裁剪结果的类型和被裁剪图层保持一致。

在【地图】选项卡上的【地图裁剪】组中，单击【地图裁剪】下拉按钮，在弹出的下拉菜单中选择裁剪方法，这里选择【矩形裁剪】，同时地图窗口中的光标状态变为绘制模式，可进行矩形的绘制，如图 4.41 所示。

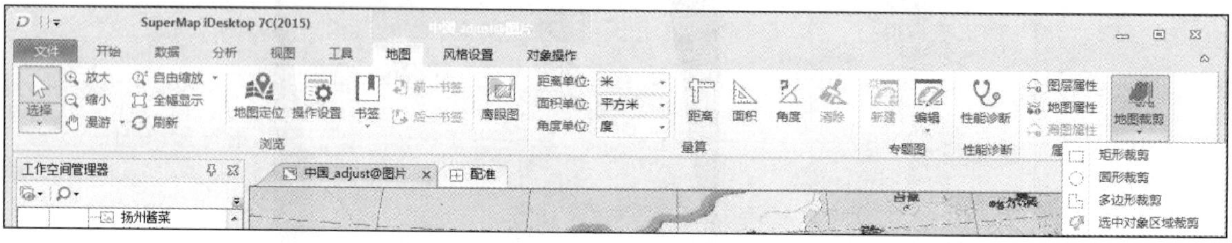

图 4.41　地图裁剪功能菜单

在地图窗口中的合适位置绘制裁剪区域，单击鼠标左键，完成矩形绘制，在弹出的【地图裁剪】对话框中，进行地图裁剪数据和裁剪区域的参数设置和保存，检查无误后单击【确定】按钮，进行裁剪，如图 4.42 所示。

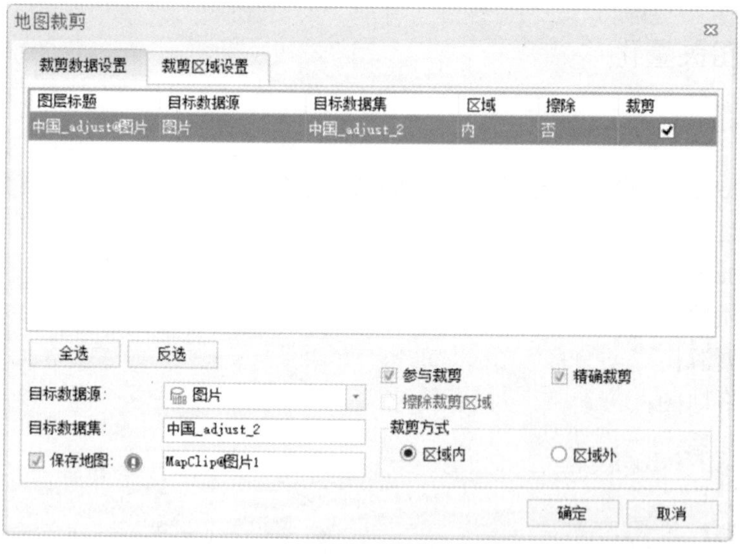

图 4.42　地图裁剪窗口

（2）创建矢量数据集。右键单击需要创建的数据集所在的数据源，选择【新建数据集】，弹出【新建数据集】对话框，设置新建的数据集的名称为“国界”并进行相关信息设置后，单击【创建】按钮，创建数据集，如图 4.43 所示。

（3）交互式半自动矢量化。SuperMap iDesktop 7C 可以对栅格数据类型的数据进行矢量化处理，将栅格数据集转化成点、线、面数据集。为保证较高的精确度，采用 SuperMap 自带的交互式半自动矢量化方法进行地图矢量化。

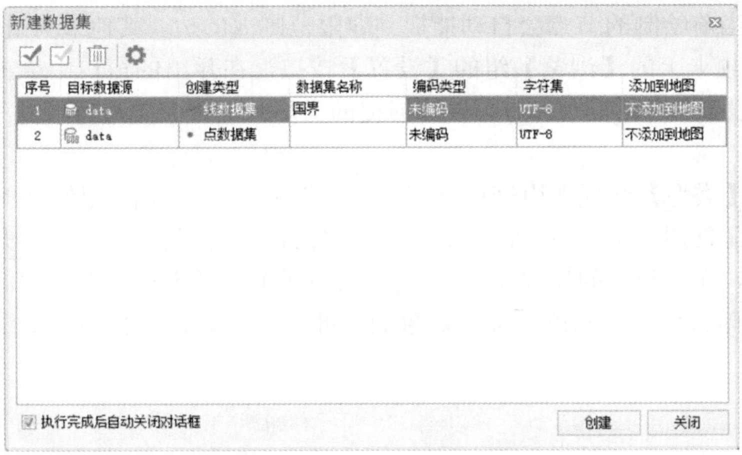

图 4.43　新建矢量数据集窗口

① 单击【对象操作】→【栅格矢量化】→【设置】，弹出 【栅格矢量化】对话框，如图 4.44 所示。对栅格矢量化的参数进行设置。“栅格地图图层”栏的下拉列表中列出了当前地图窗口所有的栅格数据集和影像数据集，选择将要进行矢量化的数据集。“背景色”栏，表示影像数据集，若遇到此种颜色的单元格，则将其视为背景色，不参与矢量化过程。默认的背景色为白色。颜色容限，即栅格地图的颜色相似程度，在矢量化过程中，只要 RGB 颜色任一分量的误差在此容限内，则应用程序认为可以沿此颜色方向继续进行矢量化，取值范围为[0-255]，默认值为 32。“过滤像素数”栏用于设置去锯齿过滤参数，即光栅法消除线对象锯齿抖动的垂直偏移距离（单位为图像像素），默认值为 0.7；去锯齿过滤参数越大，过滤掉的点越多。对栅格矢量化时，需要进行光滑处理，“光滑系数”设置得越大，则矢量线的边界的光滑度越高。“自动移动地图”选项如果处于选中状态，则表示自动移动地图，当矢量化至地图窗口边界上时，窗口会自动移动；反之，则表示需要手动移动地图；应用程序默认为选中状态。

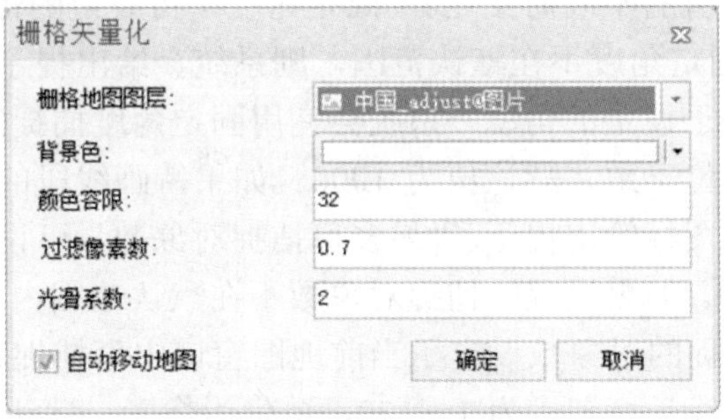

图 4.44　栅格矢量化设置

② 选中工作空间管理器中的国界数据集，右键单击【添加到当前地图】，加载成功后，再选中图层管理上的国界数据右键单击【可编辑】和【可捕捉】。

③ 在编辑和制图时，常常需要定位到特定位置处，但通常在实际制图时这些位置不能使用手工准确地定位。SuperMap 提供图形捕捉功能，由系统来进行智能捕捉定位，不仅提高了编辑和制图的精度和效率，而且还能避免出错。实际操作时，可以自由选择捕捉类型。当启

用捕捉功能时，当前绘制的节点会自动捕捉到容限范围内的边、其他节点或者其他几何要素。单击【地图】选项卡上的【浏览】组的【设置】按扭，在弹出的窗口中单击【捕捉设置】按钮，弹出【捕捉设置】对话框。用户可以对捕捉的类型和捕捉参数进行相关的设置，如图 4.45 所示。

图 4.45 中，【类型】选项卡用来控制相应的捕捉类型的开启和关闭。【类型】选项卡下面的列表中，列举了常用的 12 种捕捉关系，当某一捕捉类型被勾选时，表示开启相应的捕捉功能，未被勾选时，表示相应的捕捉功能被关闭。【参数】选项卡用来对捕捉的相关参数进行设置。包括捕捉容限、角度、长度、捕捉对象数、捕捉长度、是否打断捕捉线等设置内容，如图 4.46 所示。

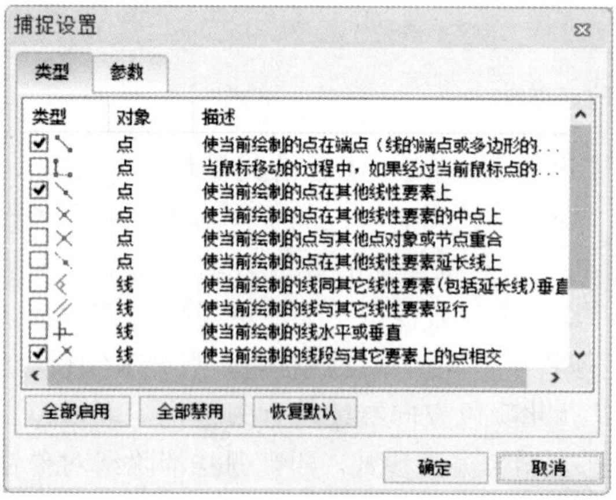

图 4.45 捕捉设置

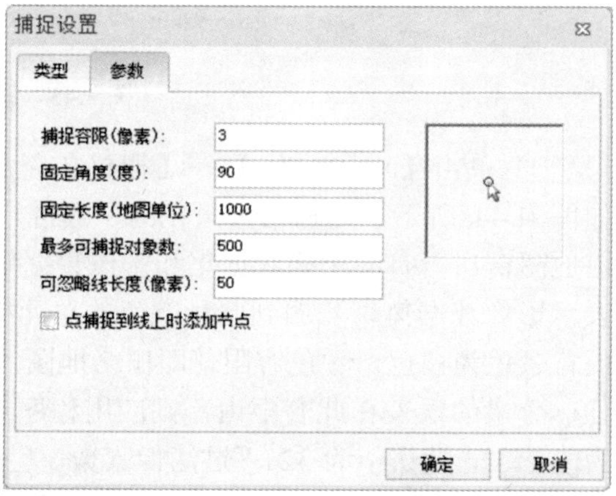

图 4.46 捕捉参数设置

图 4.46 中，“捕捉容限”可设定的范围取值为 1～12，单位为像素，默认值为 3。如果设置的捕捉容限超过 12，则系统会提示大于最大值。若待捕捉对象与光标的距离在设定范围内，则该对象即被捕捉。如对话框右下角的光标定位区示意图所示，红色圆圈（即光标定位区）的大小随着捕捉容限设定值的不同而变化。“固定角度”可设定的范围为 0-360，单位为度，默认值为 90。如果设置固定角度不在默认范围，则系统会给出提示信息。画线时，如果待画线段与其他线段的夹角等于设定的角度，系统会使用固定角度捕捉的图标予以提示。“固定长度”的单位与地图坐标单位一致，默认值为 1000。如果待画线段的长度等于设定的长度，系统会使用固定长度捕捉的图标给出提示。“最多可捕捉对象数”可设定的捕捉对象数的范围为 20～5000，默认值为 1000。如果设置的捕捉对象数不在默认范围内，则系统会给出提示信息。在进行捕捉时，最多可捕捉的对象数设定了当前地图窗口中可捕捉对象的最大数目。“可忽略线长度”可设定的忽略的线长度范围为 1～120，单位为像素，默认值为 50。如果设置的忽略的线长度范围不在默认范围内，则系统会给出提示信息。可忽略的线长度的值即为捕捉线的最小长度。当线对象的长度小于设定值时，不会对其进行捕捉。“点捕捉到线上时添加节点”选项，勾选该项，表示在点捕捉到线上时，将在线的捕捉点位置处插入一个节点。

④ 地图矢量化：在【对象操作】选项卡的【栅格矢量化】组中，单击【矢量化线】按钮，自动弹出【栅格矢量化】对话框，需要对矢量化的相关参数进行设置。如果已经完成了设置，直接单击【确定】按钮，进行矢量化操作，如图 4.47 所示。关于如何设置【栅格矢量化】参数，可参见栅格矢量化设置页面（见图 4.44）。

a. 将光标移至需要矢量化的线上，单击鼠标左键开始矢量化该线对象。

b. 矢量化至断点或者交叉口，矢量化将停下来，等待下一次矢量化操作。此时跨过断点或者交叉口，在前进方向的地图线上双击鼠标左键，矢量化过程将继续，直到再次遇到断点或交叉口处停止。

c. 遇到线段端点，单击鼠标右键进行反向追踪。

d. 重复 b、c 步骤，直到完成一条线的矢量化操作。

e. 再次单击鼠标右键结束矢量化操作。如果曲线是闭合的，则矢量化过程中会自动闭合该线，并结束此次矢量化操作。

注意：通过 Alt + Q 快捷键，可以快速调用矢量化线功能。

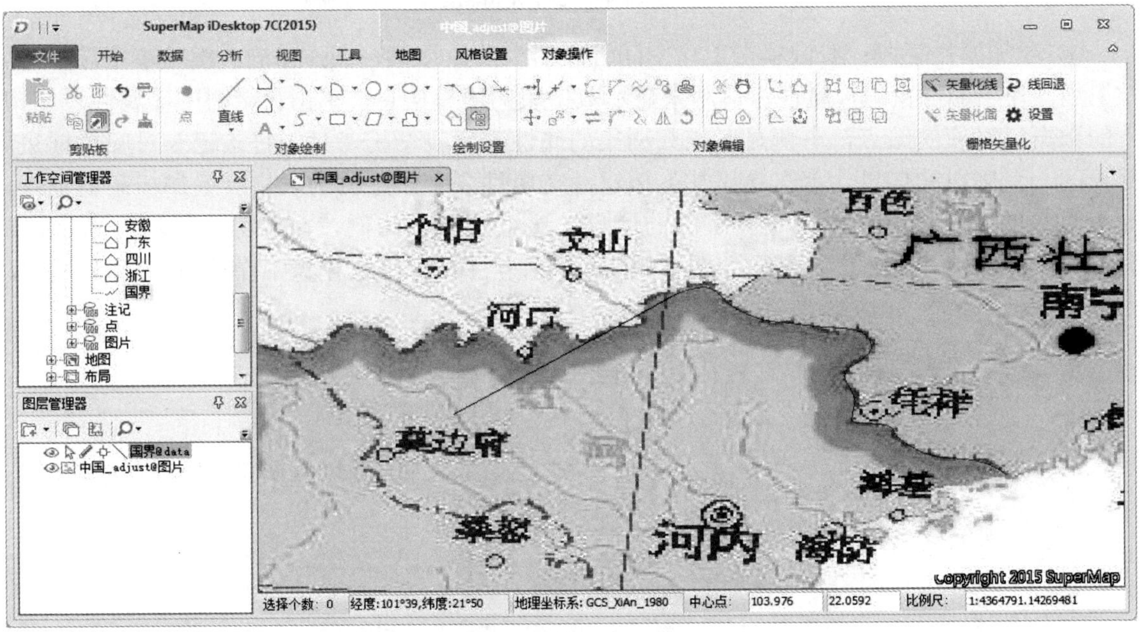

图 4.47　地图矢量化窗口

（4）属性表编辑。【属性表】选项卡是上下文选项卡，其与矢量数据集的属性表或纯属性数据集进行绑定，只有应用程序中当前活动的窗口为矢量数据集的属性表或为纯属性数据集时，该选项卡才会出现在功能区上，如图 4.48 所示。

图 4.48　属性表功能菜单

① 浏览属性表：在工作空间管理器中，选中要浏览属性数据的矢量数据集，在弹出的右键菜单中选择【浏览属性表】，应用程序中将打开一个新的属性表窗口用来显示该数据集的属性表数据，如图 4.49 所示。属性表中的每条记录对应一个对象，新创建的点数据集，系统提供两个默认字段 SmID 和 SmUserID，其中 SmID 为系统字段，唯一标识数据集中的对象，

该字段值由系统默认生成，不能被修改。弹出被选中的矢量数据集的属性表，显示其对应的矢量数据集的属性信息。

福建@data

序号	SmID	SmSdriW	SmSdriN	SmSdriE	SmSdriS	SmUserID	SmArea	SmPerimeter	SmGeometrySize	Id
1	1	117.8838	24.905	118.3431	24.4259	0	1460613...	342892.8356	4504	0
2	2	116.8955	25.2117	118.1393	23.5691	0	1245188...	989604.3933	11480	0
3	3	118.4504	25.7547	119.369	25.113	0	3692010...	493067.9606	6136	0
4	5	117.5755	25.9315	119.0222	24.5153	0	1084538...	929151.2706	10456	0
5	6	115.8499	26.0431	117.7354	24.3753	0	1907717...	842618.1349	3672	0
6	10	118.542	27.6798	120.4425	26.2933	0	1289223...	1368441.9806	14952	0
7	11	117.0036	28.3101	119.268	26.2585	0	2633291...	1030164.1983	4216	0
8	12	116.3837	27.1308	118.6403	25.4761	0	2300471...	942052.3026	3816	0
9	13	118.3808	26.6434	119.9548	25.3387	0	1101082...	1149876.6497	16072	0

图 4.49　属性表窗口

② 添加属性字段：右键单击工作空间管理器中的数据集，在弹出的右键菜单中选择【属性】项，弹出属性窗口，属性窗口用来显示数据集的所有信息。单击目录树中【属性表结构】下的数据集对应的结点，右侧显示该数据集的属性表字段结构，其中每条记录对应数据集属性表的一个字段的信息。单击【添加】按钮，在属性表字段结构的表格后追加一条新记录，对应添加的新字段，在此设置新字段的信息。这里以名称为例，在名称字段填写新字段的名称“NAME”，字段类型选择“文本型”，长度为 100，确认无误后单击【应用】按钮，如图 4.50 所示。

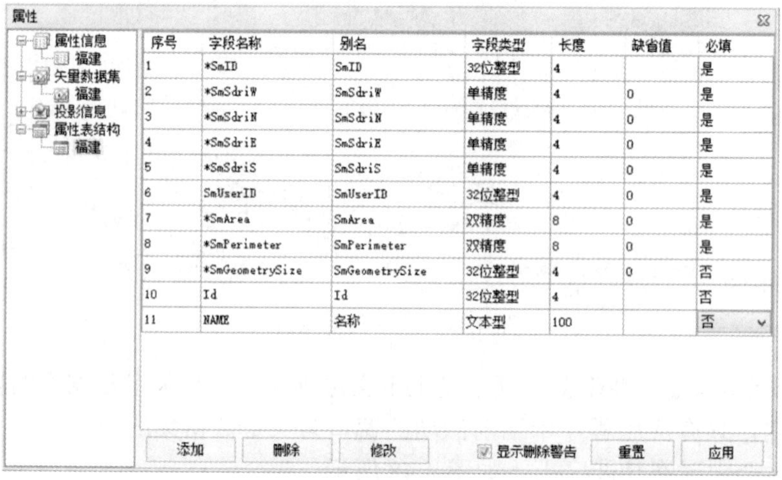

序号	字段名称	别名	字段类型	长度	缺省值	必填
1	*SmID	SmID	32位整型	4		是
2	*SmSdriW	SmSdriW	单精度	4	0	是
3	*SmSdriN	SmSdriN	单精度	4	0	是
4	*SmSdriE	SmSdriE	单精度	4	0	是
5	*SmSdriS	SmSdriS	单精度	4	0	是
6	SmUserID	SmUserID	32位整型	4	0	是
7	*SmArea	SmArea	双精度	8	0	是
8	*SmPerimeter	SmPerimeter	双精度	8	0	是
9	*SmGeometrySize	SmGeometrySize	32位整型	4	0	否
10	Id	Id	32位整型	4		否
11	NAME	名称	文本型	100		否

图 4.50　属性表编辑窗口

4.1.5　拓扑处理

1. 基本原理

空间数据在采集和编辑过程中，会不可避免地出现一些错误。例如，同一个节点或同一条线被数字化了两次、相邻面对象在采集过程中出现裂缝或者相交、不封闭等情况，这些错误往往会产生假结点、冗余结点、悬线、重复线等拓扑错误，导致采集的空间数据之间的拓扑关系与实际地物的拓扑关系不相符，从而影响后续的数据处理、分析工作，并影响到数据的质量和可用性。此外，这些拓扑错误通常数量很大，也很隐蔽，不容易被识别出来，通过手工方法不易去除，因此，需要进行拓扑处理来修复这些冗余和错误。

拓扑处理是修复拓扑错误或避免拓扑错误产生的过程，包括检查和修复两个步骤。拓扑处理包括去除假结点、去除冗余点、去除重复线、去除短悬线、长悬线延伸、邻近端点合并和进行弧段求交等 7 种规则。在进行拓扑处理时，需要对不同规则设置相应的容限，以达到最佳处理效果。

SuperMap iDesktop 7C 主要针对线数据集进行拓扑处理，可以对处理后的线数据集进行构建面数据集或网络数据集的操作，也可以使用【数据集拓扑检查】功能对其进行更加细致的拓扑检查操作，如图 4.51 所示。拓扑处理涉及的操作功能包括线数据集拓扑处理、拓扑构面、拓扑构网。

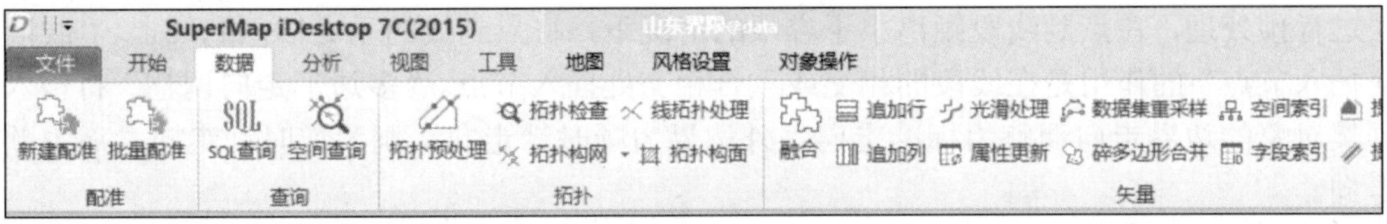

图 4.51　拓扑处理功能菜单

SuperMap iDesktop 7C 所提供的拓扑检查用于检查点、线、面数据集本身及各不同类型数据集相互之间不符合拓扑规则的对象，并将检查结果保存到简单数据集（即点、线、面数据集）或 CAD 数据集中。

需要注意的是，拓扑处理会改变原数据集中的空间位置，若不想修改原始数据，则需要在拓扑处理之前对数据进行备份。

2．具体操作

（1）拓扑预处理

在使用拓扑数据集对关联数据集进行拓扑检查前，需要对待拓扑检查数据进行拓扑预处理操作，通过预处理将那些在容限范围内的问题数据进行调整。若不进行拓扑预处理，则可能导致拓扑检查的结果出现错误。拓扑预处理方式包括：插入节点、节点和节点的捕捉、多边形走向的调整。

① 单击【数据】→【拓扑】→【拓扑预处理】，弹出【拓扑预处理】对话框，如图 4.52 所示。

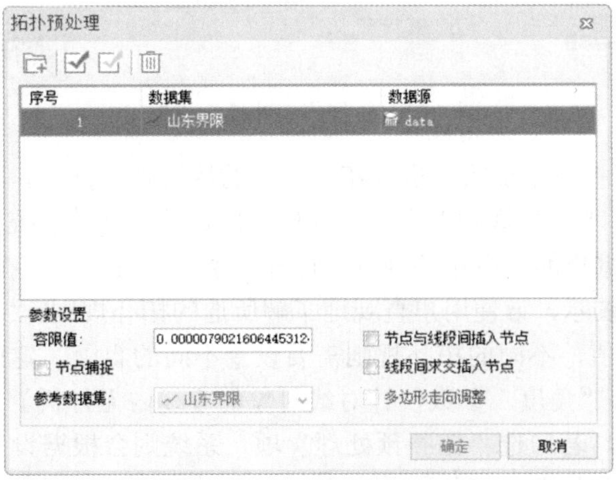

图 4.52　选择拓扑数据窗口

② 单击“ ”按钮，在数据集列表框内添加需要进行拓扑预处理的数据集。

③ 根据需要对相关参数进行设置。“容限值”用于进行拓扑预处理的容限值，它是一个距离值，指的是在这个值的范围内，所有的节点或（和）线被认为是重合的、同一的。容限的默认值为数据集左右范围的 1/1000000，容限单位与数据集的单位相同，推荐使用默认容限。“节点捕捉”将容限范围内的节点捕捉在一起，其中节点的含义是指点对象以及线对象和面对象的所有控制节点。勾选【节点捕捉】复选框后，可在【参考数据集】处选择一个数据集，以该数据集的节点位置为参照进行捕捉。捕捉后将去除线对象和面对象在容限范围内的临近点。“节点与线段间插入节点”项能够根据设置的容限值，对待检查数据集中的拓扑错误进行预处理，在点到线段距离小于容限的情况下，将点到线的垂足插入到线上。“线段间求交插入节点”的作用是在线段的相交或重合相交处插入节点。“多边形走向调整”将传入面数据集对象的边界走向调整为标准走向，外边界为顺时针走向，洞为逆时针走向，岛为顺时针走向。

④ 确定无误后，单击【确定】按钮，进行拓扑预处理。

（2）拓扑检查。用于检查点、线、面数据集本身及各不同类型数据集相互之间不符合拓扑规则的对象，并将检查结果保存到简单数据集（即点、线、面数据集）或 CAD 数据集中。

① 单击【数据】→【拓扑】→【拓扑检查】，弹出 【数据集拓扑检查】对话框，如图 4.53 所示。

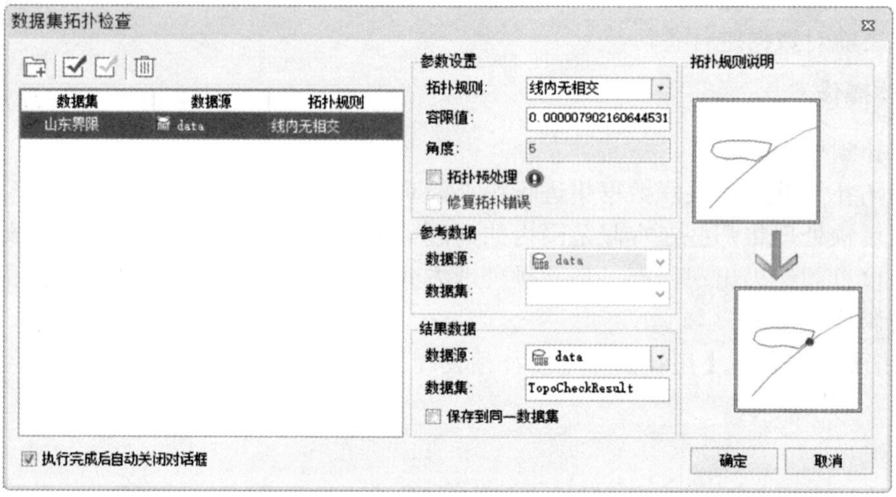

图 4.53 数据集拓扑检查设置

图 4.53 中，在列表框内添加需要进行拓扑检查的待检查数据集。列表框将显示这些数据集的相关拓扑检查信息。“拓扑规则”用于进行拓扑检查的规则，系统会根据待检查数据集的类型，列出适合该类数据集的所有拓扑规则。选择一个拓扑规则后，在右侧“拓扑规则说明”区域会显示相应规则的图示，方便用户直观地了解所选的拓扑规则。“容限”用于进行拓扑检查和拓扑预处理的容限值，不同的拓扑规则需要设置不同的容限，建议使用默认容限。容限单位与数据集单位一致。“角度”参数仅针对线对象的【线内无打折】规则参数可用，用于设置打折线段角度容限值。若勾选“拓扑预处理”项，系统则会根据设置的容限值对待检查数据集中的拓扑错误进行预处理。拓扑预处理会同时针对待检查数据集和参考数据集，一般在

进行拓扑检查前进行预处理操作。利用“修复拓扑错误”项，系统可对部分拓扑规则所检查出的错误进行自动修复。选择可自动修复的拓扑规则以后，【修复拓扑错误】项将由灰色变为可勾选的状态。勾选该项后，即可在拓扑检查的同时对待检查数据集进行修复。

② 检查无误后单击【确定】按钮，进行拓扑检查。

（3）线拓扑处理。线拓扑处理针对线数据集或网络数据集进行拓扑检查和修复。

① 单击【功能区】→【数据】→【拓扑】→【线拓扑处理】，弹出【线数据集拓扑处理】对话框，如图 4.54 所示。

② 单击【高级】按钮，弹出【高级参数设置】对话框，可在该对话框内设置非打断线和相关拓扑处理规则的容限，如图 4.55 所示。

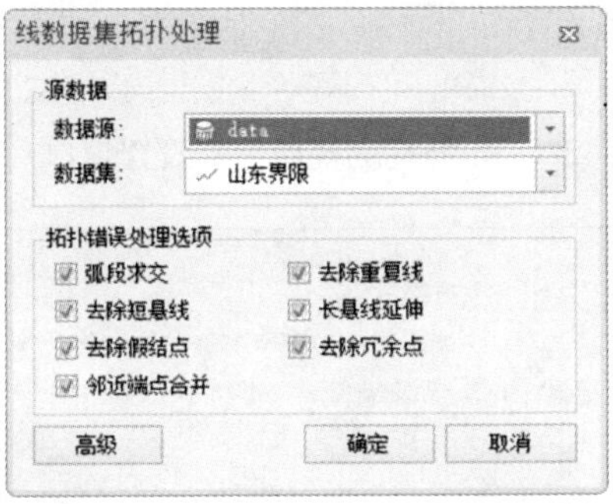

图 4.54 线数据集拓扑处理设置

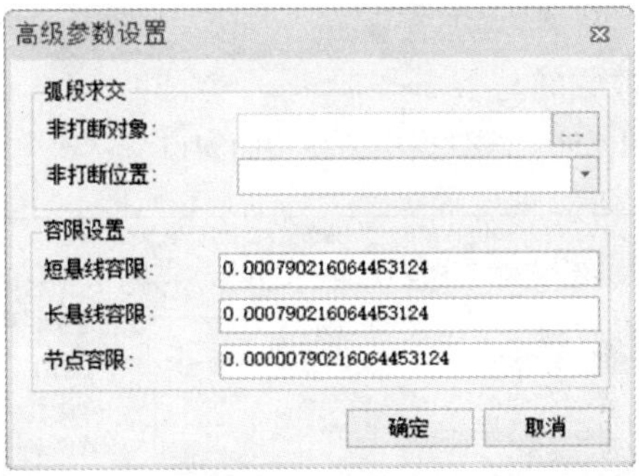

图 4.55 线数据集拓扑处理高级参数设置

图 4.55 中，“弧段求交”用于设置非打断线参数，满足此参数的线不再进行打断操作。在“非打断对象”栏设置过滤表达式以后，系统将不对满足该表达式的线对象进行打断处理。单击右侧的“...”按钮，弹出 SQL 表达式对话框，用户可在该对话框中输入表达式。“非打断位置”栏中，通过选择在右侧下拉列表内列出的点数据集确定非打断位置，判断所选点数据集中的点对象与其相邻的线对象之间的距离是否在容限范围内，来决定线对象是否会被打断。“容限设置”项包括“短悬线容限”、“长悬线容限”、“节点容限”三部分，分别针对去除短悬线、长悬线延伸和其他需要检查节点间距离的拓扑处理规则。容限默认为源数据集的数据集容限，用户可根据需要自行修改。

③ 单击【确定】按钮对所选线数据集执行拓扑处理操作。

（4）拓扑构面。将线数据集或网络数据集通过拓扑处理构建为面数据集。

① 单击【数据】→【拓扑】→【拓扑构面】，弹出【线数据集拓扑构面】对话框，如图 4.56 所示。

② 勾选拓扑处理，单击【高级】按钮，弹出【高级参数设置】对话框，可在该对话框内设置非打断线和相关拓扑处理规则的容限，设置完毕后单击【确定】按钮，如图 4.57 所示。

③ 设置完毕后单击【确定】按钮，系统进行拓扑构面。

（5）拓扑构网。将面数据集通过拓扑处理构建为网数据集。

① 单击【数据】→【拓扑】→【拓扑构网】。SuperMap iDesktop 7C 提供二维、三维和自定义的构网功能，这里以构建二维网络为例，选择构建二维网络，如图 4.58 所示。

② 弹出【构建二维网络数据集】对话框，单击“”按钮添加构建成网的面数据集，如图 4.59 所示。

③ 输出结果和打断信息设置完毕后单击【确定】按钮，系统自动进行拓扑构网。

图 4.56 线数据集拓扑构面窗口

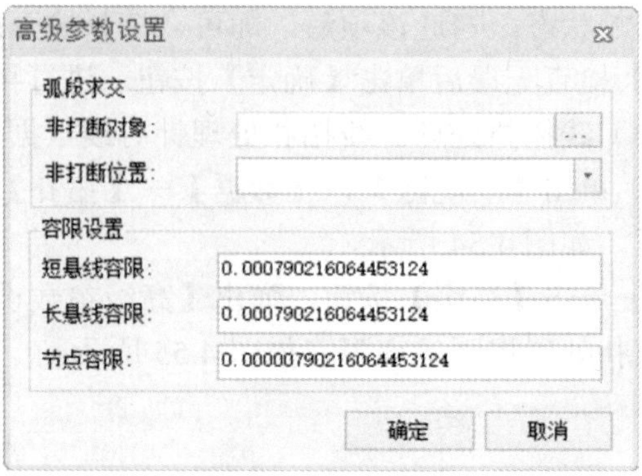

图 4.57 拓扑构面高级参数设置窗口

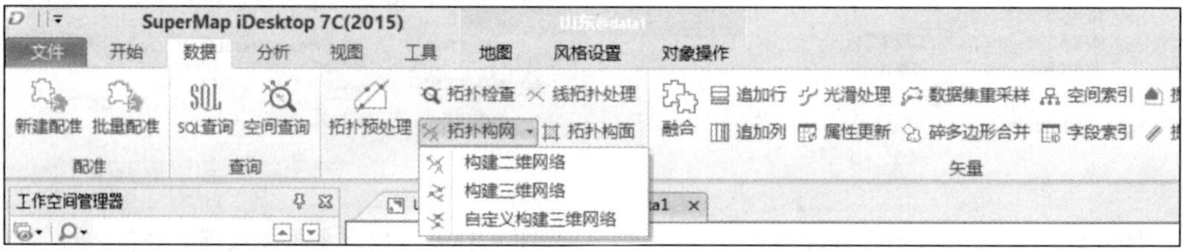

图 4.58 拓扑构网功能菜单栏

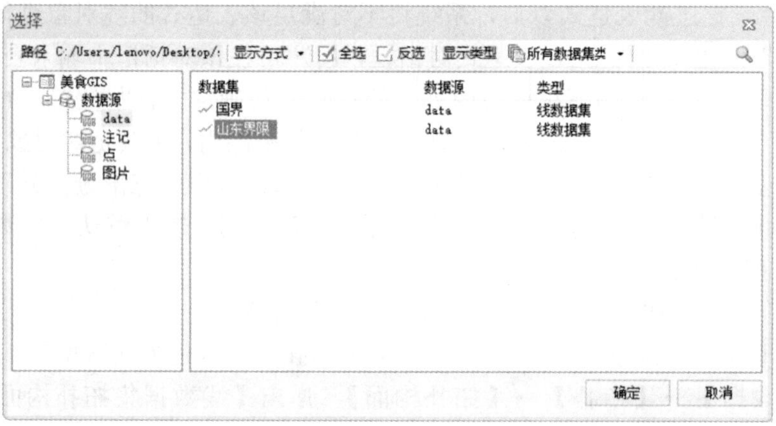

图 4.59 选择拓扑构网数据集

4.2 空间数据处理

4.2.1 数据裁剪

1. 基本概念

数据裁剪是指用叠加数据集（裁剪数据集）从源数据集（被裁剪数据集）中提取部分特征（点、线、面）集合的功能。裁剪数据集的类型必须为面数据集，被裁剪数据集的类型可以是点、线、面数据集，在被裁剪数据集中，只有落在裁剪数据集多边形内的对象才会被输出到结果数据集中。

2．具体操作

（1）单击【分析】→【矢量分析】→【叠加分析】，弹出【叠加分析】对话框，选择“裁剪”项，如图 4.60 所示。

图 4.60　裁剪设置窗口

① 源数据：选择被裁剪数据集所在的数据源及被裁剪的数据集。这里的源数据集选择“山东线”，如图 4.61 所示。

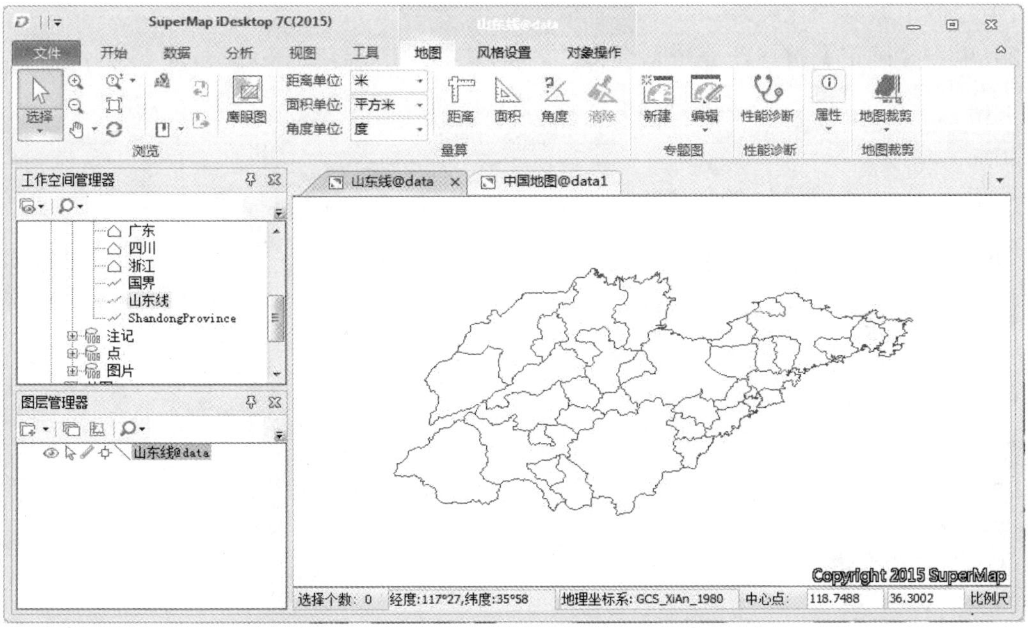

图 4.61　裁剪源数据

② 叠加数据：选择裁剪数据集所在的数据源及裁剪数据集。这里的叠加数据集选择“中国地图”，如图 4.62 所示。

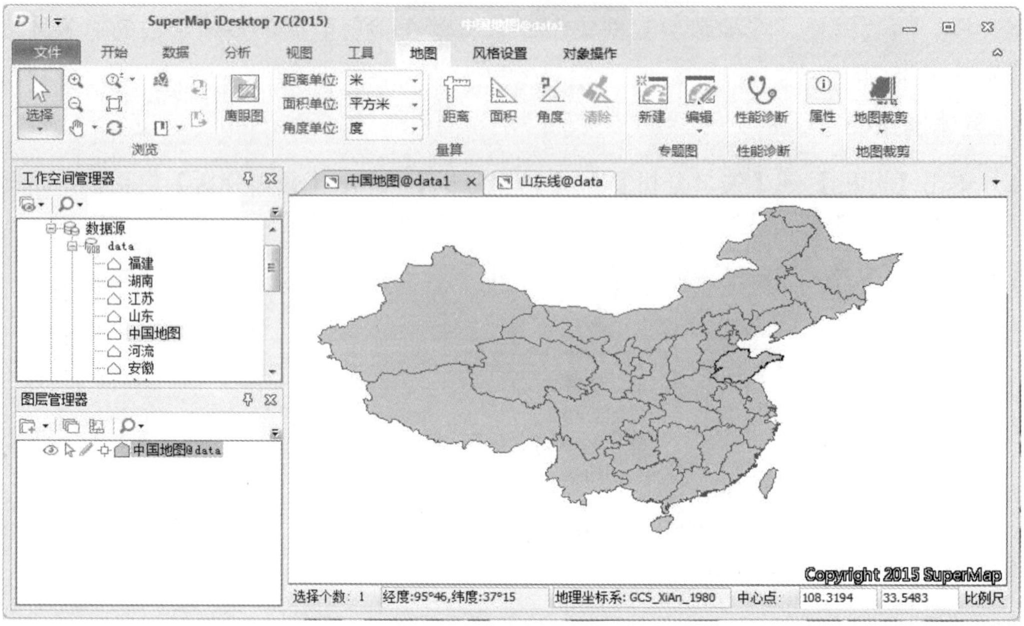

图 4.62 裁剪叠加数据

③ 结果设置：选择存储结果数据集的数据源，指定结果数据集的名称。

④ 容限：叠加操作后，若两个节点之间的距离小于此值，则将这两个节点合并，容限的默认值为被裁剪数据集的节点容限默认值。

⑤ 进行结果对比：可将被裁剪数据集、裁剪数据集及结果数据集同时显示在一个新的地图窗口中，便于结果的比较。

（2）单击【确定】按钮，完成裁剪操作，如图 4.63 所示。

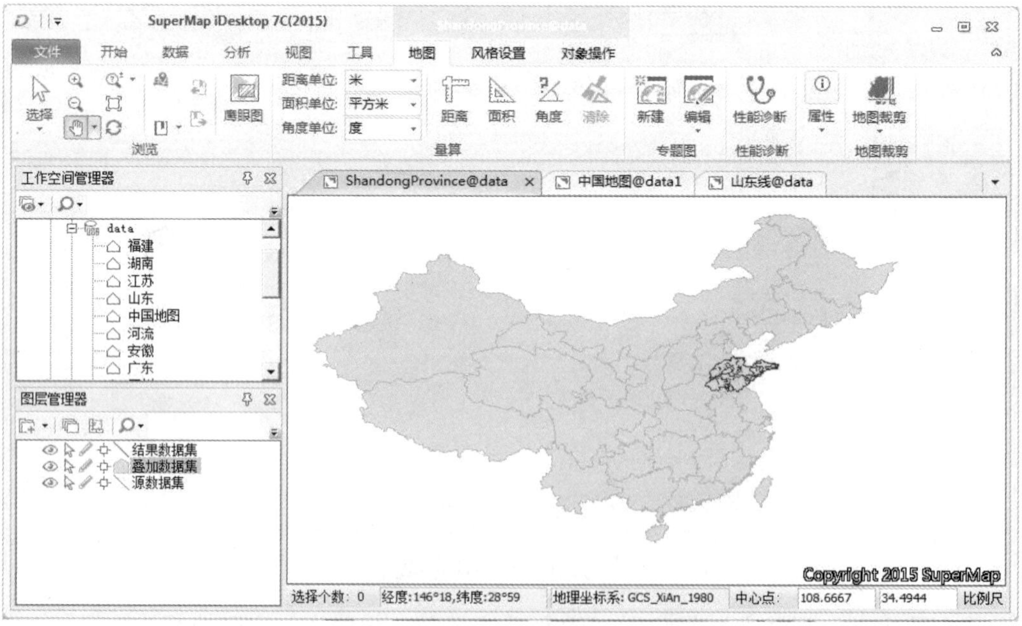

图 4.63 裁剪结果

4.2.2 数据类型转换

1. 基本原理

SuperMap 主要提供以下 8 种数据转换方式。

（1）点、线、面数据互转。类型转换提供了点、线、面 5 种类型的数据互转功能：线数据可以转换为面数据、面数据可以转为线数据、线数据可以转为点数据、点数据可以转为线数据以及面数据可以转为点数据。

（2）复合数据与简单数据互转。复合数据与简单数据的互转包括复合数据转换为简单数据，简单数据转为复合数据。

（3）网络数据转点、线数据。网络数据转线数据功能可以将网络数据集中所有网络弧段提取出来生成新的线数据集。

网络数据转点数据功能可以将网络数据集中所有网络结点提取出来生成新的点数据集。

（4）路由数据转线数据。路由数据转线数据功能可以将路由数据集中所有路由对象生成新的线数据集。

（5）字段与文本数据互转。字段转为文本数据功能可将数据集中的某个字段内容转换为文本数据集，通过此功能可以实现地图标注。文本转字段功能可将文本数据集中的文本信息添加到它的属性表中，需要指定转换后文本信息保存的字段。

（6）二维数据转三维数据。通过类型转换，可以将二维数据集（点、线、面）转换为三维数据集（点、线、面）。根据指定的高程字段，生成的三维数据具有高程信息。

（7）三维数据转二维数据。通过类型转换，可以将三维数据集（点、线、面）转换为二维数据集（点、线、面）。转换过程中会自动去除三维高程信息字段。

（8）其他类型转换。文本数据转为点数据功能可以将文本对象的锚点提取出来生成新的点数据集。

属性数据转为点数据功能可以将属性表中的字段值指定为 X、Y 坐标值，并据此创建相对应的点对象，从而生成一个或多个点数据集。

2. 具体操作

下面以面数据集转线数据集为例介绍具体操作过程。

（1）在【工具】选项卡的【数据】组中，单击【类型转换】的下拉箭头，在弹出的菜单中选择【面数据→线数据】，如图 4.64 所示。

（2）在弹出的【面数据→线数据】对话框中，单击【添加】按钮（也可以在列表框空白区域双击左键），如图 4.65 所示。

（3）弹出选择对话框，选择待转换的面数据集，单击【确定】按钮，返回【面数据集→线数据集】对话框，如图 4.66 所示。

（4）在列表框中选择目标数据源和目标数据集，也可以直接输入目标数据集的名称，如图 4.67 所示。

（5）设置完成后，单击【转换】按钮，完成操作，如图 4.68 所示。

图 4.64　选择需要转化的数据

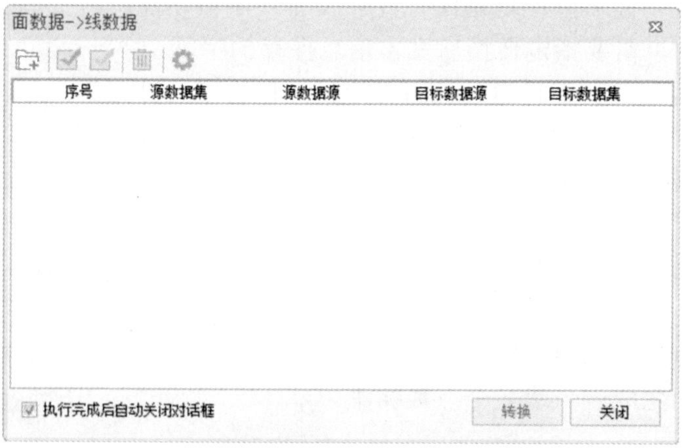

图 4.65　面数据转线数据对话框

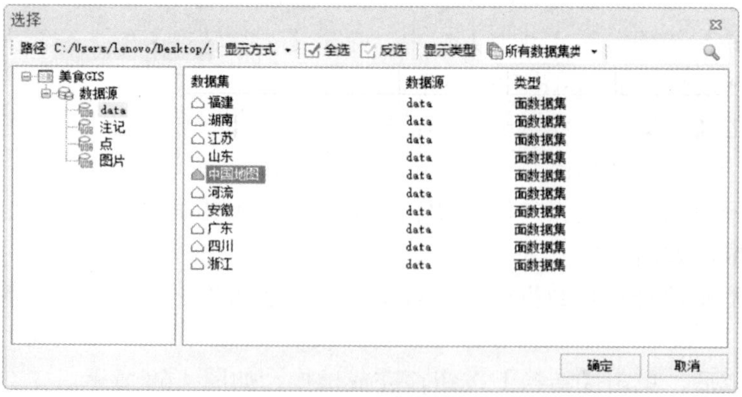

图 4.66　选择转化数据

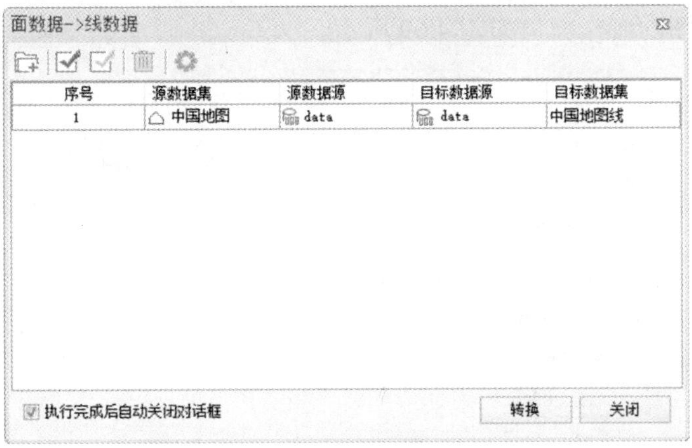

图 4.67　确定转化

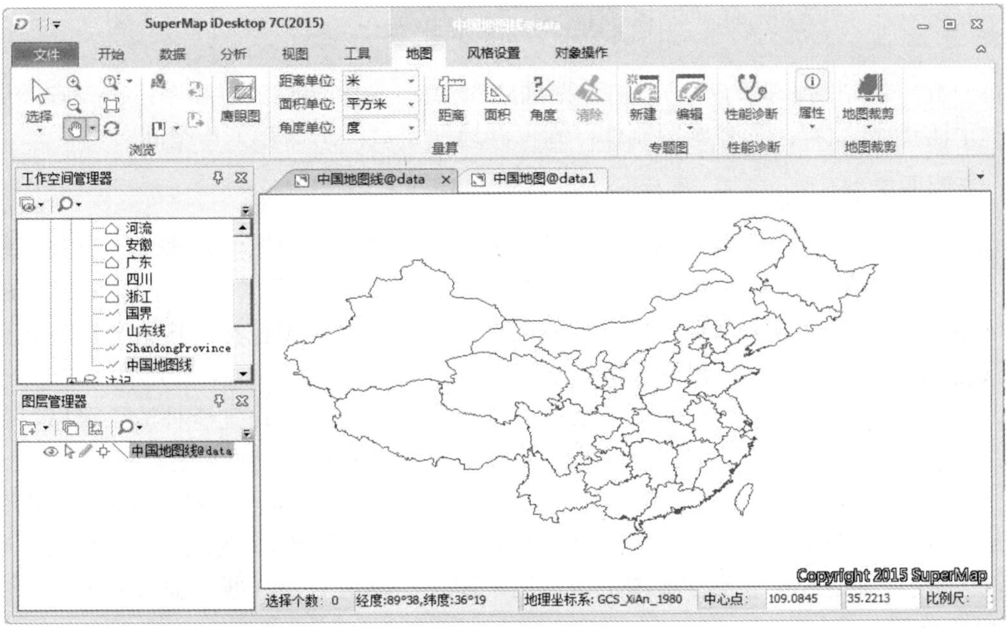

图 4.68　转化结果显示

4.3　SuperMap 专题图制作

4.3.1　专题图基础

专题图是为适应某种专门需要而着重显示制图区域内某一种或某几种自然现象或社会经济现象的地图。在 SuperMap 中，专题图实质上是地图图层的符号化显示，即用各种图形渲染风格（大小，颜色，线型，填充等）来图形化地表现要素的某方面特征。矢量数据和栅格数据都可以用来制作专题图，不同之处在于矢量数据的专题图是基于其属性表中的属性信息，而栅格数据则是基于像元值的。SuperMap 提供 7 种用于矢量数据（点，线，面以及复合数据集）的专题图和两种用于栅格数据（栅格数据集）的专题图[11]。

SuperMap 专题图的制作窗口如图 4.69 所示。

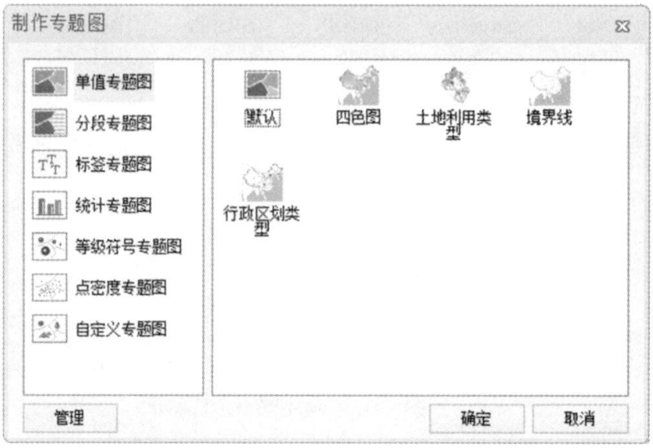

图 4.69　专题图的制作窗口

SuperMap 的制图步骤为：①添加数据到地图窗口；② 调整图层顺序；③设置图层显示比例；④图层风格渲染；⑤专题图制作；⑥保存地图窗口；⑦保存工作空间。

1．专题图类型

针对矢量数据，提供的专题图包括：单值专题图、分段专题图、点密度专题图、统计专题图、等级符号专题图、标签专题图、自定义专题图。以上专题图中，除了标签专题图以外，其余专题图都不支持复合数据集。针对栅格数据，提供的专题图包括：栅格分段专题图和栅格单值专题图。文本数据集和影像数据集不可以制作专题图。

（1）单值专题图是将专题值相同的要素归为一类，为每一类设定一种渲染风格，如颜色或符号等，专题值相同的要素采用相同的渲染风格，从而区分不同的类别。

（2）分段专题图是指专题值按照某种分段方式被分成多个范围段，要素根据各自的专题值被分配到其中一个范围段中，在同一个范围段中的要素使用相同的颜色或符号风格进行显示。

（3）标签专题图主要用于在地图上做标注，即用专题值对点、线、面等对象做标注，如标注景区名称等信息。

（4）统计专题图为每个要素绘制统计图来反映其对应的专题值的大小。

（5）等级符号专题图根据要素的某个数量特征，按照一定的分类方法用一组等级符号表示在地图上，以呈现要素间该数量特征的相对关系。

（6）点密度专题图是用一定大小、形状相同的点表示现象分布范围、数量特征和分布密度。点的多少和所代表的意义由地图的内容确定。点的个数越多越密集，则反映数据所表示的事物或现象在该区域的密度或浓度越大。

（7）自定义专题图是指通过自定义属性字段来创建的专题图，根据数值型字段值与符号库中对应 ID 号的风格来设置显示风格，可以更自由地表达数据信息。

（8）栅格分段专题图是指栅格数据集中像元的属性值被分成多个范围段，单元格值在同一个范围段中的像元使用相同的颜色进行显示。

（9）栅格单值专题图是指栅格数据集中属性值相同的单元格归为一类，每一类设定一种颜色，从而区分不同的类别。

2. 专题图特点

（1）专题图作为一个独立图层来显示，不附属于普通图层，因此在地图中专题图可以根据实际需求调整其在地图图层中的显示顺序。

（2）对同一数据集可以制作多个同种类型的专题图；也可以同时制作多种类型的专题图，例如对于面数据集，用户可以制作矢量数据集提供的所有类型的专题图。

（3）支持统计图的过滤避让。

（4）对于标签专题图，支持文本复合风格，即可以对同一要素的标签的不同部分显示不同的风格；支持复杂标签专题图，即以矩阵的形式将多个标签显示在地图上；标签专题图支持文本缩放的最大和最小值，即地图缩放时，文本仅在最大和最小值范围内进行缩放[12]。

注意，专题图是渲染地图的重要方式，可突出用户关心的专题信息。为地图添加文本注记有 2 种方式：标签专题图和文本数据集。

4.3.2 创建专题图

1. 基本流程

（1）准备数据。打开工作空间“美食 GIS.smwu”。

（2）加载数据图层。可以通过直接将数据拖拽到地图窗口，或者右键添加、双击数据进行数据加载显示，如图 4.70 所示。

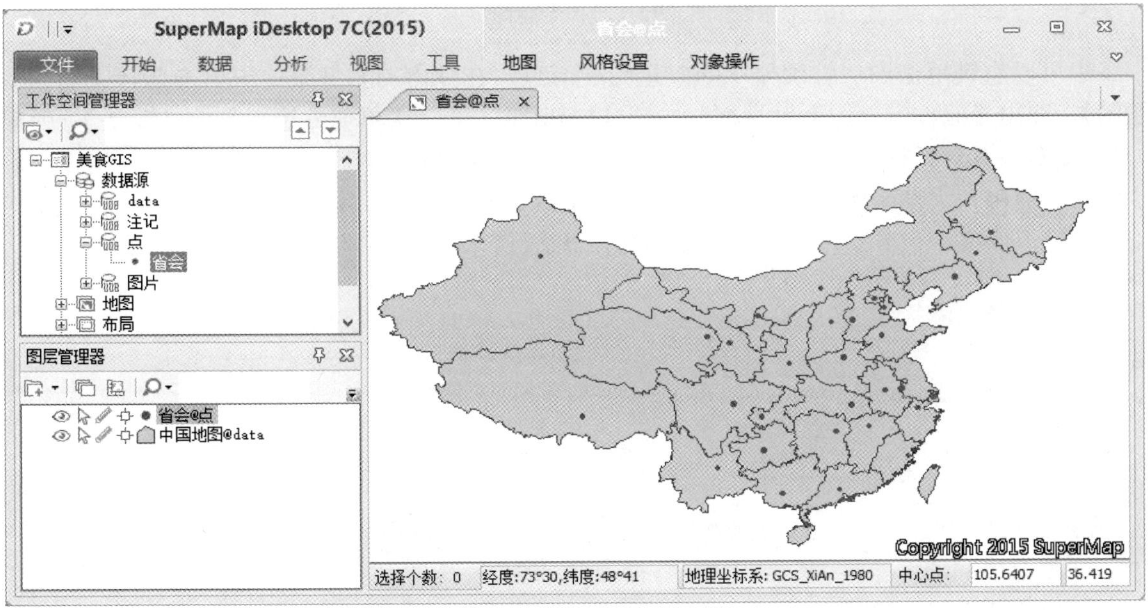

图 4.70 数据显示窗口

（3）创建专题图。【地图】选项卡中的【专题图】组中的【新建】项可用于创建专题图。可创建专题图类型包括：单值专题图、分段专题图、标签专题图、统计专题图、等级符号专题图、点密度专题图、自定义专题图、栅格单值专题图和栅格分段专题图等。在此以单值专题图和标签专题图为例。

2. 具体操作

（1）创建单值专题图。在图层管理器中选中一个矢量或者栅格图层，单击【地图】→【专题图】→【新建】按钮。弹出【制作专题图】对话框，如图 4.71 和图 4.72 所示。

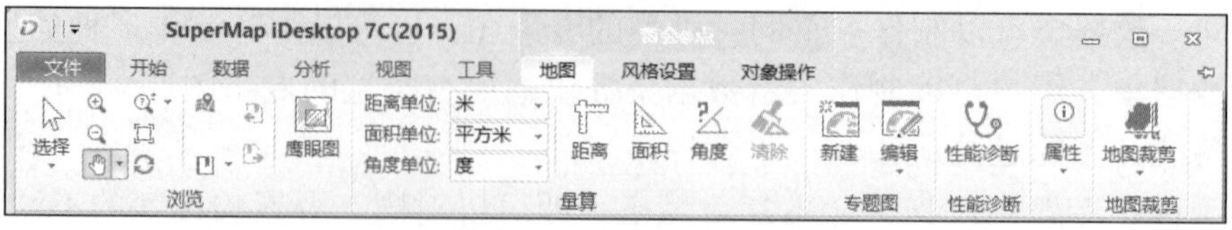

图 4.71 制作专题图功能菜单

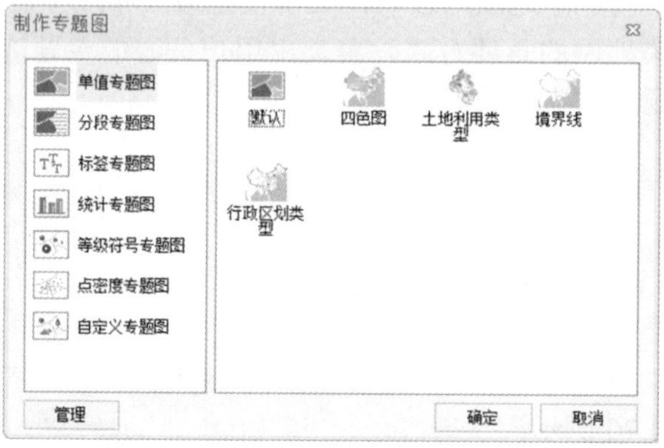

图 4.72 制作专题图界面

也可以右键单击图层管理器中的矢量图层节点，在弹出的右键菜单中单击选择【制作专题图】，弹出【制作专题图】对话框，如图 4.73 所示。选择【单值专题图】→【默认】，弹出【专题图】设置对话框，“表达式”栏选择“中国地图.NAME”字段，并进行可见风格设置。这里为了突出八大菜系所在地，设置为以下渲染效果，如图 4.74 所示。设置完毕后，单击【应用】按钮，完成单值专题图设置。结果图如图 4.75 所示。

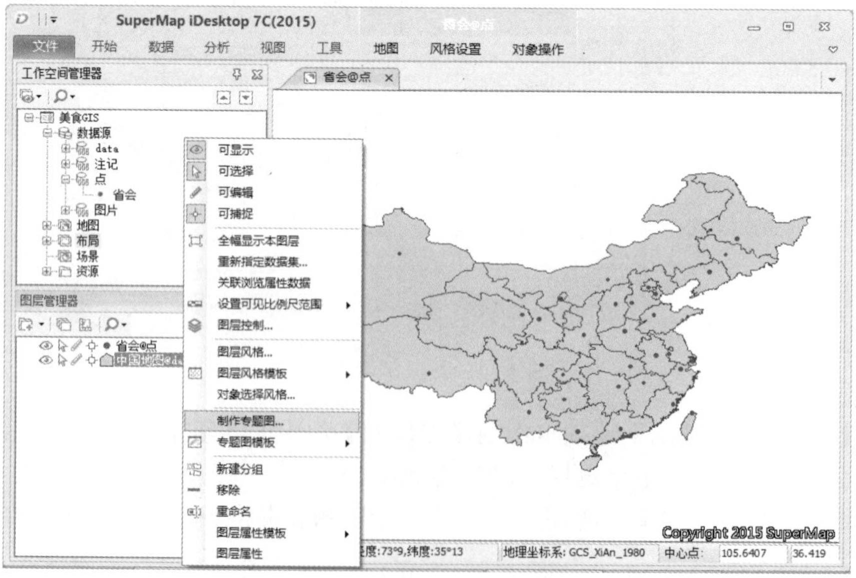

图 4.73 快速选择制作专题图

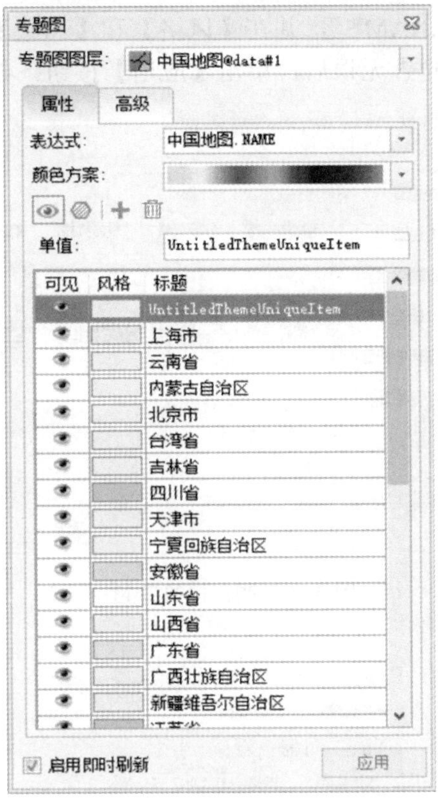

图 4.74　专题图属性窗口

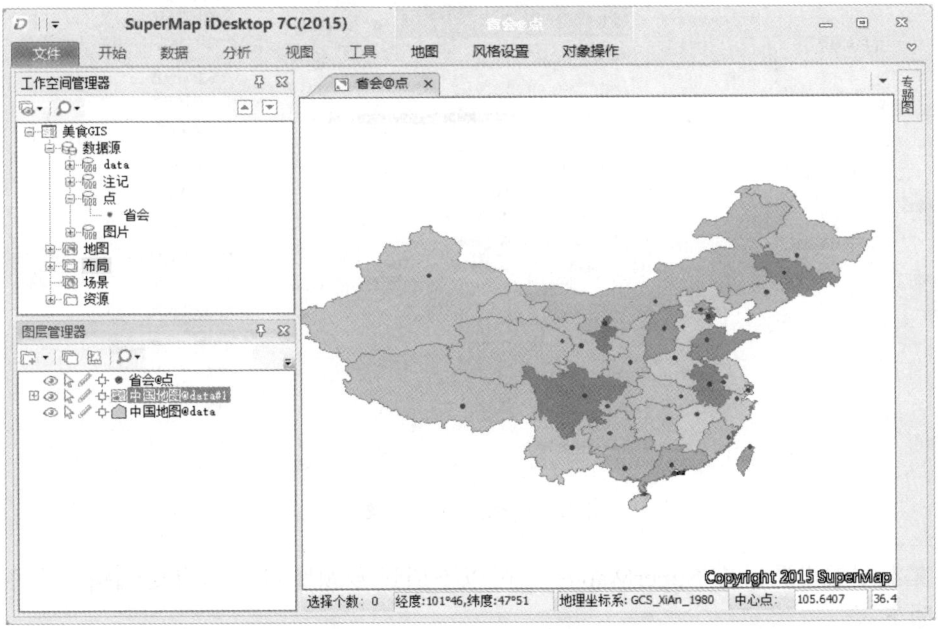

图 4.75　单值专题图结果显示

（2）创建标签专题图。打开【制作专题图】对话框，单击【标签专题图】→【统一风格】，单击【确定】按钮，打开【专题图】设置对话框，如图 4.76 所示。在【属性】选项卡中，将

“标签表达式”设置为“省会.NAME”，并在【风格】和【高级】选项卡中进行字体和文本风格的设置，如图 4.77 所示。检查无误后，单击【应用】按钮，创建标签专题图。

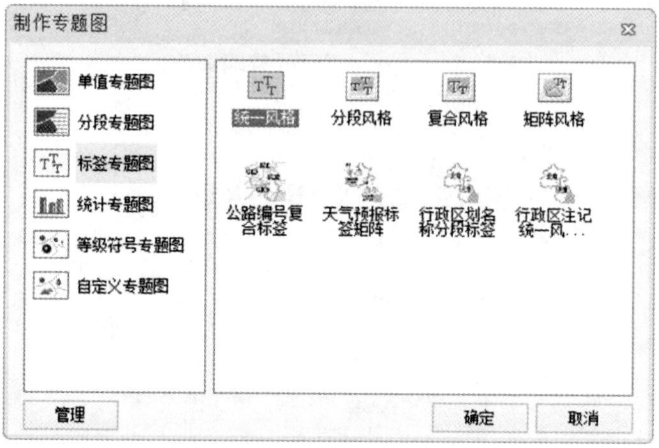

图 4.76　制作标签专题图

图 4.77　标签专题图设置

（3）文本图层设置。在 SuperMap 中，可以不通过专题图设置而直接编辑文本图层风格。具体操作如下：

右键单击需要渲染的图层管理器中的文本数据，选择【图层属性】，如图 4.78 所示；在弹出的【图层属性】对话框中设置相关参数，确定后单击【应用】按钮，如图 4.79 所示。

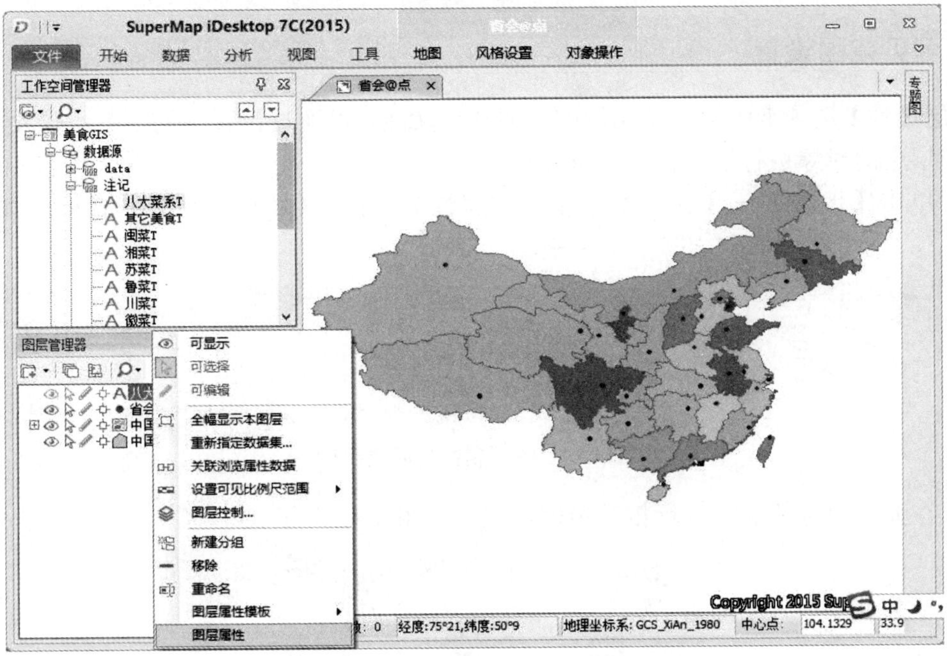

图 4.78　文本图层风格设置

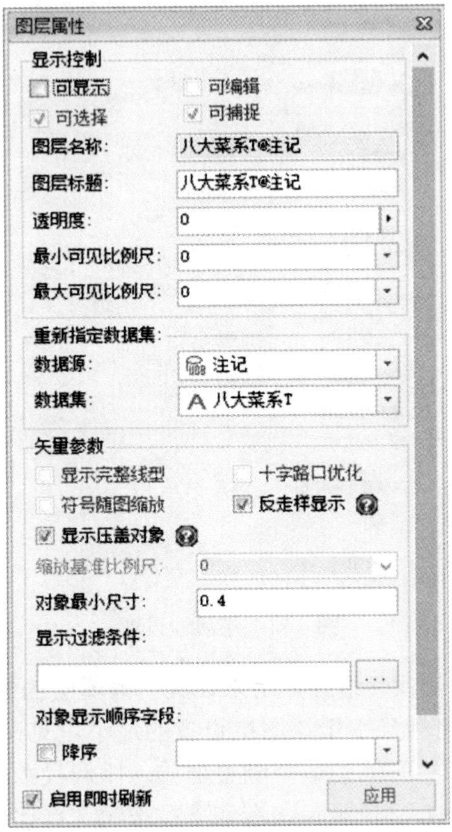

图 4.79　图层属性设置

4.3.3 可见范围设置

【图层属性】选项卡中提供了图层的过滤显示功能，可通过设置可见比例尺或者设置过滤条件对图层中的对象进行过滤。具体操作如下：

（1）单击【地图】→【属性】→【图层属性】，打开【图层属性】对话框，如图 4.80 所示。

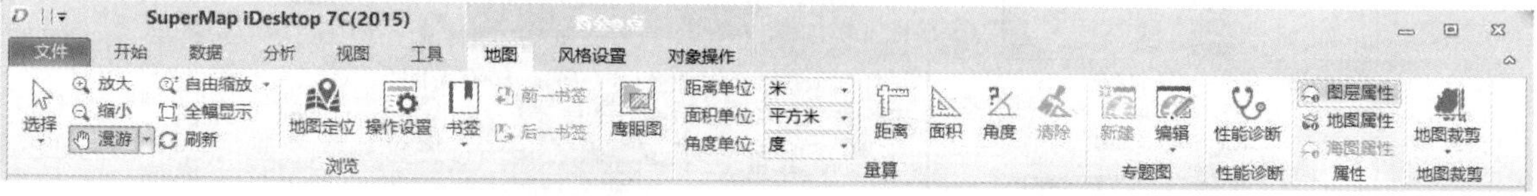

图 4.80 图层属性功能菜单栏

（2）在弹出的对话框中进行相关参数设置，如图 4.81 所示。

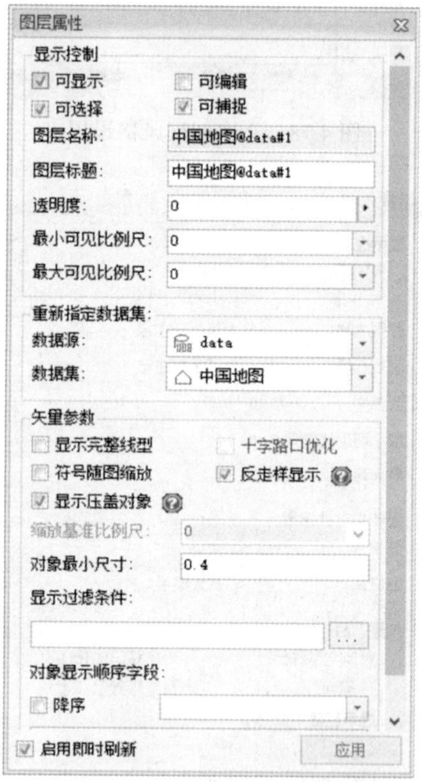

图 4.81 层属性设置

图 4.81 中，“最小可见比例尺”组合框用来设置当前图层的最小可见比例尺，图层设置最小可见比例尺后，若地图的比例尺小于该图层设置的最小可见比例尺，则该图层将不可见。可以通过在“最小可见比例尺”右侧的数字调整框输入比例尺数值，如 1：500000，将当前地图比例尺设置为最小可见比例尺；也可单击右侧下拉按钮选择比例尺设置为最小可见比例尺，下拉项可选比例尺为默认 1：5000 至 1：1000000 的 8 个比例尺；若地图设置了固定比例尺，则下拉项可选比例尺为固定的比例尺。“最大可见比例尺”组合框用来设置当前图层的最大可

见比例尺，图层设置最大可见比例尺后，若地图的比例尺大于该图层所设置的最大可见比例尺时，则该图层将不可见。

（3）设置完毕后，单击【应用】按钮。

（4）也可通过右键单击图层管理器中相应的图层设置最小和最大可见比例尺范围，如图 4.82 所示。

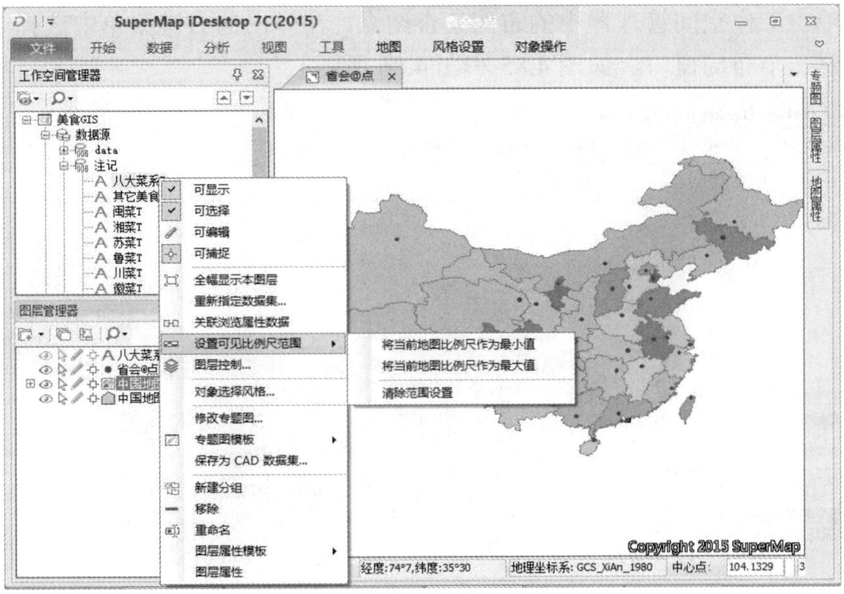

图 4.82　可见比例尺范围设置

（5）设置完毕后，右键单击地图窗口空白处，选择【保存地图】项，将渲染好的地图进行保存，如图 4.83 所示。

图 4.83　保存地图窗口

4.3.4　地图排版

1．基本原理

布局就是将地图、图例、比例尺、方向标、文本等不同的内容进行排版和布置，采用 SuperMap 进行布局就是为了完成地图的排版输出。将要出版的地图添加到布局上，并对其进行排版，可输出另存为其他格式的文件或者打印到硬件设备上。

2．具体操作

（1）新建布局。SuperMap 提供了两种新建布局窗口的方式，下面将分别介绍两种新建布局窗口的方法。

① 单击功能区的【开始】选项卡，单击【浏览】组【布局】项的下拉箭头，在弹出的菜单中选择【新建布局窗口】项，如图 4.84 所示。

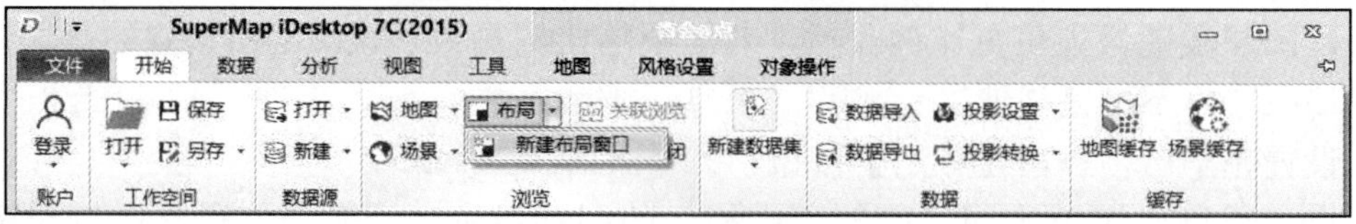

图 4.84　新建布局

② 右键单击工作空间管理器中的布局集合结点，在弹出的右键菜单中选择【新建布局窗口】，即可新建一个布局窗口，如图 4.85 和图 4.86 所示。

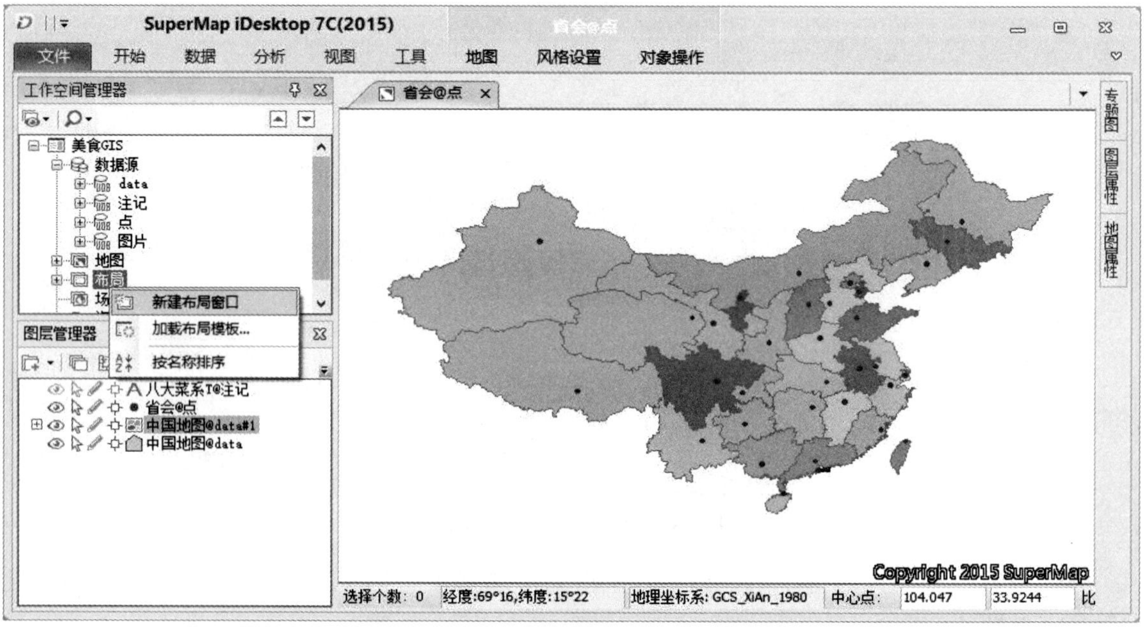

图 4.85　快速新建布局

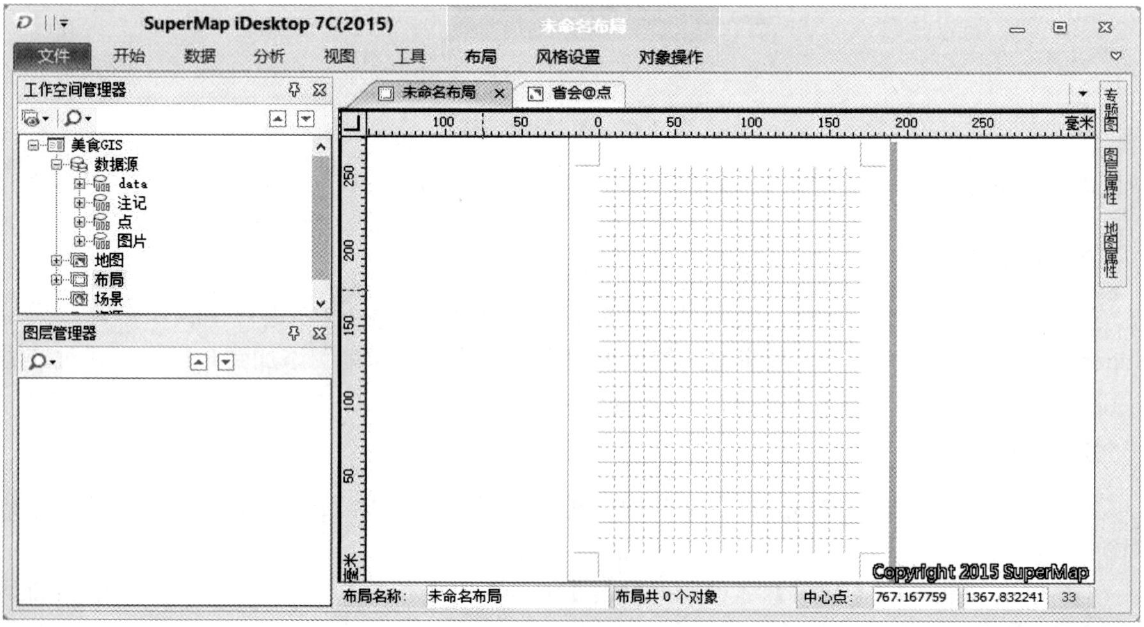

图 4.86　新建布局窗口

（2）设置布局参数。布局参数的设置主要包含两部分内容，一是布局窗口相关参数的设置，如布局网格、标尺线、滚动条、背景颜色设置等；二是布局页面相关参数的设置，包括纸张背景色设置、纸张方向、大小和页边距等。

① 设置布局窗口：单击【布局】选项卡的【布局属性】功能控件，在打开的【布局属性】界面中进行各种布局参数的设置，如图 4.87 所示。

图 4.87 中，布局属性包含了设置和控制当前布局窗口显示效果的功能控件。水平滚动条用于控制布局窗口水平滚动条的显示/隐藏效果。垂直滚动条用于控制布局窗口垂直滚动条的显示/隐藏效果。最小显示比例是指当布局窗口缩小到整幅图大小的某一设置比例值时，布局窗口不再缩小显示。最大显示比例是指当布局窗口放大到整幅图大小的某一设置比例值时，布局窗口不再放大显示。网格设置包括是否显示网格、是否支持网格捕捉以及网格间隔的设置等。显示网格复选框用于获取和设置网格的显示效果。网格捕捉复选框用于获取和设置是否支持网格的自动捕捉。网格间隔设置包括水平间隔和垂直间隔，水平间隔右侧的数字显示框用于显示和设置布局页面中网格的水平间隔大小，单位为 0.1 毫米；垂直间隔右侧的数字显示框用于显示和设置布局页面中网格的垂直间隔大小，单位为 0.1 毫米。布局属性界面中，包含了布局页面中与标尺线相关的设置，主要有是否显示网格、是否支持网格捕捉以及网格间隔的设置等。“显示刻度尺”复选框用于获取和设置布局窗口中的刻度尺是否显示。“显示标尺线”复选框用于获取和设置布局窗口中的标尺线是否显示。背景色栏用于设置布局窗口和纸张页面的背景色。

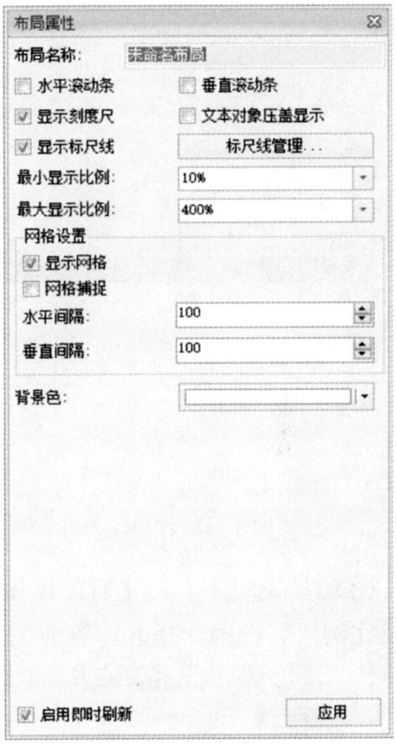

图 4.87　布局属性窗口

【标尺线管理】按钮用于管理当前布局窗口中已经存在的标尺线，也可以对当前布局窗口增加或删除标尺线，如图 4.88 所示。a）修改标尺线属性，该窗口中显示了当前布局窗口中已经创建的标尺线，用户可以修改已存在标尺线的位置（具体数值可从标尺线上读取）或类型（水平/垂直），修改已存在的标尺线。b）创建标尺线，可在该窗口中上方工具区单击【添加】按钮创建一个标尺线，也可以在窗口的任意位置单击鼠标右键，选择右键菜单中的【添加】项，即可添加一个系统默认的标尺线（标尺线位置：100，类型：水平方向），可修改默认生成的标尺线的位置和类型，获得符合需求的标尺线；可直接在该窗口中，所有标尺线列表的下一行中直接在【位置】和【类型】对应项中，输入待创建标尺线的相应属性，即可新建标尺线；也可以直接从布局窗口左边和顶部的标尺中拖出垂直和水平的标尺线，创建的标尺线都会在【标尺线管理】窗口中进行统一管理。c）删除标尺线，在【标尺线管理】窗口中选中要删除的一条或多条标尺线，单击窗口上方的【删除】按钮，或者单击鼠标右键，在右键菜单中选择【删除】项，即可删除所选标尺线。

② 设置布局页面：【布局】选项卡的【页面设置】项包含了在布局窗口进行各种页面设置的功能，包括布局页面的纸张方向、大小、页边距设置等。

在工作空间窗口中右键单击【布局】→【新建布局窗口】，选择【布局】→【页面设置】→【纸张大小】，设置纸张类型为【自定义】，宽度为30，高度为50，横向，单击【确定】按钮，如图4.89所示。

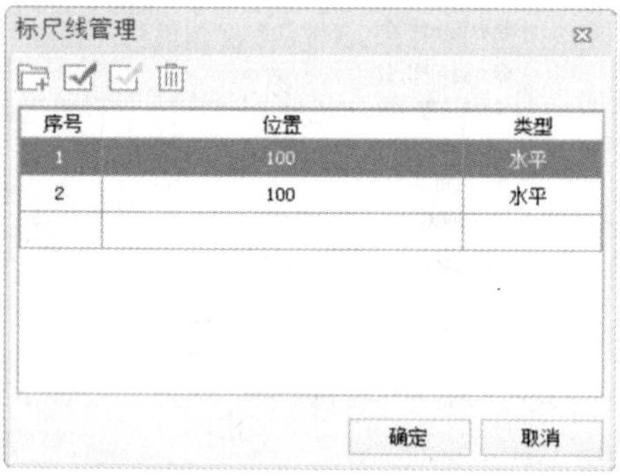

图4.88 标尺线管理

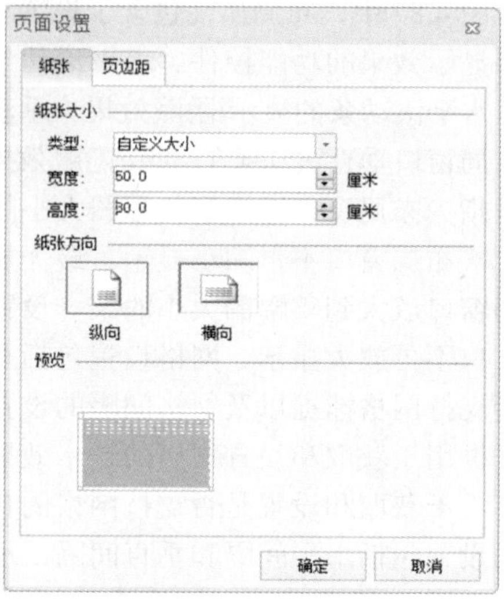

图4.89 页面纸张设置

（3）绘制地图要素。【对象操作】选项卡的【对象绘制】项包含了在布局窗口中绘制地图，以及比例尺、图例、指北针等地图元素的功能，如图4.90所示。

图4.90 对象绘制选项卡中的地图元素

① 绘制地图：【地图】项提供了在当前布局窗口中绘制地图的功能。单击下拉按钮将弹出下拉菜单，通过选择下拉菜单中的项来进一步实现相应的功能，如图4.91所示。

图4.91中，在弹出的下拉菜单中选择【矩形】项，光标在当前布局窗口中的状态变为┼。（也可以单击下拉列表中其他类型填充形状对应的按钮，即可以绘制选中的填充形状类型的地图。）在待绘制地图的位置，单击并拖拽鼠标，即可按照绘制矩形的方式在当前布局窗口中绘制一个用于填充地图的矩形框。矩形框绘制完成后，将弹出【选择填充地图】对话框，要求用户选择一幅地图，如图4.92所示，单击【选择地图】标签右侧的下拉按钮，在弹出的下拉列表中选择当前工作空间中已经存在的某个地图进行填充。单击【确认】按钮后，即可按矩形填充方式绘制所选地图，如图4.93所示。除了绘制矩形填充框，还可以在【地图】项的下拉列表中选择其他地图填充形状，如圆角矩形、多边形、椭圆、斜椭圆、圆等，即可用其他的填充形状在布局窗口绘制地图，以不同形状填充地图。

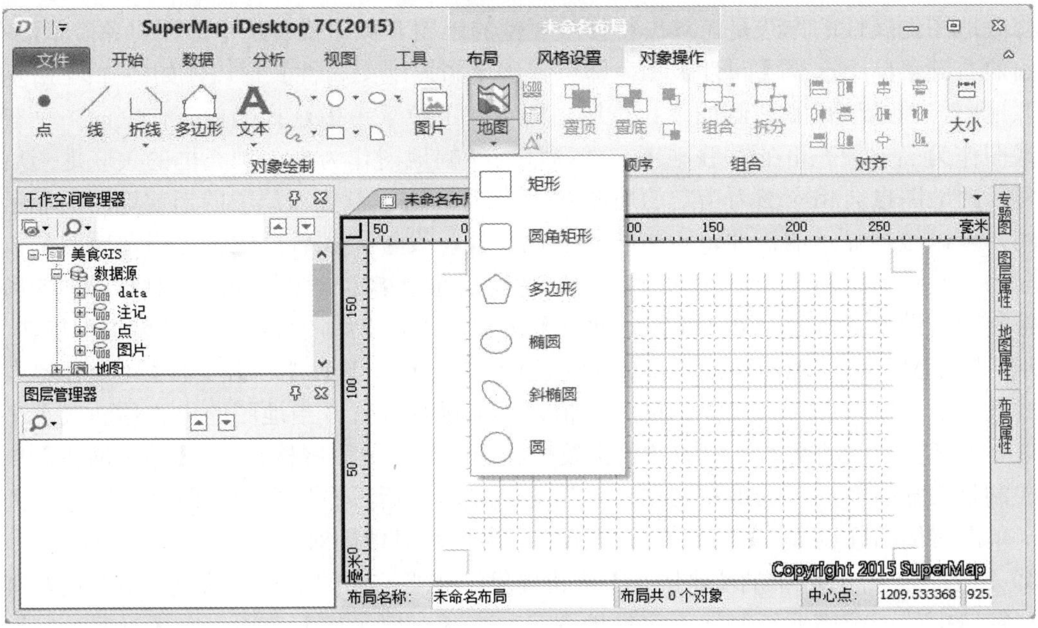

图 4.91　地图下拉按钮及其下拉菜单

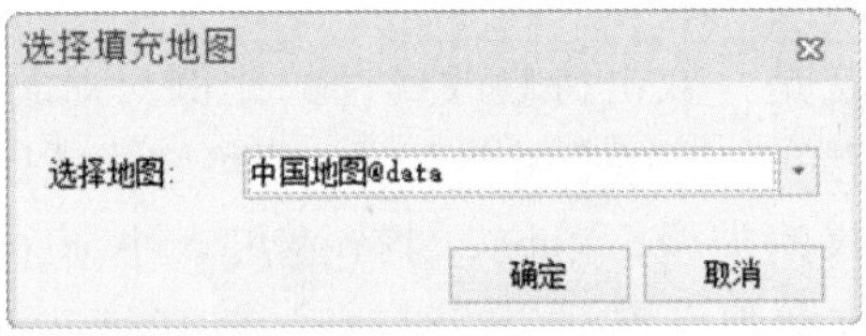

图 4.92　选择填充地图

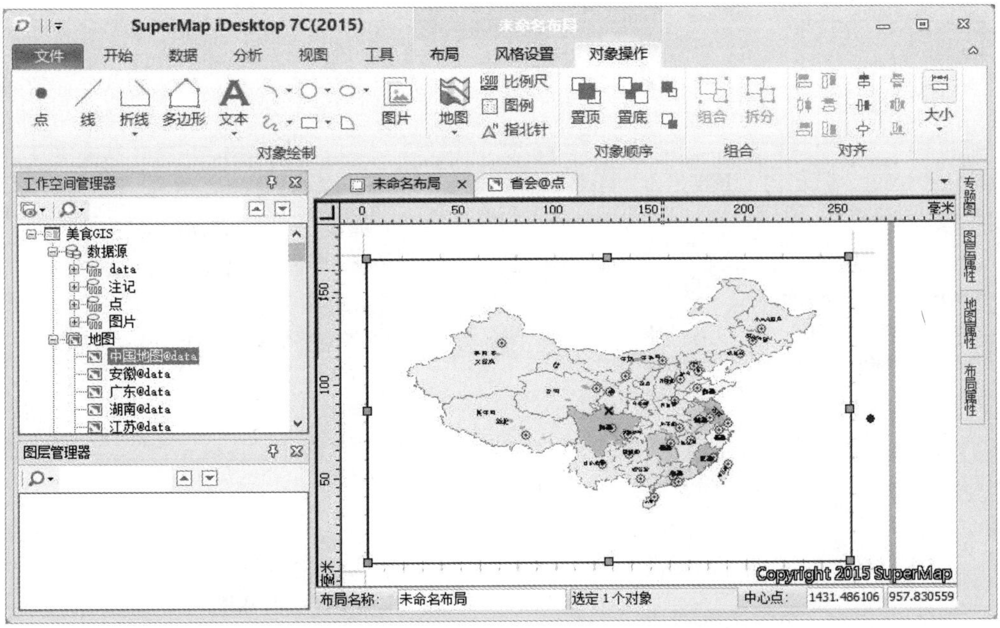

图 4.93　地图填充

修改地图的属性的方法是，双击待修改属性的地图对象，或者选中地图对象，单击右键，在弹出的右键菜单中选择【属性】项，即可弹出【布局地图属性】窗口，如图 4.94 所示。指定关联地图，单击该标签右侧的下拉按钮，即可在下拉菜单中选择当前工作空间中存在的任一幅地图作为当前填充框的关联地图。选择任何一幅地图作为当前填充框的关联地图后，填充框显示的地图也会相应变为指定的地图。“比例尺”用于设置布局中的当前地图的显示比例尺，用户可以根据显示的需要，设置合适的比例尺，设置完成后，单击【锁定地图】按钮，即可显示为设置的比例尺大小。“角度”项的功能是通过指定一定的角度，对布局中的当前地图进行旋转，设置完成后，单击【锁定地图】按钮，即可将地图按照指定角度进行旋转。“外接矩形”用于显示当前地图外接矩形的覆盖范围，【上】、【下】、【左】、【右】4 个标签右侧的文本框只用于显示指北针外接矩形的范围值，不能进行设置；当地图的位置移动或大小改变时，这 4 个标签右侧的文本框中的数值也发生相应变化。关于网格设置，【显示网格】复选框用于控制是否显示布局中的地图网格，当勾选该复选框后，布局中的地图会出现均匀大小的网格；单击右侧的【设置...】按钮，在弹出的对话框可对地图对象网格的相关属性进行设置。

② 比例尺：图 4.90 中的【比例尺】按钮提供了在当前布局窗口中绘制比例尺的功能。选中布局窗口中的一个需要绘制比例尺的地图，单击【对象操作】选项卡中【对象绘制】组的【比例尺】按钮。在当前布局窗口中需要绘制比例尺的位置，单击并拖拽鼠标，即可基于选中地图的属性绘制该地图的比例尺。

修改比例尺的属性的方法是，双击待修改属性的比例尺对象，或者选中比例尺对象，单击鼠标右键，在弹出的右键菜单中选择【属性】项，即可弹出【比例尺属性】窗口，如图 4.95 所示，该窗口用于设置比例尺的类型、单位、小节宽度、小节个数、左分个数、字体风格等各项参数。在该窗口中的各项参数设置都会实时反映到当前布局窗口中。

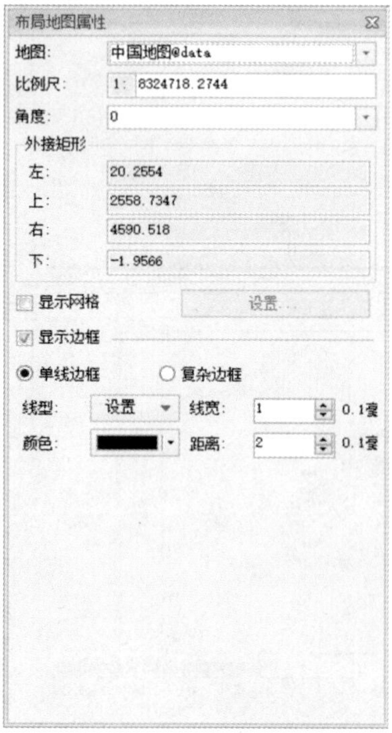

图 4.94 布局地图属性设置

图 4.95 比例尺属性设置

图 4.95 中，“地图名称”标签右侧的文本框用于显示当前比例尺关联的地图名称。“比例尺类型”标签右侧的组合框用于设置并显示当前地图的比例尺类型，用户可单击该组合框右侧的下拉按钮，在弹出的下拉菜单中选择一种比例尺类型，在布局窗口中当前地图关联的比例尺将根据选择的比例尺类型实时显示。“比例尺单位”标签右侧的组合框用于设置并显示当前地图比例尺的单位，用户可单击该组合框右侧的下拉按钮，在弹出的下拉菜单中选择一种比例尺单位，设置为当前地图关联的比例尺的单位；系统提供了毫米、厘米、分米、米、千米、英寸、英尺、英里和码，共 9 种单位。“小节宽度”数字显示框用于设置并显示当前地图比例尺中各小节的宽度。“小节个数”数字显示框用于设置并显示当前地图比例尺的小节的总数目。“左分个数”数字显示框用于设置并显示当前地图比例尺中最左边的一个小节平均分等的数目。系统默认左分个数至少为 2。字体风格，单击该标签右侧的下拉按钮，弹出字体风格设置的下拉对话框，用户可在该对话框中设置当前比例尺中标注字体的风格，“比例尺宽度”用于设置当前比例尺的总宽度。“比例尺高度”用于设置当前比例尺的高度。左下角位置用于显示当前比例尺左下角点的坐标值，“X”、“Y”标签右侧的文本框只用于显示比例尺左下角点的坐标值，不能进行设置。

③ 图例：【图例】按钮提供了在当前布局窗口中绘制图例的功能。选中布局窗口中一个需要绘制图例的地图，单击【对象操作】选项卡中【对象绘制】组的【图例】按钮，光标形状变为绘制图例状况。在当前布局窗口中需要绘制图例的位置，单击鼠标左键并拖拽，即可基于选中地图的属性绘制该地图的图例。

修改图例的属性的方法是，双击待修改属性的图例对象，或者选中图例对象，单击右键，在弹出的右键菜单中选择【属性】项，即可弹出【图例属性】窗口，如图 4.96 所示。与图例对象关联的【图例属性】窗口用于设置图例的标题及其风格、图例列数、图例宽度与长度、填充颜色、图例边框间距等各项参数，在该窗口中的各项参数设置都会实时反映到当前布局窗口中。

图 4.96 中，“地图名称”标签右侧的文本框用于显示当前图例关联的地图的名称。“图例标题”标签右侧的文本框用于设置并显示当前图例的名称，默认为【图例】。“图例列数”标签右侧的数字显示框用于设置并显示当前图例的列数，默认为 3。“图例宽度”标签右侧的文本框用于设置当前图例的整体宽度。“图例高度”标签右侧的文本框用于设置当前图例的整体高度。“图例位置”用于显示当前图例中心点的坐标值，“X”、“Y”标签右侧的文本框可用于显示图例中心点的坐标值，也可以对图例中心点显示位置进行设置。鼠标选中图例，在布局窗口中移动其位置，此处“X”、“Y”标签右侧的文本框中显示的坐标值也相应改变；或者直接在“X”、“Y”标签右侧的文本框修改图例中心点的坐标，修改完成即可以看到图例已经移至布局中的指定位置。“填充颜色”栏的下拉按钮用于设置当前图例整体的填充背景色，单击该按钮，用户可在弹出的颜色面板中选择一种默认颜色或自定义一种颜色作为当前图例的背景色。“字体设置”区域用于设置图例标题、图例项、图例子项的字体风格，单击相应项右侧的下拉按钮，弹出字体风格设置的下拉对话框，用户可在相应对话框中设置当前图例中标注的字体风格。“边框间距”区域“上”、“下”、“左”、“右”四个标签右侧的数字显示框用于设置当前图例的边框与内部图例的间距大小。

④ 指北针：【指北针】按钮提供了在当前布局窗口中绘制指北针的功能。选中布局窗口中的一个需要绘制指北针的地图，单击【对象操作】选项卡中【对象绘制】组的【指北针】

按钮。在当前布局窗口中需要绘制指北针的位置，单击鼠标左键并拖拽，即可基于选中地图的属性绘制该地图的指北针。

修改指北针的属性的方法是，双击待修改属性的指北针对象；或者选中指北针对象，单击右键，在弹出的右键菜单中选择【属性】项，即可弹出【指北针属性】窗口，如图 4.97 所示。与指北针对象关联的【指北针属性】窗口用于设置指北针的样式、旋转角度、宽度、高度等各项参数。该窗口中的各项参数设置都会实时反映到当前布局窗口中。

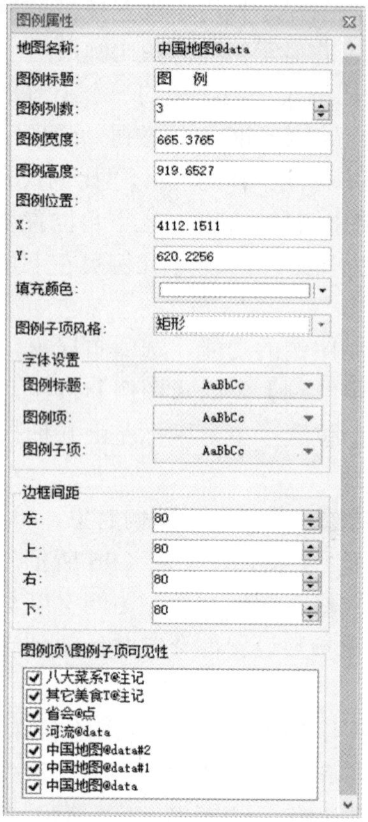

图 4.96　图例属性设置

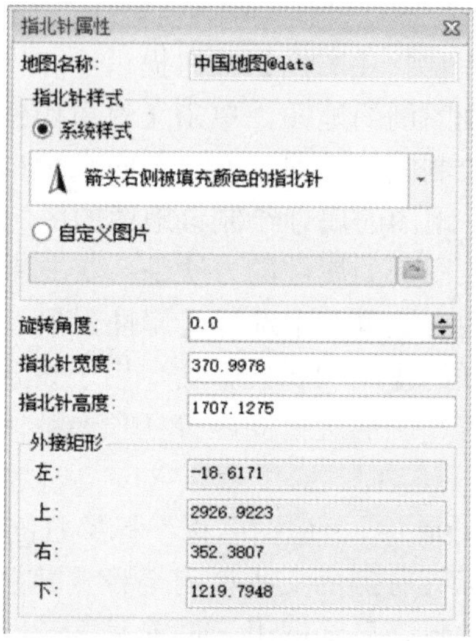

图 4.97　指北针属性设置

图 4.97 中，“地图名称”标签右侧的文本框用于显示当前指北针关联的地图的名称。在“指北针样式”栏，系统提供了基于“系统样式”和基于“自定义图片”两种设置指北针样式的方式，默认生成的指北针为系统样式。“系统样式”选项提供了 9 种指北针样式供用户选择，选择“系统样式”，则其下方的下拉按钮为可用状态，用户可单击该下拉按钮，在弹出的下拉列表中选择一种系统样式的指北针。若系统提供的指北针样式不能满足用户需求，用户也可通过“自定义图片”导入一幅图片，作为当前关联地图的指北针，导入图片的格式可为*.bmp、*.jpg、*.png、*.gif。选择“自定义图片”，则其下方按钮为可用状态，单击该按钮，用户可在弹出的【打开】对话框中，选择一个表示指北针的图片，作为当前地图的指北针。“旋转角度”标签右侧的数字显示框用于设置指北针的旋转角度，旋转角度以逆时针为正，取值范围为–3600 到 3600，单位为 0.1 度。“指北针宽度”标签右侧的文本框用于设置当前指北针的宽度值。“指北针高度”标签右侧的文本框用于设置当前指北针的高度值。“外接矩形”区域用于显示当前指北针外接矩形的覆盖范围，“上”、“下”、“左”、“右” 4 个标签右侧的文本框只用

于显示指北针外接矩形的范围值，不能进行设置；当指北针的位置移动或大小改变时，这 4 个标签右侧的文本框中的数值也发生相应变化。

⑤ 几何对象和文本：【对象操作】选项卡中的【对象绘制】组可用于在布局窗口中绘制点、线、面等几何对象，基本操作方式与在地图窗口中绘制几何对象类似，但是目前布局中的绘制不支持输入坐标或者输入参数的绘制方式。可以利用【对象绘制】组中提供的工具，在布局窗口中绘制各种可直接创建的点、线、面几何对象类型，软件共提供了 20 种可直接绘制的几何对象类型，如图 4.98 所示。

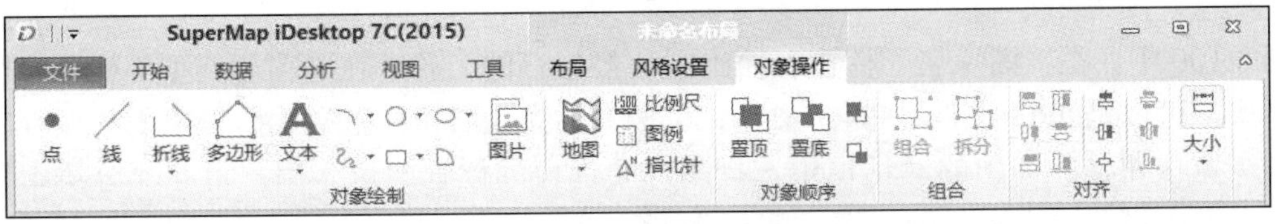

图 4.98　绘制几何对象和文本工具

⑥ 输出和打印布局：【布局】选项卡中【文件操作】组的【打印】下拉按钮，可实现布局打印的功能。

输出为图片。在布局窗口中单击鼠标右键，选择【输出为图片...】选项，可将制作好的布局转换成通用的图片格式（如 JPG 文件、PNG 文件、位图文件以及 TIFF 影像数据等格式）进行输出，便于在其他环境中应用。在当前布局窗口中，根据需要完成布局制作后，单击鼠标右键，选择【输出为图片...】选项，弹出【输出为图片】对话框，如图 4.99 所示。可在该对话框中对输出图片的属性进行设置，包括输出图片的名称、图片类型、保存路径、DPI 以及是否分页输出等，如图 4.100 所示。

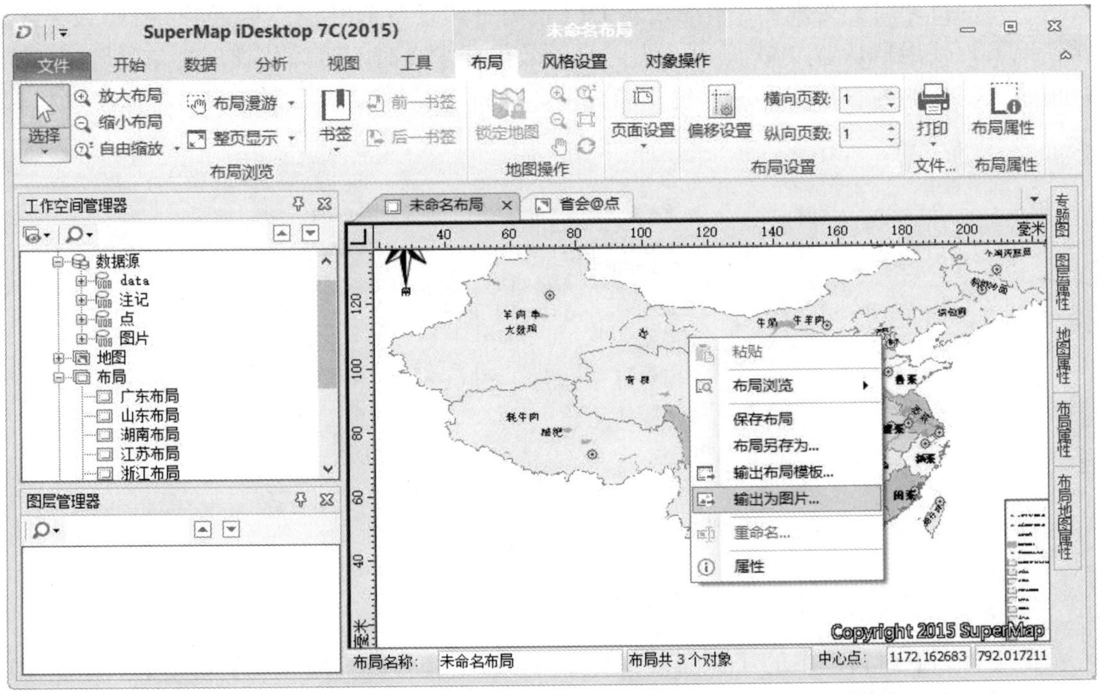

图 4.99　布局输出为图片

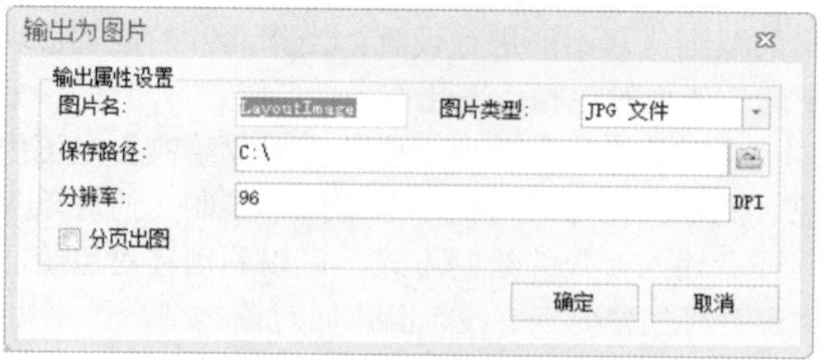

图 4.100　输出图片设置

图 4.100 中，在“图片名”栏输入输出图片要保存的名称。在“图片类型”栏选择图片输出的格式，可以是 JPG 文件、PNG 文件、位图文件以及 TIFF 影像数据。单击“保存路径”右侧的浏览按钮，在弹出的对话框中选择图片要保存的位置即可。用户可在“分辨率”栏右侧的文本框中设置输出图片分辨率，默认为 96，单位为 DPI。勾选“分页出图”复选框，可按照打印机设置的纸张大小分页出图，反之按设置的布局纸张大小出图。

打印。制作好的布局可通过打印机或绘图仪等打印设备直接输出，单击【布局】→【文件操作】→【打印】→下拉菜单中【打印...】项，弹出【打印】对话框，在该对话框中选择打印机并对其进行设置，如图 4.101 所示。

图 4.101 中，“打印机 DPI”栏用于获取或设置打印机的分辨率。“打印方式”栏用于获取或设置矢量或栅格的打印方式，单击其右侧的下拉按钮，在弹出的下拉菜单中设置方式打印。以矢量方式打印的速度要大大高于以栅格方式打印的速度，但是前者无法打印出渐变或者半透明效果，而栅格打印则可以打印出这些特殊效果。“逻辑 DPI”栏用于获取或设置布局打印处理时的逻辑 DPI，默认值为 200。“逻辑 DPI”项只在选择以栅格方式打印时为可用状态，主要用于布局打印时预处理栅格化，逻辑 DPI 值与打印设备 DPI 值越接近时，打印效果越好。通常情况下，使用默认值 200 即可。当对打印效果要求高时，可以将该属性值设置成较大的值，值越大消耗的内存越多，速度也相应减慢。

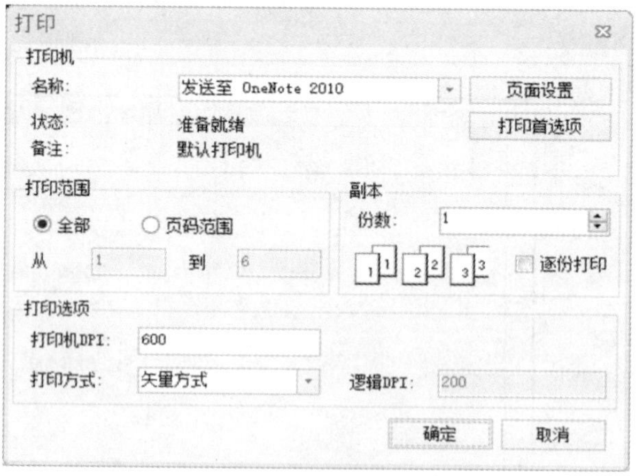

图 4.101　【打印】对话框

单击【打印】对话框中的【页面设置】按钮，弹出【打印页面设置】对话框，如图 4.102 所示。在【打印页面设置】对话框中可根据需要设置合适的纸张大小、纸张方向、页边距、采用当前页面设置等参数。单击【采用当前页面设置】按钮，表示使用布局设置的纸张大小、页边距等页面参数进行打印，否则按照打印机默认的页面参数进行打印。单击【确定】按扭，完成操作。

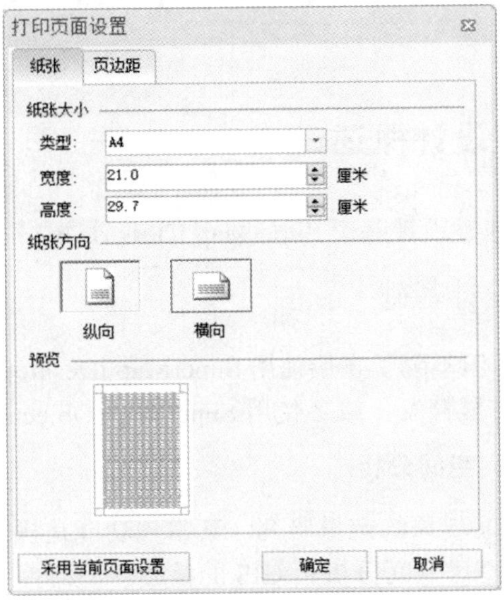

图 4.102 【打印页面设置】对话框

第 5 章　SuperMap 地理设计

5.1　SuperMap 地理设计概述

本章讲解的 SuperMap 地理设计基于 SuperMap iDesktop 7C（2015）。

5.1.1　SuperMap 地理设计基础

SuperMap 地理设计包括但不限于直接使用 SuperMap iDesktop 提供的分析功能进行处理，基于 SuperMap iDesktop 的扩展开发，或者使用 SuperMap iObjects.NET 开发应用系统。

1．SuperMap iDesktop 空间分析

空间分析是对于地理空间现象的定量研究，其常规功能是操纵空间数据使之成为不同的形式，并且提取其潜在的信息。空间分析是 GIS 的核心。

按处理的空间数据结构类型来看，GIS 的空间分析可以分为栅格数据分析和矢量数据分析两种不同的空间分析模式。在基于 SuperMap iDesktop 的空间分析中，矢量数据分析功能包括：缓冲区分析、叠加分析、动态分段。栅格数据分析功能包括：栅格分析环境设置、表面分析、栅格统计、矢栅转换、距离栅格、插值分析、直方图、水文分析、鼠标查询栅格值等。栅格数据结构简单、直观，非常利于计算机操作和处理，是 GIS 常用的空间基础数据格式。基于栅格数据的空间分析是 GIS 空间分析的重要基础。

在 SuperMap 地理设计中，空间分析是非常重要且常用的方法。空间分析能够解决某类与地理空间相关的问题，通常涉及多种空间分析操作的组合。好的空间分析过程设计将十分有利于问题的解决，空间分析的一般步骤如下[13]：

（1）明确分析的目的和评价准则；

（2）准备分析数据；

（3）进行空间分析操作；

（4）进行结果分析；

（5）解释、评价结果（如有必要，返回步骤（1））；

（6）结果输出（地图、表格和文档）。

2．SuperMap iObjects.NET 简介

SuperMap iObjects .NET 组件采用 C++/CLI 进行封装，是纯 .NET 的组件，而不是通过 COM 封装或者中间件运行的组件，相比通过中间件调用 COM 的方式在性能上有极大的提高；SuperMap iObjects .NET 支持所有.NET 开发语言，如 C#、VB .NET、C++/CLI 等，并且在实际应用中，相比 COM 组件，.NET 组件更符合 .NET 开发人员的编码习惯。

SuperMap iObjects .NET 7C 具有丰富、强大的 GIS 功能，可以用来构建处理地图和地理信息的系统，用户通过该产品可以完成以下工作：创建和使用地图，编辑和处理地理数据，

管理数据库中的地理信息，分析和研究地理信息，共享和显示地理信息，地理信息的仿真与虚拟现实，以及在一系列应用程序中使用地理信息等。

（1）基于 SuperMap iObjects.NET 开发应用系统进行地理设计，最常用的是分析功能组件，主要包括五个模块。

① 地址匹配模块，对应的程序集为 SuperMap.Analyst.AddressMatching.dll，提供中文地址模糊匹配搜索的功能，该功能基于一个地址词典，可以对地图中的多个图层进行地址匹配。

② 空间分析模块，对应的程序集为 SuperMap.Analyst.SpatialAnalyst.dll，提供基于矢量数据的空间分析，如叠加分析、缓冲区分析；提供完备的基于栅格数据的空间分析功能，包含栅格代数运算、距离栅格、栅格统计分析、插值分析、地形构建和计算、可视性分析等；提供矢栅转换、聚合、重采样、重分级、镶嵌和裁剪等功能。

③ 网络分析模块，对应的程序集为 SuperMap.Analyst.NetworkAnalyst.dll，提供全面的网络分析功能，涵盖交通网络分析（包括选址分区分析、旅行商分析、物流配送分析、最佳路径分析、最近设施查找分析等）和设施网络分析（包括检查环路、查找共同上下游、查找连通弧段、上下游路径分析、查找源和汇、上下游追踪等）。

④ 公交分析模块，对应的程序集为 SuperMap.Analyst.TrafficAnalyst.dll，提供公交换乘分析、查找经过站点的线路、查找线路上的站点等主要功能。不仅支持丰富的线路和站点信息设置（如公交票价信息、发车时间和间隔等），还提供避开线路或站点、优先线路或站点、站点归并容限、站点捕捉容限、最大步行距离、换乘策略和偏好的设置，以及对换乘时步行线路的支持，结合高效、准确和灵活的查找算法，为使用者提供最优的公交换乘方案。

⑤ 地形分析模块，对应的程序集为 SuperMap.Analyst.TerrainAnalyst.dll，提供填充洼地、计算流向、计算流长、计算累积汇水量、流域划分及提取矢量水系等水文分析功能及网格剖分功能。

（2）在三维场景空间分析中会用到三维功能组件，其主要包括三个模块。

① 三维模块，对应的程序集为 SuperMap.Realspace.dll，提供数据、显示和分析二、三维一体化的三维场景展示，同时，全球尺度的地形数据以及全球尺度的高分辨率影像数据都可以加载到三维模型中进行显示；支持海底三维；支持自定义几何体 Mesh 功能。另外，可以在三维窗口中进行各种方式的漫游、浏览，并且可以进行选择、查询和定位等操作。

② 三维空间分析模块，对应的程序集为 SuperMap.Realspace.SpatialAnalyst.dll，提供在场景中进行空间分析的功能。目前，该模块提供了三维通视性分析功能。

③ 三维网络分析模块，对应的程序集为 SuperMap.Realspace.NetworkAnalyst.dll，提供三维网络数据集的构建和创建流向；提供查找源和汇、上下游追踪、上游最近设施查找等三维设施网络分析功能；提供最佳路径分析等三维交通网络分析功能[14]。

5.1.2 SuperMap 地理设计内容

使用 GIS 的方法，通过对空间数据的分析和挖掘，解决行业应用和生活中的实际需求。展现形式可以是地图成果、插件、完整应用系统等[15]。

选题可参考但不限于如下内容：

（1）通过缓冲区分析功能计算道路拓宽可能波及的居民地面积，基于此类分析和统计制定道路拓宽方案。

（2）通过物流配送功能分析住宅小区内送水的最优路线，并结合业主的作息时间，制定小区内送水的最佳方案。

（3）通过栅格分析功能，对某一地区历年降水分布情况进行统计，分析该地区的降水变化情况。

（4）通过选址分区功能，对某一地区进行分析，计算还需要增加多少超市或银行才可以实现全覆盖。

5.2 SuperMap7C 空间分析

空间分析是地理设计的重要方法之一。空间分析是基于地理对象位置和形态的空间数据的分析技术，其目的在于提取和传输空间信息。强大的空间分析能力是 GIS 的主要特征。

5.2.1 缓冲区分析

1. 基本概念

缓冲区分析（Buffer）是 GIS 的基本空间操作功能之一，是指根据指定的距离，在点、线、面几何对象周围自动建立一定宽度的区域的分析方法。例如，在环境治理时，常在污染的河流周围划出一定宽度的范围表示受到污染的区域；又如在飞机场，常根据健康需要在周围划分出一定范围的区域作为非居住区，等等。

用户可以使用应用程序中的“缓冲区”按钮或者“多重缓冲区”按钮，对一个或者多个几何对象生成指定距离的缓冲区。

缓冲区分析支持对点数据集、线数据集、面数据集生成缓冲区。不仅可以对整个数据集的所有对象生成缓冲区，也可以只对选中的对象生成缓冲区。

（1）单重缓冲区。单重缓冲区分类如表 5.1 所示。

表 5.1　单重缓冲区分类

类型	图示	含义
点缓冲区分析	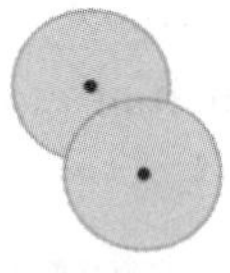	为点对象创建缓冲区。例如，对两个广播发射站分别创建缓冲区，可以分析这两个发射站发射的信号能覆盖的居民区范围，以及都能覆盖的区域范围
线缓冲区分析	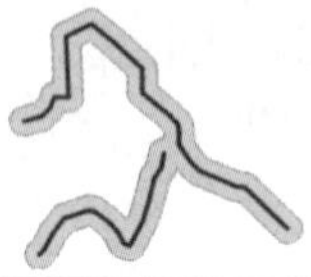	为线对象创建缓冲区。例如，某相邻的两条街道需要扩建 20 米，对它们创建一个缓冲区，结合综合查询可以分析到街道拓宽之后街道两旁需要拆迁的楼房
面缓冲区分析		为面对象创建缓冲区。例如，对河流、湖泊创建缓冲区，分析洪水最容易泛滥的区域

（2）多重缓冲区。多重缓冲区分类如表 5.2 所示。

表 5.2　多重缓冲区分类

类型	图示	含义
点多重缓冲区分析	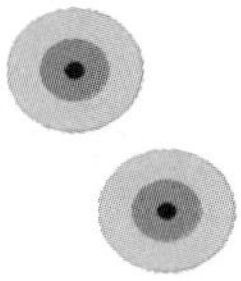	为点对象创建多重缓冲区。例如，分析污染源由近及远扩散的区域范围
线多重缓冲区分析	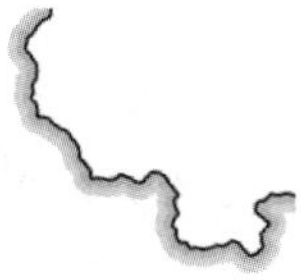	为线对象创建多重缓冲区。例如，通过对国界线生成单方向的多重缓冲区，制作国界线晕线效果
面多重缓冲区分析	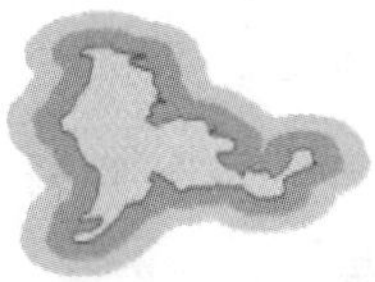	为面对象创建多重缓冲区。例如，对我国某一沙漠进行的 20km 和 50km 的多重缓冲区分析，可以分析该沙漠的风沙扩展分布状况，从而为防沙、治沙提供了参考

2．缓冲区分析实例

（1）分析某道路扩建一定宽度后，哪些房屋将被拆除。

① 打开“缓冲区分析”工作空间。

② 将数据源“道路扩建-原始”中的“道路”和“建筑物”数据集在窗口中打开。并选中要扩建的道路，如图 5.1 所示。

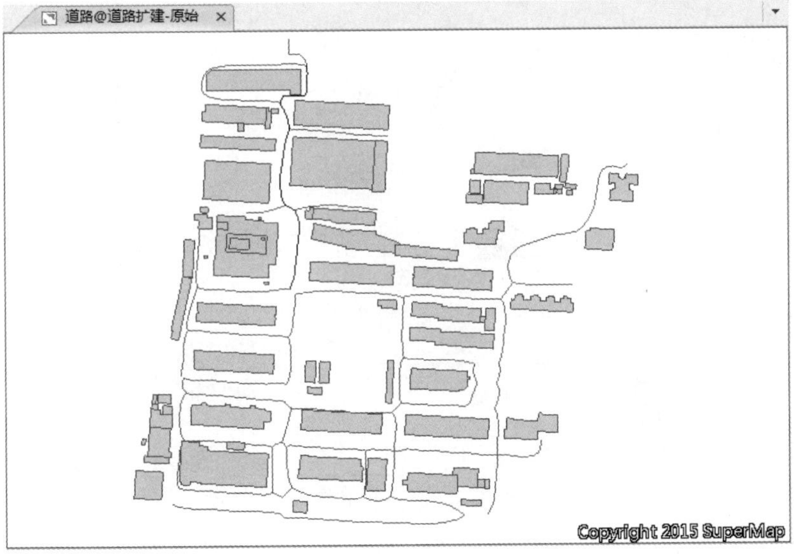

图 5.1　道路扩建

只针对被选中对象进行缓冲操作：在选中某一数据集中的对象的情况下，“只针对被选中对象进行缓冲操作”前面的复选框可用。勾选该项，表示只对选中的对象生成缓冲区，同时不能设置数据源和数据集；取消勾选该项，表示对该数据集下的所有对象进行生成缓冲区的操作，可以更改生成缓冲区的数据源和数据集。

③ 新建数据源“道路扩建结果”用来保存缓冲区分析结果。

④ 在【分析】选项卡中的【矢量分析】组中，单击【缓冲区】按钮，在弹出的下拉菜单中选择【缓冲区】项，弹出【生成缓冲区】对话框，如图 5.2 所示。

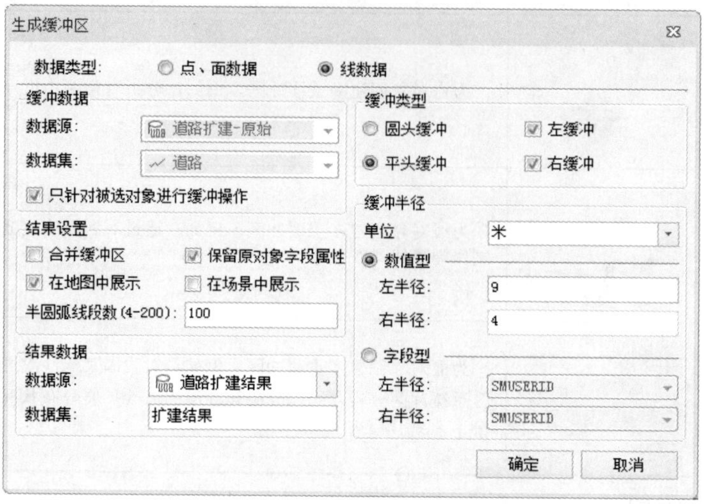

图 5.2 【生成缓冲区】对话框

⑤ 设置结果数据，数据源选择“道路扩建结果”，数据集命名为“扩建结果”，缓冲区类型设置为“平头缓冲”，缓冲半径选择数值型，左半径设置为“9”，右半径设置为“4”。单击【确定】按钮，得到道路扩建结果如图 5.3 所示。

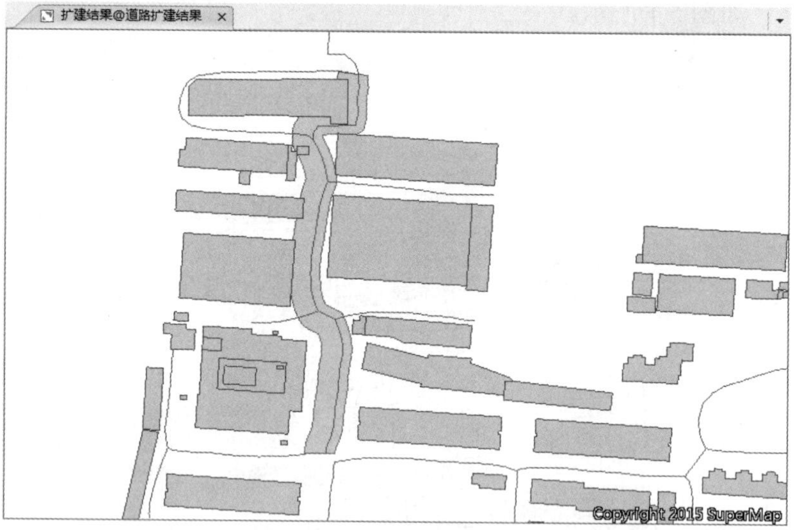

图 5.3 道路扩建结果

缓冲区类型设置提示如下。

圆头缓冲：在线的两边按照缓冲距离绘制平行线，并在线的端点处以缓冲距离为半径绘制半圆，连接生成缓冲区域。默认缓冲类型为圆头缓冲。

平头缓冲：生成缓冲区时，以线数据的相邻节点间的线段为一个矩形边，以左半径或者右半径为矩形的另外一边，生成形状为矩形的缓冲区域。

线数据在生成平头缓冲时，可以生成左、右缓冲距离不等的缓冲区，或者生成单边的缓冲区。

左缓冲：对线数据的左边区域生成缓冲区。

右缓冲：对线数据的右边区域生成缓冲区。

只有同时勾选“左缓冲”和“右缓冲”两项，才会对线数据生成两边缓冲区。默认为同时生成左缓冲和右缓冲。

⑥ 选中“扩建结果”，在【数据】选项卡中的【查询】组中选择【空间查询】按钮，弹出如图 5.4 所示的对话框。

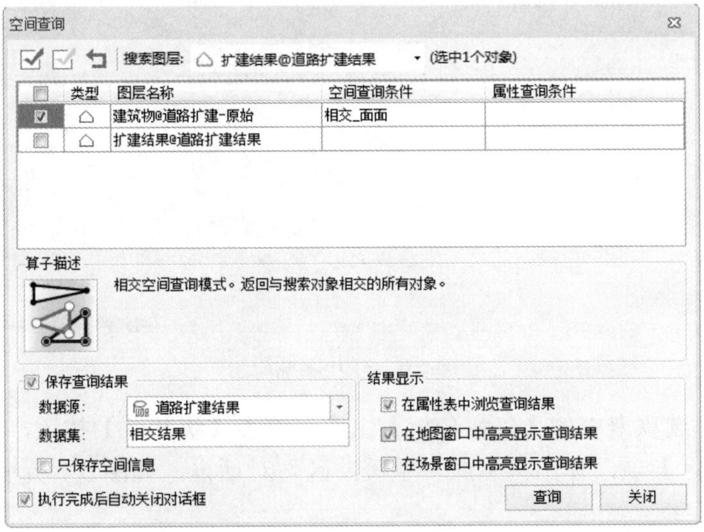

图 5.4 【空间查询】对话框

⑦ 选中“建筑物@道路扩建-原始”，在“空间查询条件”栏中选择“相交_面面”。选择“保存查询结果”，数据源选择“道路扩建结果”，数据集命名为“相交结果”。在“结果显示”栏中，选择“在属性表中浏览查询结果”、“在地图窗口中高亮显示查询结果”。设置完成后，单击【查询】按钮。

⑧ 查询完成后，将“相交结果”拖到当前窗口中打开，得到的结果如图 5.5 所示。

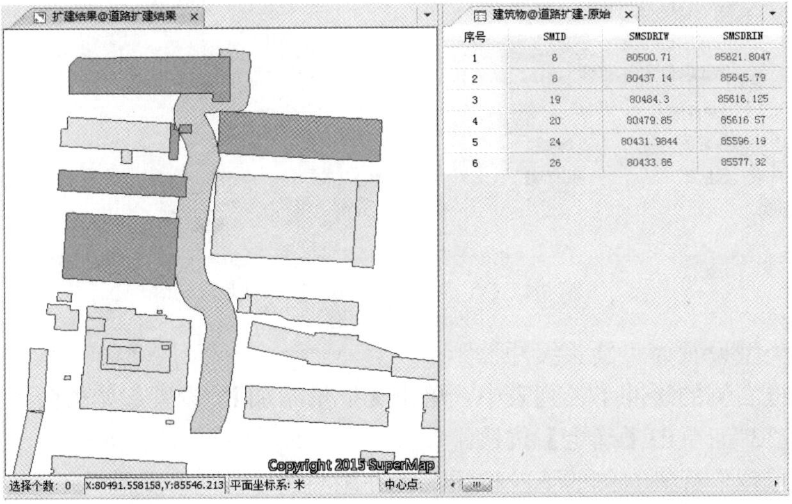

图 5.5 相交结果

（2）利用配置好的中国地图，制作有颜色渐变效果的境界线。

① 双击打开“国境线”数据源中的“国境 L”数据集，选中“国境线”，如图 5.6 所示。

图 5.6 打开国境线

② 在【分析】选项卡中的【矢量分析】组中，单击【缓冲区】按钮，在弹出的下拉菜单中选择【多重缓冲区】项，弹出“生成多重缓冲区”对话框，如图 5.7 所示。

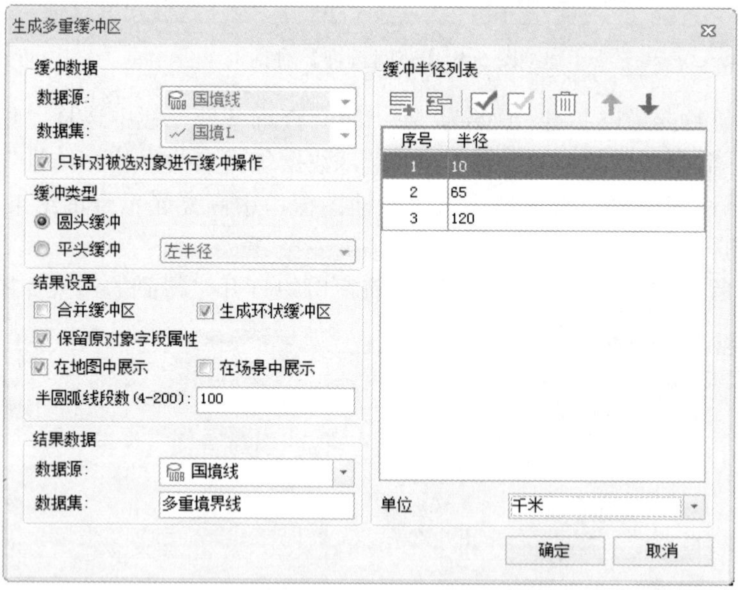

图 5.7 【生成多重缓冲区】对话框

③ 将缓冲类型设置为“圆头缓冲”。

④ 在对话框右侧的缓冲半径列表中，单击【批量添加】，设置起始值为“10”、结束值为“120”、段数为“3”。单击【确定】按钮。

⑤ 单击“单位”标签右侧的下拉按钮，缓冲距离的单位可以为毫米、厘米、分米、米、千米、英寸、英尺、英里、度、码等。这里选择“千米”。

⑥ 结果设置，数据源：选择生成的缓冲区结要保存的数据源“国境线”；数据集：输入生成的缓冲区结果要保存的数据集名称“多重境界线”。

⑦ 设置完以上参数后，单击【确定】按钮，效果如图 5.8 所示。

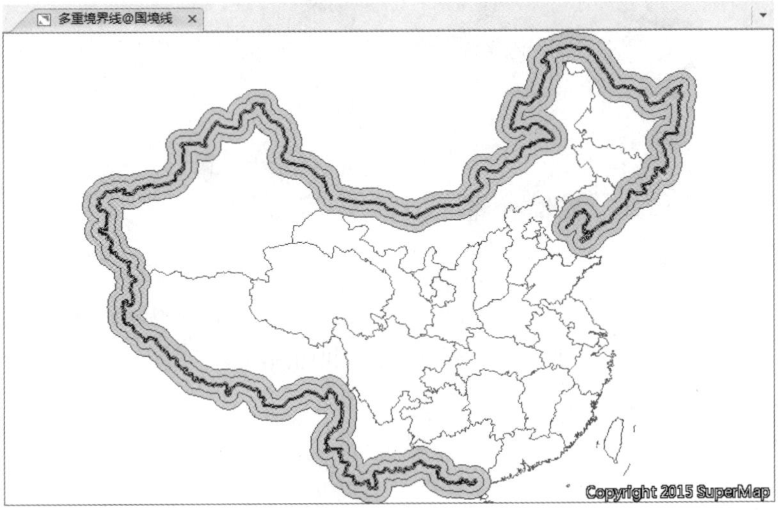

图 5.8　数据设置结果

⑧ 将新生成的“多重境界线”在地图窗口中打开，在图层管理器中右键单击“多重境界线”，选择“制作专题图”，表达式选择“多重境界线.SmID”，颜色方案选择一个单一渐变色，如图 5.9 所示。单击【应用】按钮。

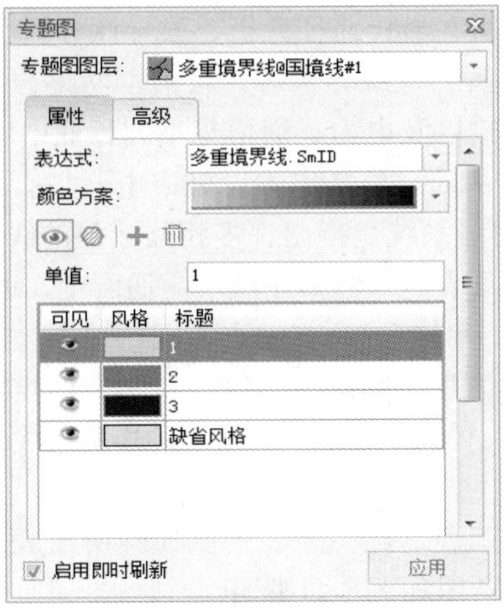

图 5.9　制作专题图

⑨ 单击专题图中颜色方案里的“风格”按钮，单击【线型选择】，打开【线型符号选择器】对话框，选择【NULL】无边界填充，单击【确定】按钮，单击【应用】→【确定】，从而令边界线自然过渡。

⑩ 将行政区划图拖到图层管理器中的最顶层，从而遮盖内部渐变的国境线部分，效果如图 5.10 所示。

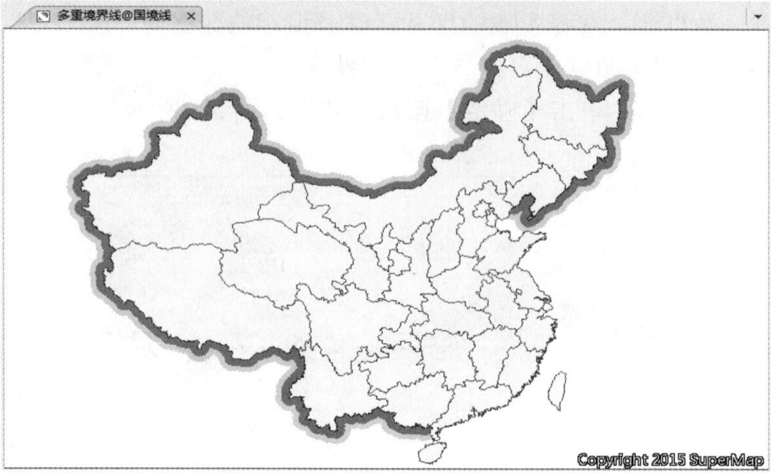

图 5.10　颜色渐变效果的国境线

5.2.2　网络分析

1．基本概念

在 GIS 中，网络分析是指依据网络拓扑关系，通过考察网络元素的空间及属性数据，以数学理论模型为基础，对网络的性能特征进行多方面研究的一种分析计算。主要研究一项网络工程如何安排，并使其运行效果最好（如一定资源的最佳分配，从一地到另一地的运输费用最低等），其基本思想则在于人类活动总是趋于按一定目标选择达到最佳效果的空间位置。网络分析主要包括：通达性分析、最佳路径分析、旅行商分析、最近设施查找、服务区分析、物流配送、资源分配、选址分析、追踪分析等。目前，网络分析已经广泛应用于电子导航、交通旅游、城市规划、物流运输以及电力、通信等不同行业中[16]。

在地理信息世界中，公共基础设施（电力设施、电信与有线电视网络、道路交通、水网等）被抽象为“网络系统”。网络系统是指由许多相互连接的线段构成的网状系统，网络模型是对现实世界中网络系统的抽象表达。例如在城市交通网中，道路等线状地物被抽象为线段，在网络中称为网络弧段；而十字路口、公交站点等点状地物被抽象为点，在网络中称为网络结点。在网络模型中，资源和信息能够沿着弧段，从一个结点到达另外一个结点。可以这样理解，网络就是由边（线）和交汇点（结点）等元素共同组成的，表示了从一个位置到另一个位置的可能路径。

网络是由一组相互关联的弧段、结点和它们的属性所组成的模型。网络用于表达现实世界中的道路、管线等。网络示意图如图 5.11 所示。

结点是网络中弧段相连接的地方（见图 5.11）。结点可以表示现实中的道路交叉口、河流交汇点等点要素。结点和弧段各自对应一个属性表，它们的邻接关系通过属性表的字段来关联。

弧段是网络中的一条边，弧段通过结点和其他弧段相连接。弧段可用于表示现实世界运输网络中的高速路、铁路、电网中的传输线和水文网络中的河流等。弧段之间的相互联系是具有拓扑结构的。

图 5.11　网络示意图

在网络模型上，把通过结点或弧段的花费抽象成网络阻力，并将该信息存储在属性字段中，称为阻力字段。

中心点是网络中具有接受或提供资源的能力，且位于结点处的离散设备。设施是指地理信息系统所需的物质、资源、信息、管理和文化环境等。中心点实质上也是网络中的结点。

城市中的交通堵塞问题随处可见，交通拥堵是没有规律可循、随机且动态变化的过程。为了实时地反映交通网络的现状，需要让交通堵塞的弧段具有暂时禁止通行的特性，同时在交通恢复正常后，弧段属性也能实时恢复正常。障碍边、障碍点概念的提出可以很好地解决上述问题。引入障碍边、障碍点的好处是障碍设置与否与现有的网络环境参数无关，具有相对独立的特性。

转向是从一个弧段经过中间结点抵达邻接弧段的过程。转弯耗费是完成转弯所需要的花费。转向表用来存储转弯耗费值。转向表必须列出每个十字路口所有可能的转弯，一般有起始弧段字段（FromEdgeID）、终止弧段字段（ToEdgeID）、结点标识字段（NodeID）和转弯耗费字段（TurnCost）四个字段，这些字段与弧段、结点中的字段相关联，表中的每条记录表示一种通过路口的方式所需要的弧段耗费。转弯耗费通常是有方向性的，转弯的负耗费值一般表示禁止转弯。

2. 网络分析实例

（1）拓扑构建网络数据集。

① 打开“网络分析”工作空间。

② 选择数据源“Changchun”中的数据集“RoadNet_Line”，单击功能区【数据】选项卡中【拓扑】组的【拓扑构网】，在下拉菜单中选择【构建二维网络】项。

③ 在弹出的对话框中，“结果设置”栏中数据集命名为“Road_Net”，其他为默认设置，如图 5.12 所示。

④ 单击【确定】按钮，生成结果如图 5.13 所示。

（2）通达性分析。在现实生活中，网络可能不是完全连通的。如果需要确定哪些点或者弧段之间是连通的，哪些点或弧段之间不连通，可以使用邻接要素分析或者通达要素分析功能。网络连通性分析的最大特点是不需要考虑网络阻力（既不考虑转向权值，也不考虑禁止通行的情况），网络上的要素只有连通和不连通的区别。

图 5.12 构建二维网络数据

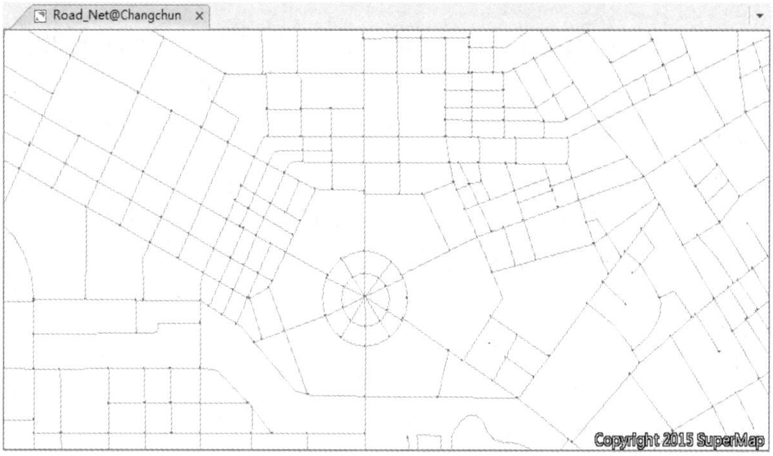

图 5.13 生成网络数据

SuperMap 应用程序提供的连通性分析主要包括如表 5.3 所示的功能。

表 5.3 连通性分析功能

连通性分析	功能描述	参数设置			
		向前查找	向后查找	双向查找	查找等级
邻接要素分析	查找与添加的事件点相邻接的所有要素（结点或者弧段）	有效	有效	有效	默认为 1，不可以修改
通达要素分析	按照查找等级，查找与添加的事件点相连通的结点或弧段	有效	有效	有效	默认为 2，可以设置

（3）查找与指定的事件点相邻接的节点或者弧段。

① 在当前地图窗口中打开网络图层“Road_Net”。通过图层风格设置，将线型改为具有方向性的 Header_Arrow 线型，如图 5.14 所示。

② 设置网络分析环境，在【分析】选项卡的【网络分析】组中，勾选【环境设置】复选框，弹出“环境设置”浮动窗口，如图 5.15 所示。

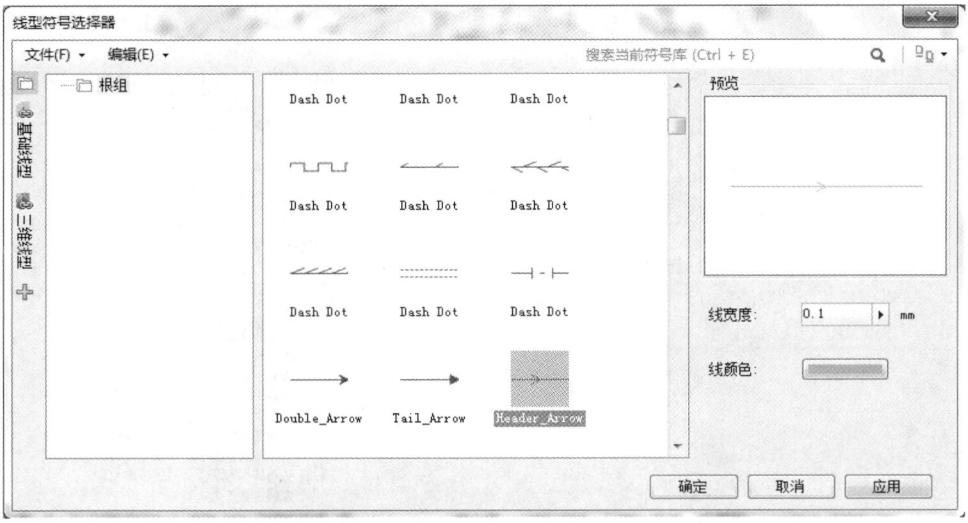

图 5.14　更改 Header_Arrow 线型

图 5.15　“环境设置”窗口图

③ 在【分析】选项卡的【网络分析】组中，单击【网络分析】下拉按钮，在弹出的下拉菜单中选择【邻接要素分析】项，创建一个邻接要素分析的实例。

④ 在当前网络图层添加一个事件点，如图 5.16 所示。

⑤ 在网络分析实例管理窗口中单击【参数设置】按钮 ，弹出【邻接要素分析设置】对话框，对分析参数进行设置，如图 5.17 所示。

⑥ 所有参数设置完毕后，单击【运行】按钮。

⑦ 分析完成后，分析结果会自动添加到当前地图中。对同一事件点分别进行向前查找、向后查找和双向查找的结果如图 5.18、图 5.19、图 5.20 所示。

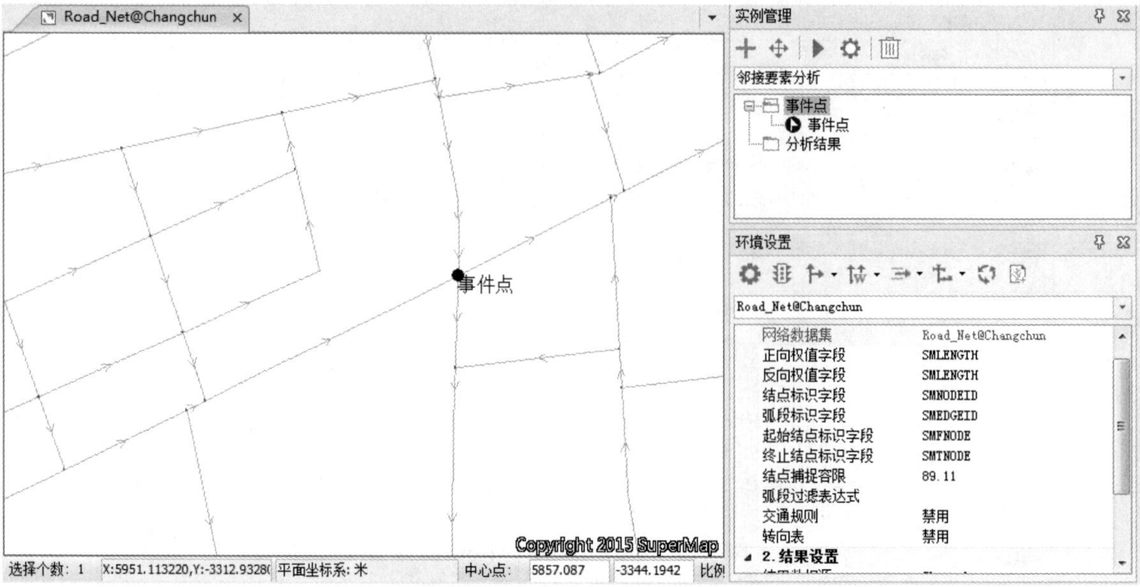

图 5.16 添加事件点

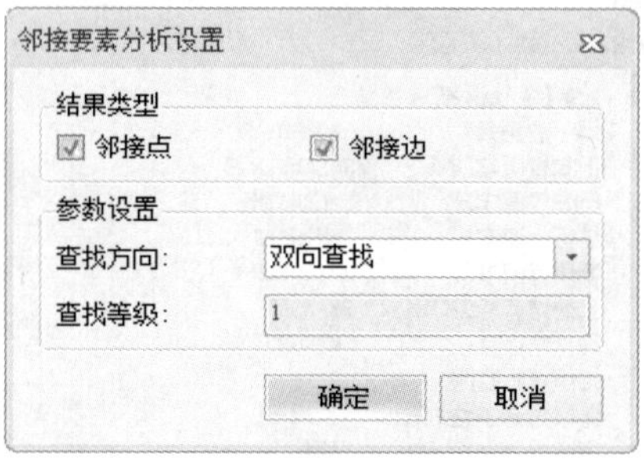

图 5.17 【邻接要素分析设置】对话框

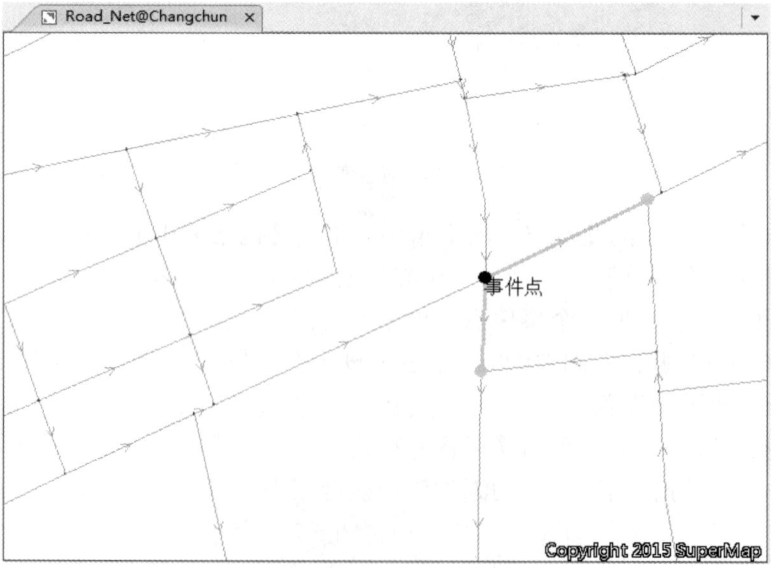

图 5.18 向前查找

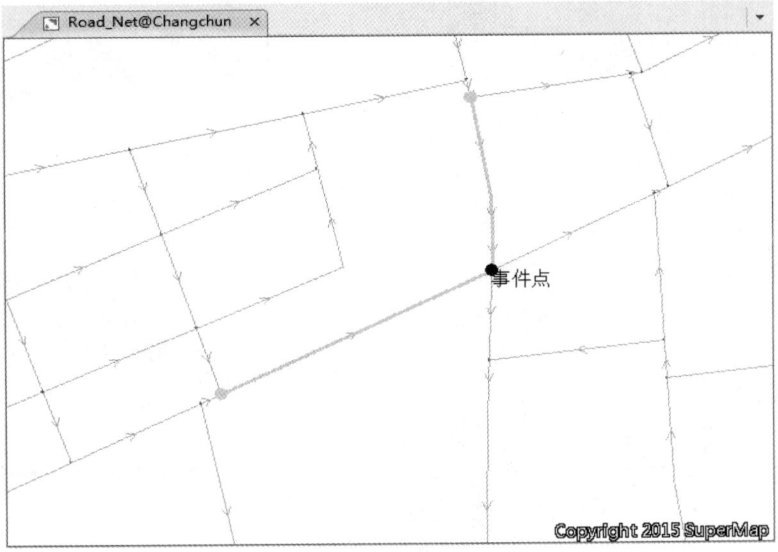

图 5.19 向后查找

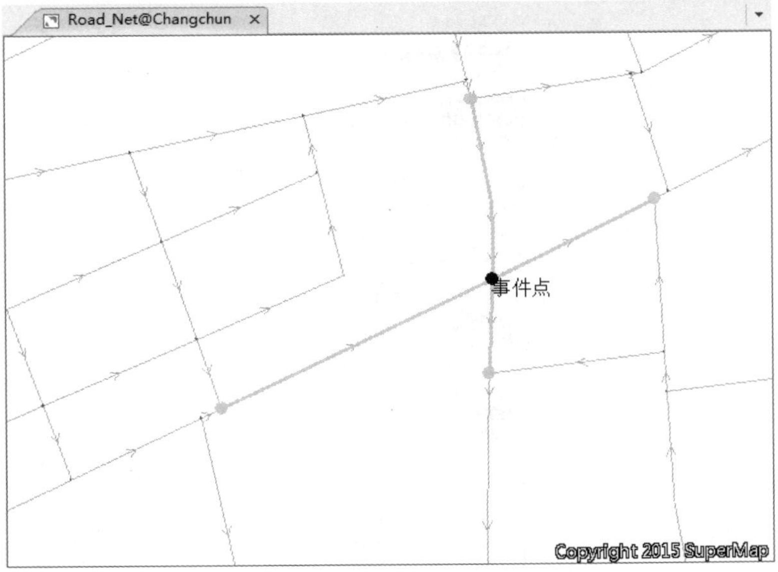

图 5.20 双向查找

（4）某路段发生车祸，查询事故地点（省交通规则征收管理局）到附近医院（省妇幼保健院）的最佳路径。

① 双击打开“长春市区图”，将网络数据集“Road_Net”添加到当前图层，如图 5.21 所示。

② 在【分析】选项卡的【网络分析】组中，勾选【环境设置】复选框，弹出“环境设置”浮动窗口，如图 5.22 所示。

③ 单击【风格设置】按钮，弹出对话框如图 5.23 所示，可以进行风格设置。

④ 在【分析】选项卡的【网络分析】组中，单击【网络分析】下拉按钮，在弹出的下拉菜单中选择【最佳路径分析】，创建一个最佳路径分析的实例。

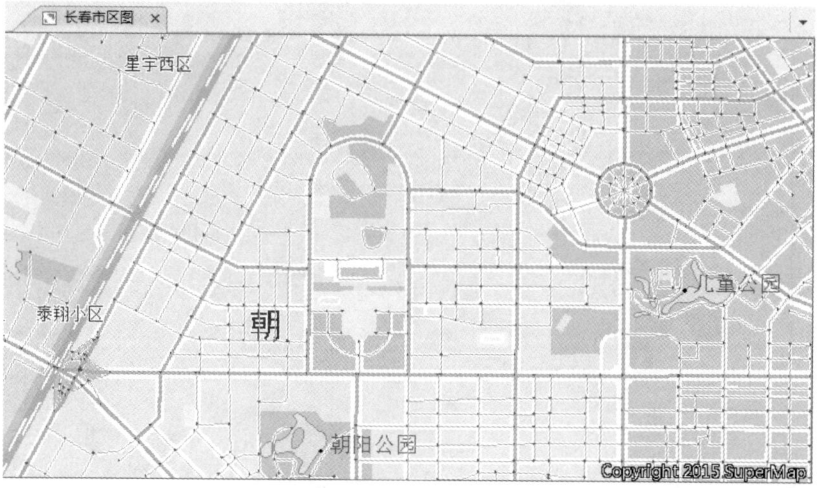

图 5.21 添加图层

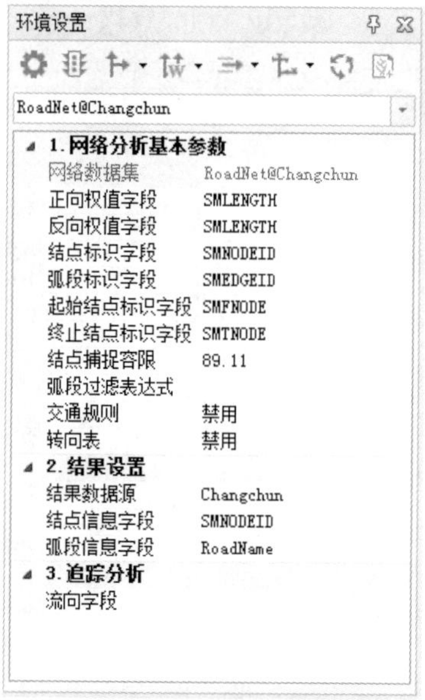

图 5.22 “环境设置”窗口图

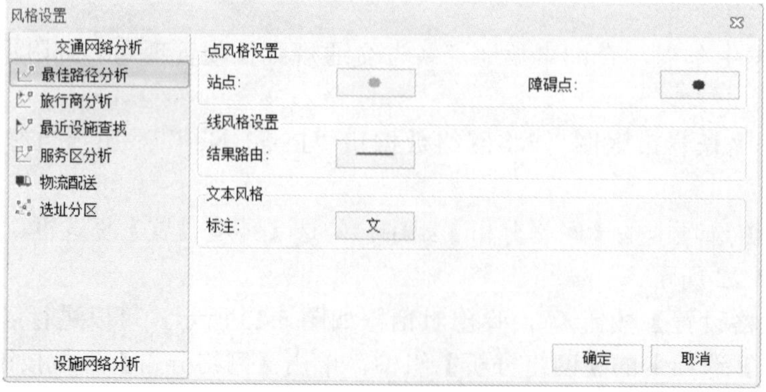

图 5.23 【风格设置】对话框

⑤ 在当前网络数据图层中单击鼠标左键选择要添加的站点位置，将“省交通规则征收管理局”和“省妇幼保健院”设为站点。用同样的方式，可以设置障碍点。

⑥ 在网络分析实例管理窗口中，单击【参数设置】按钮，弹出【最佳路径分析设置】对话框，进行结果设置，如图 5.24 所示。

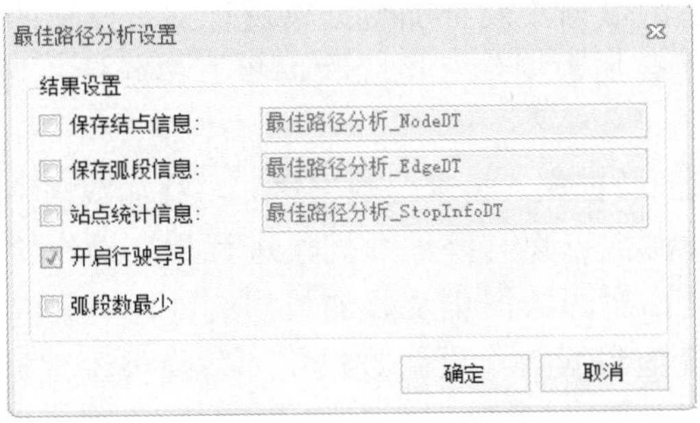

图 5.24 【最佳路径分析设置】对话框

⑦ 所有参数设置完毕后，单击【分析】选项卡中【网络分析】组的【执行】按钮，或者单击【实例管理】窗口的【执行】按钮，按照设定的参数，执行最佳路径分析操作。执行完成后，分析结果会自动添加到当前地图展示，如图 5.25 所示。

图 5.25 最佳操作路径结果

5.2.3 叠加分析

1. 叠加分析方法

叠加分析是 GIS 的基本空间操作功能之一，是指通过矢量数据间的集合运算，产生新数据的过程。应用程序提供了对点、线、面类型数据集的叠加分析功能，如裁剪、合并、擦除、求交、同一、对称差、更新。通过对空间数据的加工或分析，提取用户需要的新的空间几何信息。例如，需要了解某一个行政区内的土壤分布情况，就可以根据全国的土地利用图和行政区规划图这两个数据集进行叠加分析，得到需要的结果。同时，通过叠加分析，还可以对数据的各种属性信息进行处理。

叠加分析广泛应用于资源管理、城市建设评估、国土管理、农林牧业、统计等领域。

叠加分析算子的介绍如下。

（1）裁剪。裁剪是指用叠加数据集（裁剪数据集）从源数据集（被裁剪数据集）中提取部分特征（点、线、面）集合的功能。

（2）合并。合并是指对源数据集及叠加数据集进行并集操作的功能。

（3）擦除。擦除是指用叠加数据集（擦除数据集）擦除掉与源数据集（被擦除数据集）重叠的特征要素的功能。

（4）求交。求交是指求源数据集（待求交数据集）与叠加数据集（交数据集）交集的功能。

（5）同一。同一是指对源数据集与叠加数据集进行相交操作的功能。

（6）对称差。对称差是指对源数据集及叠加数据集进行交集取反操作的功能。

（7）更新。更新是指叠加数据集（更新数据集）替换与源数据集（被更新数据集）重合部分的功能。

2. 叠加分析实例

通过对刘庄村的行政区划面数据和乡镇土地利用面数据进行裁剪，得到刘庄村的土地利用数据。刘庄村行政区划面如图 5.26 所示，乡镇土地利用面如图 5.27 所示。

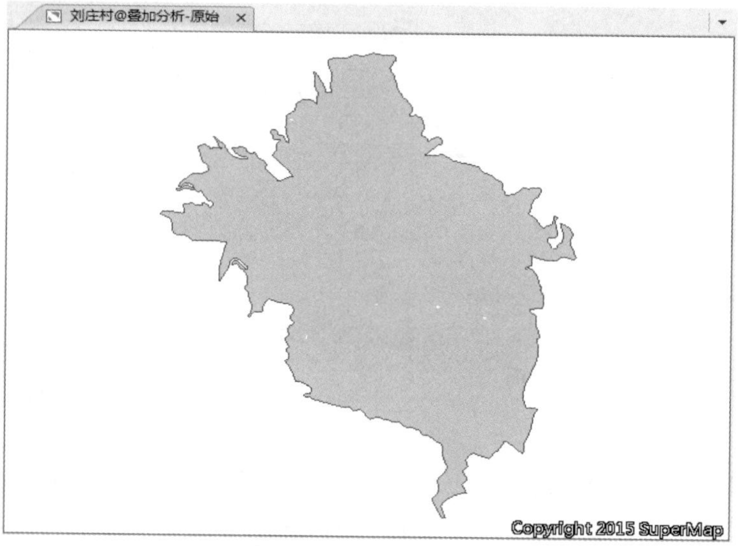

图 5.26　刘庄村行政区划面

（1）打开“叠加分析”工作空间。

（2）新建数据源“叠加分析_结果”来保存叠加分析的结果。

（3）在【分析】选项卡的【矢量分析】组中，单击【叠加分析】按钮，弹出“叠加分析”对话框，选择【裁剪】项。

（4）设置源数据。选择被裁剪数据集所在的数据源“叠加分析-原始”及被裁剪的数据集“地类图斑”。

（5）设置叠加数据。选择裁剪数据集所在的数据源“叠加分析-原始”及裁剪数据集“刘庄村”。

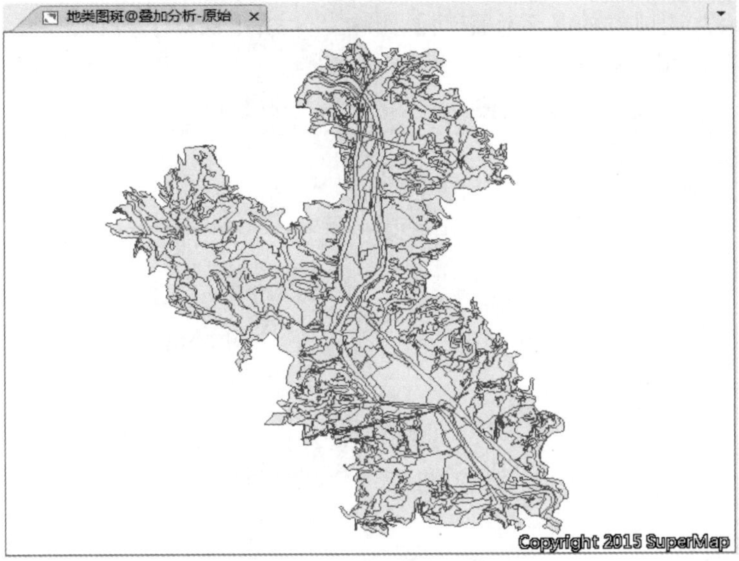

图 5.27　乡镇土地利用面

（6）设置结果。选择存储结果数据集的数据源“叠加分析_结果”，指定结果数据集的名称“裁剪结果”，如图 5.28 所示。

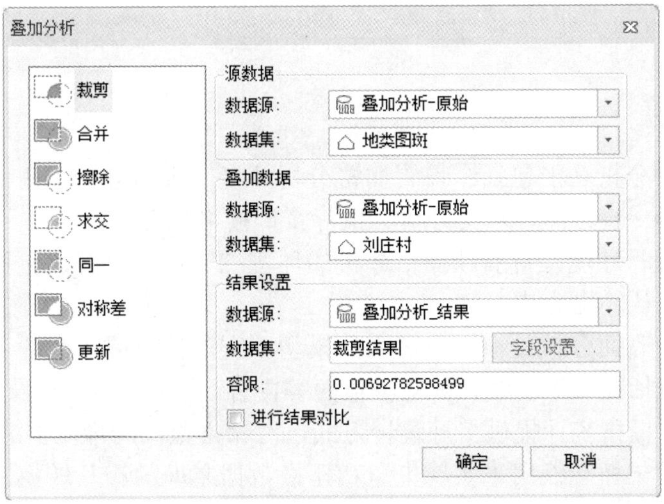

图 5.28　叠加分析

（7）单击【确定】按钮，弹出如图 5.29 所示的“叠加分析”数据处理对话框。

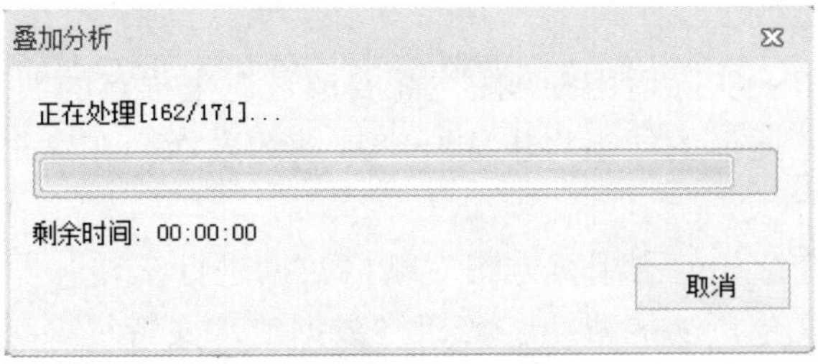

图 5.29　“叠加分析”数据处理对话框

（8）在【开始】选项卡的【工作空间】组中，单击【保存】按钮，将“裁剪结果”保存为地图。裁剪后效果如图 5.30 所示。

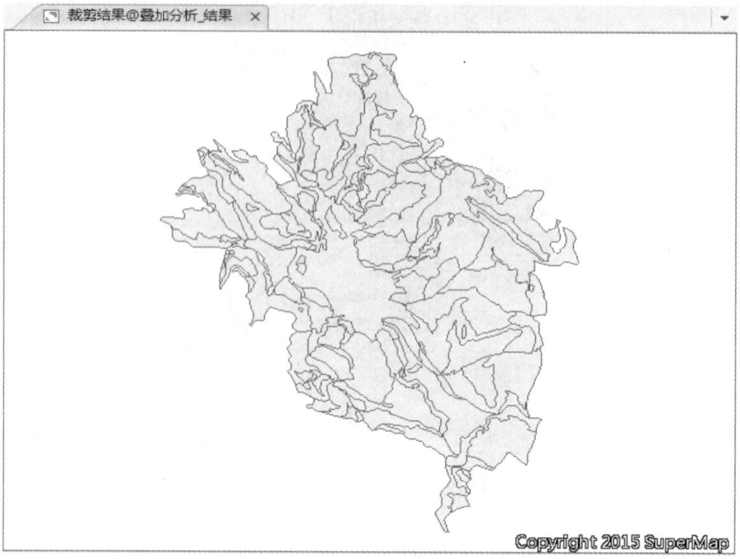

图 5.30 裁剪后效果

5.2.4 栅格分析

1. 栅格分析方法

应用程序的栅格分析功能包括：设置栅格分析环境、表面分析、栅格统计、矢栅转换、距离栅格、插值分析、直方图、水文分析、鼠标查询栅格值等。

（1）设置栅格分析环境。对后续栅格分析的环境统一进行设置，包括结果数据集的地理范围、裁剪范围、默认输出分辨率等。

（2）表面分析。表面分析是根据栅格表面模型获得的信息或生成的表面的分析方法。栅格数据的表面分析包括提取等值线、提取等值面等内容。

（3）栅格统计。栅格统计提供多种统计方式，对栅格数据的像元值进行统计。

（4）矢栅转换。矢栅转换用来实现矢量和栅格数据之间的相互转换，以及对栅格进行细化处理。

（5）距离栅格。距离栅格功能用来计算每个像元到邻近像元的（源）的距离，包括空间距离和耗费距离。应用程序提供的距离栅格，可以计算距离、最短路径以及耗费距离多种距离。

（6）插值分析。在 GIS 实际运用中，往往需要通过已采样点的数值来推算未采样的点值，这就是栅格插值的过程。插值的结果将生成一个连续的表面，在这个连续表面上可以得到每一个点的值。

（7）栅格直方图。介绍如何利用直方图对栅格数据进行统计。

（8）水文分析。水文分析功能帮助了解栅格数据的水文特征，可以进行填充伪洼地、计算流向、计算流长、计算累积汇水量、提取河网等，帮助了解栅格表面的水文情况。

（9）查询栅格值。查询光标所在位置的栅格值，查询信息包括栅格单元所在的数据源、数据集、坐标值、行列号和栅格值。

2. 栅格分析实例

（1）设置分析环境。在进行栅格分析之前，需要明确栅格分析的环境设置情况。分析环境包括结果数据集的地理范围、裁剪范围、默认输出分辨率等。

① 单击【分析】选项，弹出【栅格分析】组对话框，如图 5.31 所示。

图 5.31 【栅格分析】组对话框

② 在组中单击右下角按钮，可以弹出【栅格分析环境设置】对话框，如图 5.32 所示，对栅格分析相关的参数进行设置。

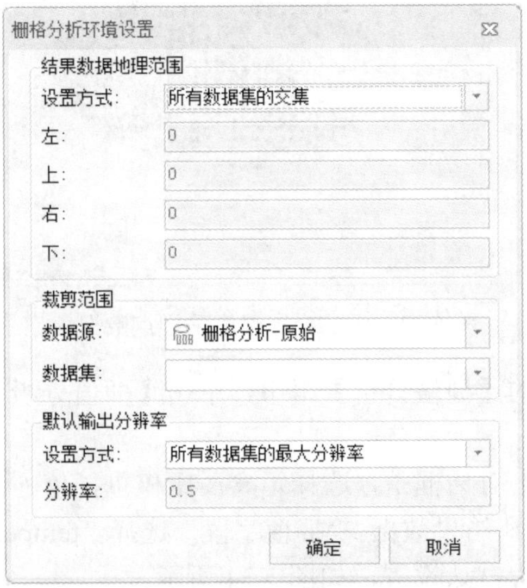

图 5.32 【栅格分析环境设置】对话框

③ 在“结果数据地理范围”栏中，选择一种设置方式，设置结果数据的地理范围。

④ 在“裁剪范围”选项中，选择裁剪数据所在的数据源以及数据集。

⑤ 在“默认输出分辨率”栏中，选择一种设置方式，设置默认的结果数据集的分辨率大小。

⑥ 单击【确定】按钮，完成结果数据集分辨率的设置。

（2）插值分析——距离反比权重插值。距离反比权重插值基于插值区域内部样本点的相似性，计算与到邻近区域样点的加权平均值来估算出单元格的值，进而插值得到一个表面。

用于插值的源数据集中必须有一个数值型字段，作为插值字段。

距离反比权重插值法是一种比较精确的插值方法，适用于呈均匀分布且密集程度能够反映局部差异的样点数据集。

距离反比权重插值使用样点间的加权平均距离，平均值不可能大于输入的最大值或小于输入最小值，因此生成的结果数据中，每一栅格值均处于采样数据的最大值与最小值范围之内。

如果已知的观测点数据中不包含有某个局部地区的最大值（如某一山峰的峰值），则在出现最大值的地方，获得的插值低于附近周围其他点的值，这可能与实际情况不符。因此要求样点数据集中最好包含插值区域的最大值和最小值采样点[10][12]。

① 打开“栅格分析”工作空间。

② 新建数据源“栅格分析_结果”，用来存储分析结果。

③ 双击打开数据集“AWS”，添加到当前图层，浏览全国温度采样点数据集，如图 5.33 所示。

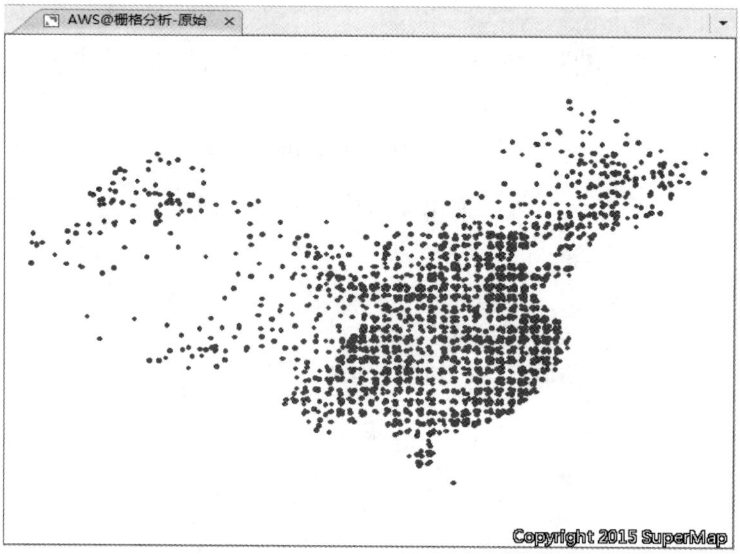

图 5.33　添加全国温度采样点数据集

④ 在【分析】选项卡的【栅格分析】组中，单击【插值分析】按钮，进入栅格插值分析向导。

⑤ 在【栅格插值分析】对话框中，选择距离反比权重插值方法，设置插值分析的公共参数，包括源数据、插值范围和结果数据。“插值字段”选择“temperature”，结果数据集重命名为“插值结果”，其余参数为默认设置，如图 5.34 所示。

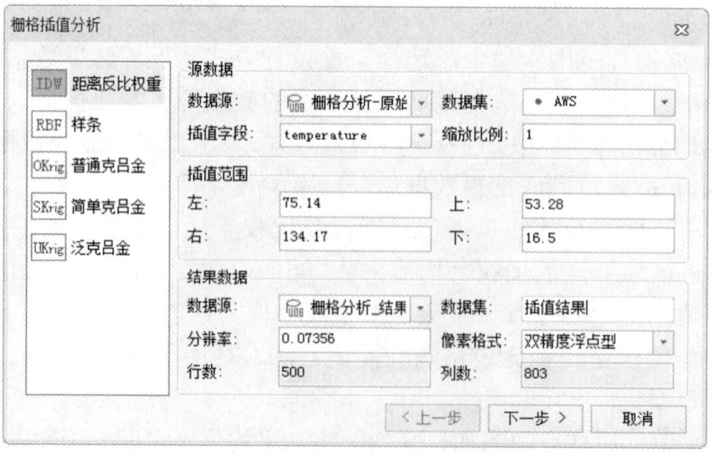

图 5.34　【栅格插值分析】对话框

⑥ 单击【下一步】，进入插值分析的第二步，“查找方式”栏选择“变长查找”，“最大半径”设置为“4”，“查找点数”设置为“5”，“幂次”保留默认设置，如图 5.35 所示。

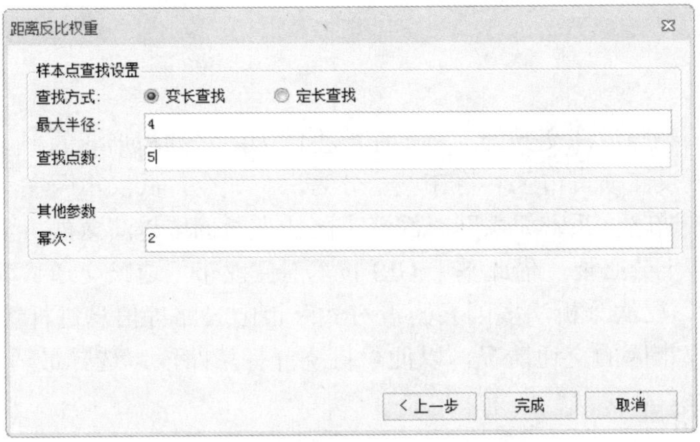

图 5.35　距离反比权重

⑦ 单击【完成】按钮，执行距离反比权重插值功能，如图 5.36 所示。

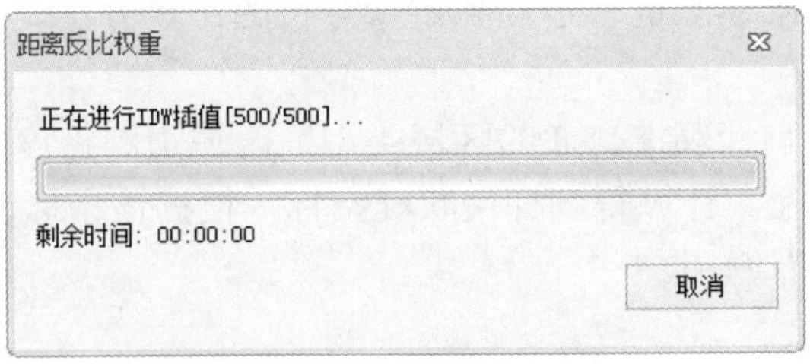

图 5.36　距离反比权重进程

⑧ 双击打开“插值结果”栅格数据集查看结果，如图 5.37 所示。

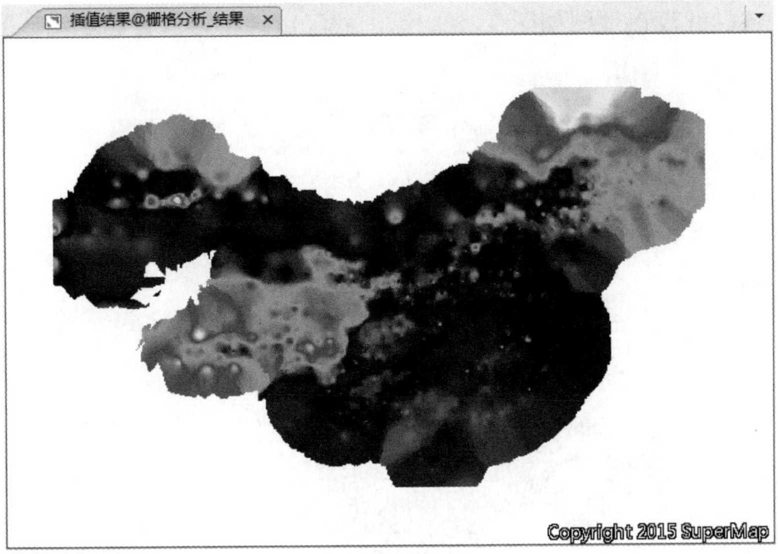

图 5.37　栅格数据插值结果

5.3 SuperMap 地理设计案例

5.3.1 案例背景

武汉市，位于长江与汉江交界处，是一座典型的因流水冲积形成的平原城市。世界第三大河长江及其最长支流汉江横贯市区，将江城一分为三。如今，武汉市区在不断发展扩大，道路也在不断改造扩建，道路体系密如蛛网。武汉市区的交通拥堵越演愈烈。全面科学地了解武汉市道路交通状况显得十分必要，借此基于 GIS 技术对武汉市区道路交通状况进行全面分析。

基于 GIS 技术、层次分析法多因素衡量对武汉市区公路等信息进行综合分析，制作专题地图，充分展示武汉市区的交通情况，以便司机绕开拥堵路段，选择最适宜的路线。

5.3.2 设计与分析

（1）设计依据。空间分析方法，通过对样本点交通状况进行分析，得到区域的交通状况。层次分析法（Analytic Hierarchy Process，AHP）是将与决策总是有关的元素分解成目标、准则、方案等层次，在此基础之上进行定性和定量分析的决策方法。应用该方法，科学地对交通影响因素进行权重分配。

（2）思路分析。对影响武汉市交通的区域类型、区域道路密度、特殊位置三大因素，根据层次分析法进行权重分配。计算得到拥堵状况指标，根据该指标在 GIS 软件中进行分析，最终得到武汉市交通状况专题图。

5.3.3 前期准备

（1）软件准备。安装 SuperMap，熟悉 SuperMap 中关于配准、矢量化、赋坐标、制作专题图、栅格与矢量分析的基本操作。

（2）数据准备。武汉市地图如图 5.38 所示，武汉市区土地规划图如图 5.39 所示。

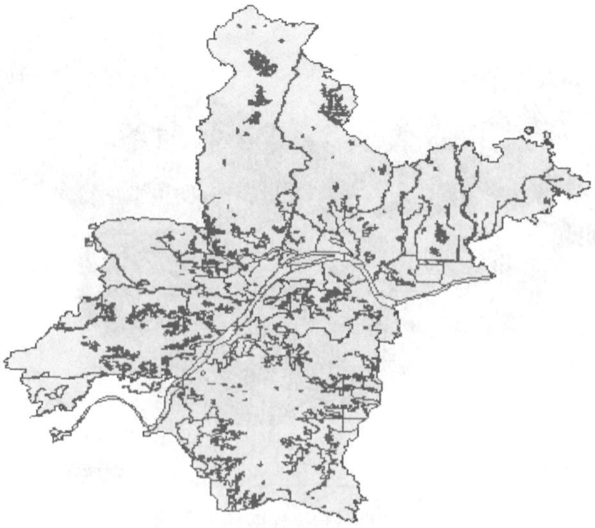

图 5.38 武汉市地图

图 5.39　武汉市区土地规划图

5.3.4　实施过程

1. 数据处理

（1）对已有的武汉市地图、武汉市区土地规划图进行配准校正。

（2）根据武汉市区土地规划图对主要道路进行矢量化，矢量化后的结果如图 5.40 所示。

图 5.40　矢量化后的道路图

（3）对武汉市地图（见图 5.41）进行地图剪裁，得到武汉市市区图如图 5.42 所示。

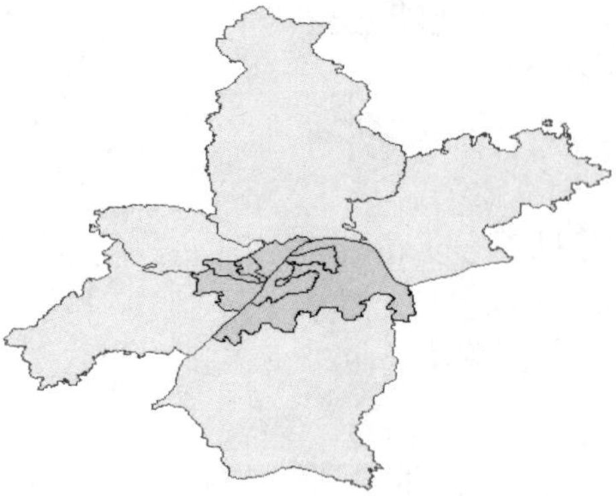

图 5.41 裁剪原图

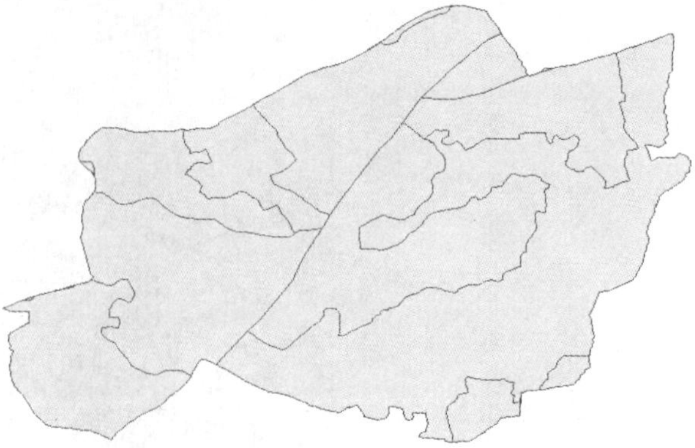

图 5.42 裁剪后成果图

2. 模型建立

（1）影响因素权重划分。对于交通的影响因素总共分为三类：区域类型、道路密集程度、是否临近特殊点。根据层次分析模型对这三大因素进行分析。影响路况的因素及其权重如表 5.4 所示。

表 5.4 影响路况因素及其权重

影响因素	区域类型	道路密集程度	是否临近特殊点	权重
区域类型	1	2	4	0.57
道路密集程度	1/2	1	2	0.29
是否临近特殊点	1/4	1/2	1	0.14

① 将区域类型分为十类，其权重如表 5.5 所示。

表 5.5 区域分类及其权重

名称	等级	权重
商业金融用地	1	0.2
文化娱乐用地	2	0.17
行政办公用地	3	0.15
医疗卫生用地	4	0.14
广场体育用地	5	0.12
教育科研用地	6	0.1
居住用地	7	0.09
工业用地	8	0.02
仓储用地	9	0.01
其他用地	10	0

② 道路密集程度及其权重如表 5.6 所示。

③ 是否临近特殊点的权重如表 5.7 所示。

表 5.6 道路密集程度及其权重

道路密集程度	权重
重度密集	0.6
中度密集	0.3
轻度密集	0.3

表 5.7 是否临近特殊点的权重

是否临近特殊点	权重
临近	0.7
不临近	0.3

3. 空间分析

（1）布点分析。在武汉市区地图上选取 60 个点，如图 5.43 所示。将 60 个点的编号属性显示出来，分别对其进行缓冲分析，将缓冲半径设为“100m”，并且在缓冲区内分析，首先观察缓冲区内包括哪些土地利用类型，标注其权重最大的利用类型。

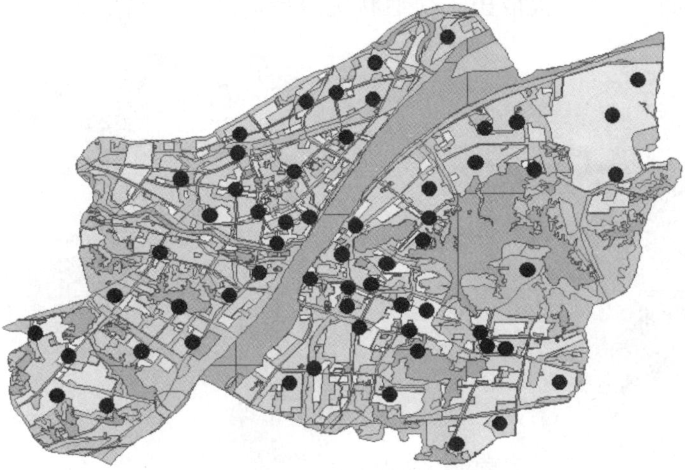

图 5.43　选取点的缓冲区

然后观察缓冲区内是否临近特殊点并对道路密集程度进行汇总计算，如表 5.8 所示。

表 5.8　道路密集程度汇总

类型	是否临近特殊点	道路密集程度	道路拥挤度
金融商业用地	不临近特殊点	中度密集	N=0.114+0.087+0.042=0.243
0.57*0.2=0.114	0.29*0.3=0.087	0.14*0.3=0.042	

（2）插值分析。将道路拥挤度作为一个属性值加入到地图的点中。将上一步取得的道路拥挤度数据录入到随机点的属性表中，如图 5.44 所示。在插值分析中选择反距离加权插值方法，将半径设置为“5”，插值点数为“60”，进行插值分析，结果如图 5.45 所示。

编号	SMID	SMX	SMY	SMLIBTILEID	SMUSERID	SMGEOMETRYSIZE	quanzhong_1
1	1	114.3704	30.6786	1	0	16	0.13
2	2	114.3105	30.6477	1	0	16	0.202
3	3	114.33	30.6443	1	0	16	0.18
4	4	114.3315	30.6643	1	0	16	0.13
5	5	114.2941	30.6431	1	0	16	0.15
6	6	114.3157	30.6236	1	0	16	0.13
7	7	114.2879	30.6044	1	0	16	0.372
8	8	114.256	30.5948	1	0	16	0.252
9	9	114.2583	30.6254	1	0	16	0.13
10	10	114.278	30.5647	1	0	16	0.372
11	11	114.2958	30.5793	1	0	16	0.372
12	12	114.2681	30.5821	1	0	16	0.372
13	14	114.2263	30.6004	1	0	16	0.13
14	15	114.2418	30.5803	1	0	16	0.136
15	16	114.2683	30.5487	1	0	16	0.327
16	17	114.2523	30.536	1	0	16	0.18
17	18	114.2252	30.5296	1	0	16	0.13
18	19	114.2324	30.5104	1	0	16	0.252

图 5.44　随机点属性表

（3）等值面分析。对得到的结果图进行等值面分析，提取不同颜色的等值面。设置等值面的起始值为“0”，终止值为“0.2029”，提取交通状况最为顺畅的区域矢量化面；用同样的分析方法，设置起始值为“0.2029”，终止值为“0.3052”，提取交通状况较为顺畅的路段；设置起始值为“0.3052”，终止值为“0.3461”，提取交通状况较堵的区域；最后输入起始值为“0.3461”，终止值为默认值，提取出了交通状况最堵的区域，结果如图 5.46 所示。

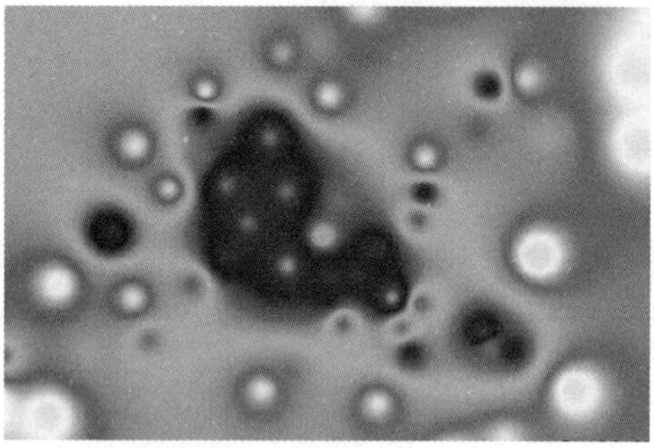

图 5.45 插值分析结果

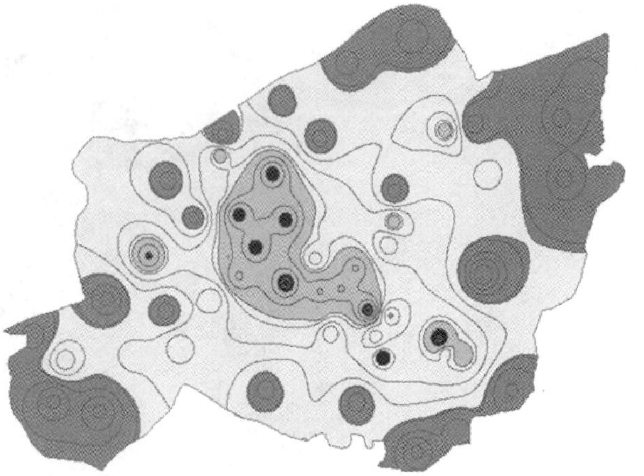

图 5.46 等值面分析

（4）缓冲区、叠加分析。对道路进行缓冲区分析，缓冲半径设置为“5”，得到缓冲区图层。将得到的图层与上一步等值面分析得到的面图层分别进行求交叠加分析，分别将每一条主干道分为顺畅路段、较顺畅路段、较拥堵路段和拥堵路段，如图 5.47 所示。

图 5.47 道路缓冲区图

5.3.5 案例结果分析

本案例的主要内容是以武汉市最新的道路交通图及土地规划图为主要依据，基于 GIS 对其进行综合分析，判断出武汉市区的交通拥堵情况。得到武汉市区道路交通图（见图 5.48），武汉市区交通拥堵状况分布图（见图 5.49），武汉市区相对拥堵情况分布图（见图 5.50）。通过这三幅图发现，汉口火车站、光谷、街道口、司门口等区域呈红色，为拥堵道路，这与武汉的实际情况相符，因此本分析具有一定的参考价值。

图 5.48　武汉市区道路交通图

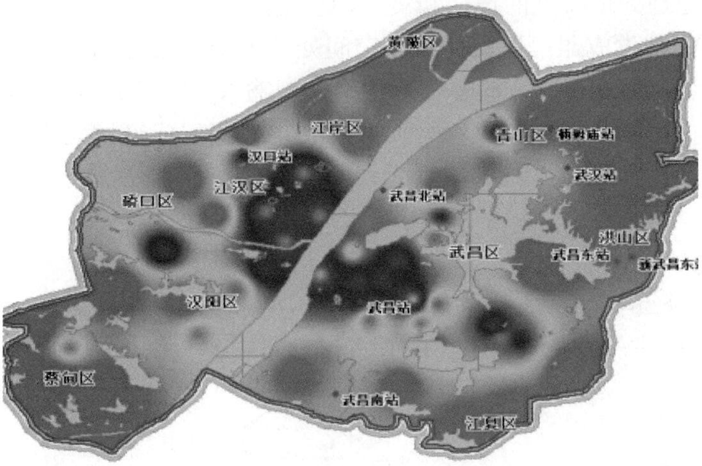

图 5.49　武汉市区交通拥堵状况分布图

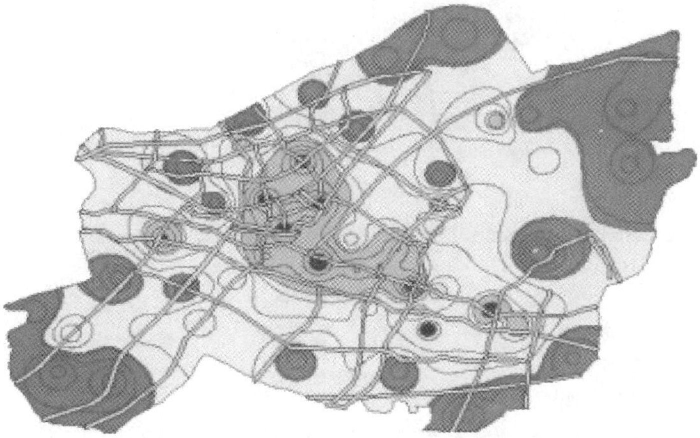

图 5.50　武汉市区相对拥堵情况分布图

通过上述三幅专题地图可以发现，越靠近武汉市区中心，交通状况越拥堵；此外，较发达地区交通状况也较拥堵。司机在接近市区一环附近时无法避免交通拥堵，但是司机在市区外围开车时可以选择远离较发达的商圈来避开拥堵路段。

第 6 章　ArcGIS 地理设计

6.1　Model Builder 概述

6.1.1　模型生成器

Model Builder（模型生成器）是 ArcGIS 提供的构造地理处理工作流和脚本的图形化建模工具，它加速复杂地理处理模型的设计和实施，也集成了 3D、空间分析、地理统计等多种空间处理工具。使用模型生成器可以简化复杂空间处理模型的设计和实施，可以运用直观的图形语言将具体建模过程表达出来。简单模型包括模型输入、输出分析和处理工具三方面内容，复杂分析过程可以由一系列简单模型组合而成。使用模型生成器构建的模型可以自动执行所定义的操作功能。当模型经过检验和执行无误后即可被保存以便在需要时使用。模型建立和应用有很大灵活性，而且能够实现多用户共享。如图 6.1 所示。

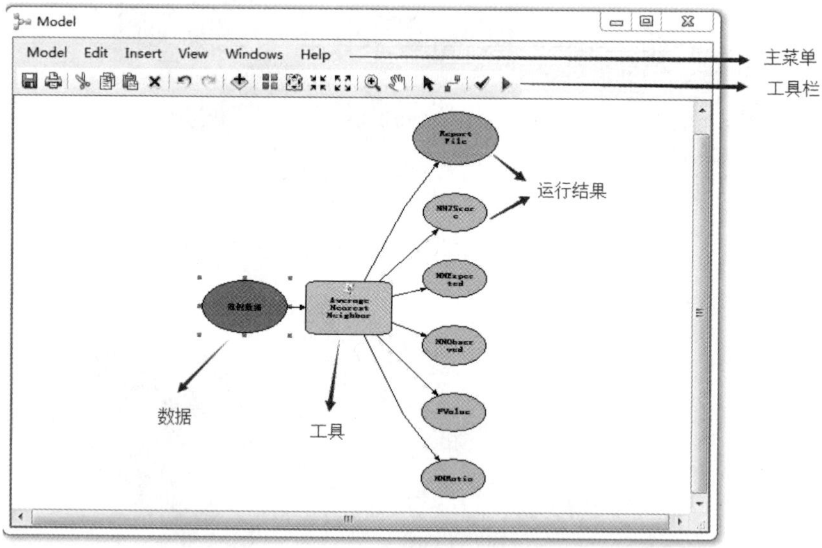

图 6.1　模型生成器界面

6.1.2　模型的基本组成

模型的基本组成包括三部分：输入数据、输出数据和空间处理工具。Model Builder 空间处理工具包括 ArcToolBox 中所有的工具集，也可以是模型、脚本定制工具或者其他系统工具。输入数据和输出数据类型多种多样，可以是栅格数据集或者矢量数据集（shape 和 coverage）等。不同的空间处理工具要求输入数据不同，产生的输出数据也不同。建模由脚本编写和连接，连接是模型中一个不可或缺的要素，连接指定了数据与操作之间的关系，因此符合条件的要素才能被连接，如果连接了不适合的要素，模型会提示出错信息。只有将各种要素有机地连接起来，才能组成一个完整的图形模型。

6.1.3　模型生成器元素

（1）与 ArcToolBox 一样，Tools 可以直接拖拽到 Model 中来使用，在 Model 中默认用金黄色方框来表现。

（2）Project Data 是在工具执行之前存在的任何数据。Project Data 作为工具的输入数据，用蓝色椭圆来表现。

（3）Derived Data 是衍生数据，是根据项目数据与工具分析之后生成的新数据。衍生数据可以作为项目数据进行其他处理。衍生数据用绿色椭圆来表现。

（4）Values 是参考工具参数而不是数据集，例如缓冲工具的缓冲距离，用浅蓝色椭圆表现。

（5）Derived Values 是运行工具以后创建的参考值，例如计算默认簇容限工具的输出值，用浅绿色椭圆表现。

6.1.4　图形模型的类型

一个模型由一个或多个过程组成，每个过程都有一个共同基本结构——输入→函数→输出，不同模型所包含的输入、函数、输出的数量可以发生变化，但是整体的结构保持不变。

图形模型包括两类，分别是简单处理过程模型（见图 6.2）和复杂处理过程模型（见图 6.3）。

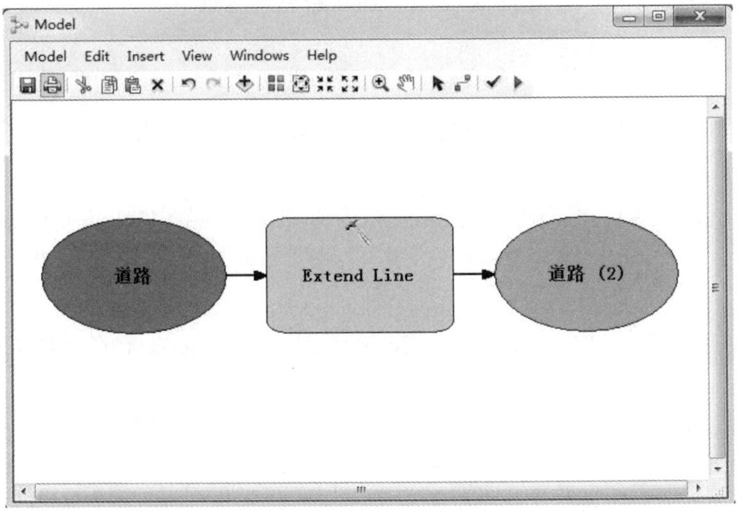

图 6.2　简单处理过程模型

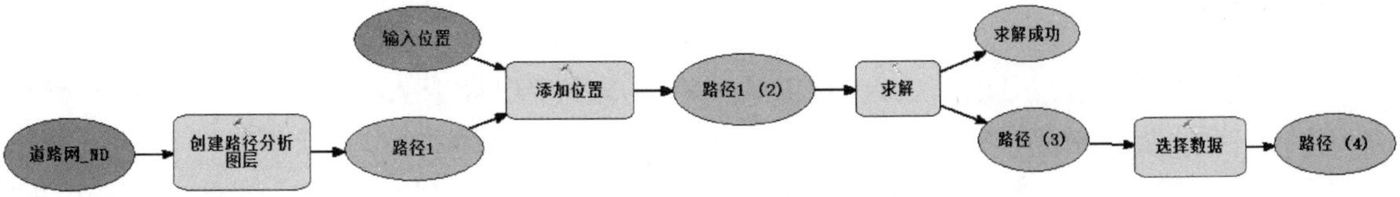

图 6.3　复杂处理过程模型

6.2 Model Builder 使用指南

6.2.1 Model Builder 页面介绍

打开 Model Builder，在 ArcMap 主界面菜单栏上单击【Geoprocessing】选项，在展开的下拉列表中选择【Model Builder】或者直接在“Standard”工具栏中选择按钮，如图 6.4 所示。

图 6.4 打开 Model Builder

通过上一步操作，系统自动弹出 Model Builder 基本界面，如图 6.5 所示。

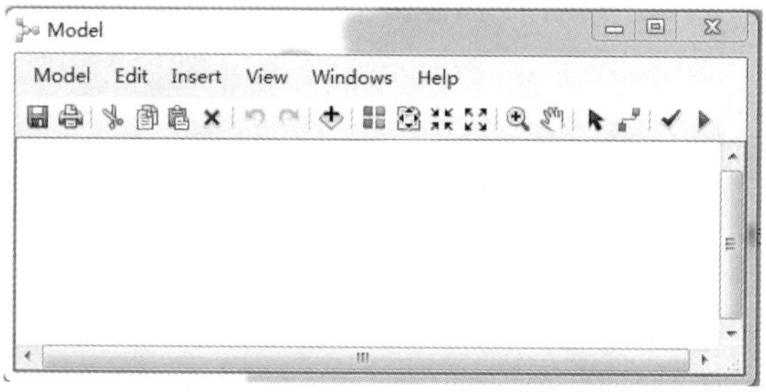

图 6.5 Model Builder 基本界面

1. 菜单项

菜单从左到右依次是模型（Model）、编辑（Edit）、插入（Insert）、视图（View）、窗口（Windows）、帮助（Help）。

模型菜单中主要有运行模式（Run）、删除内部临时数据（Delete Intermediate Data）、打印（Printf）、输出（Export）等操作命令。其中利用“输出”选项可以选择输出为图片或脚本语言。

编辑菜单中主要有剪切（Cut）、复制（Copy）、粘贴（Paste）、删除（Delete）、全选（Select All）等操作命令。

插入菜单中主要有插入数据或工具（Insert Data Or Tools）、创建标签（Create Label）等操作命令。

视图菜单中主要有自动布局（Auto Layout）、缩小（Fixed Zoom In）、放大（Fixed Zoom Out）等操作命令。

2. 工具栏

（1）图标“ ”表示保存（save）工具。将生成模型保存于 ArcToolBox。

（2）图标“ ”表示打印工具。

（3）图标“ ”、“ ”、“ ”、“ ”分别表示剪切、复制、粘贴、删除工具。可以对模型生成器中加入的工具或数据进行相应操作。

（4）图标“ ”“ ”分别表示撤销和取消撤销工具。可以撤销或还原上一步操作。

（5）图标“ ”表示添加工具或数据工具。

（6）图标“ ”表示自动布局工具。可将杂乱无章的模型瞬间变得整齐规律。

（7）图标“ ”表示全图显示工具。可自动调整显示比例以直接将模型显示出来并充满整个窗口。

（8）图标“ ”、“ ”分别表示缩小和放大工具。

（9）图标“ ”、“ ”分别表示拖动和选择工具。其中选择工具既可以单击选择也可以框选。

（10）图标“ ”表示连接工具。可将工具与数据产生关联。

（11）图标“ ”、“ ”分别表示检验和运行选中的处理过程或整个模型。通常都要先检验模型是否有误，而后再运行。

6.2.2　使用 Model Builder 建模

1. 添加工具

打开模型生成器，在快捷工具栏中选择“ ”，在弹出的界面中选择相应工具箱。其中，工具箱既可以是 ArcToolBox，也可以是自定义的工具箱，如图 6.6 所示。也可以直接从 ArcToolBox 中将所需工具直接拖入模型生成器中。

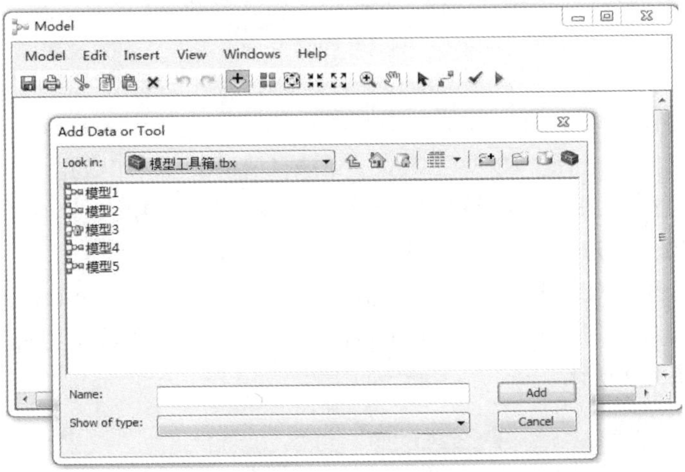

图 6.6　工具箱界面

由于 ArcToolBox 中所包含的工具数量众多，涉及的领域很广，所能实现的功能也十分强大，因此寻找工具的过程可能会很烦琐。这里介绍两种科学、快捷的查找工具方法以供参考。

（1）在 ArcMap 主菜单中选择【Geoprocessing】菜单，在其下拉列表中单击【Search For Tools】，弹出【Search】对话框，选择【Tools】并在搜索栏中输入要查询的工具信息或关键字，如图 6.7 所示。

（2）ArcToolBox 工具均根据功能分门别类并按照字母顺序排列，因此当不方便搜索时可根据工具功能选择适当类组并按字母顺序索引。

这里，向模型生成器中添加“缓冲区（Buffer）”和“擦除（Clip）”两个工具，并用自动布局和全图显示功能合理排版，如图 6.8 所示。

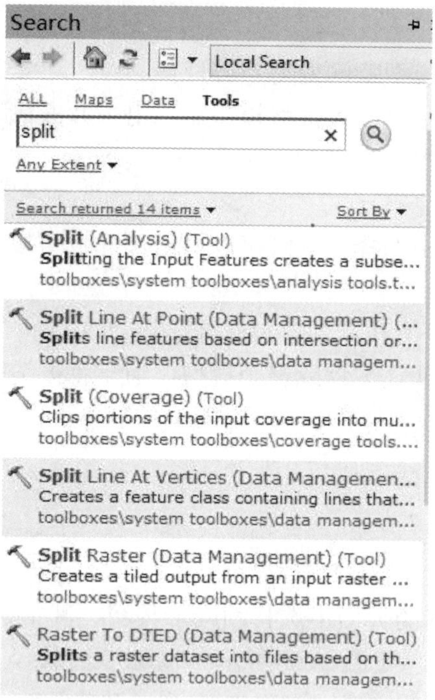

图 6.7　工具查询

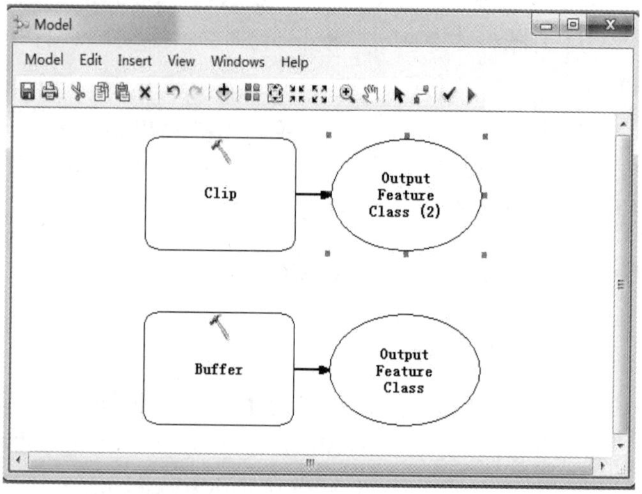

图 6.8　向模型生成器中添加“缓冲区”和“擦除”工具

2．添加数据

添加数据通常可使用以下两种方法。

（1）在模型生成器中选择“✚”工具，并根据目标路径添加数据。或者直接从图层列表中将所需数据拖入模型生成器中。然后单击【连接线工具】，并分别单击【工具】和【目标数据】，将所添加数据与对应工具建立关联。

（2）在模型生成器中双击【目标工具】，并在弹出的对话框的 Input Features 栏中浏览并选择该工具所需处理的数据，Output Feature Class 栏中会自动生成数据路径，单击【OK】完成数据添加操作，如图 6.9 所示。

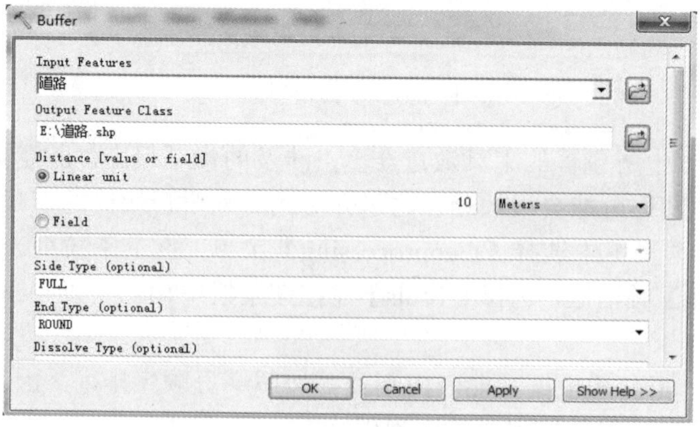

图 6.9　添加数据

特别地，一个工具处理后得到的数据往往可被另一个工具所利用，本例中经“Buffer”工具处理所生成的数据“道路_Buffer”便被选择充当“Clip”工具的擦除数据并直接用于操作，如图 6.10 所示。

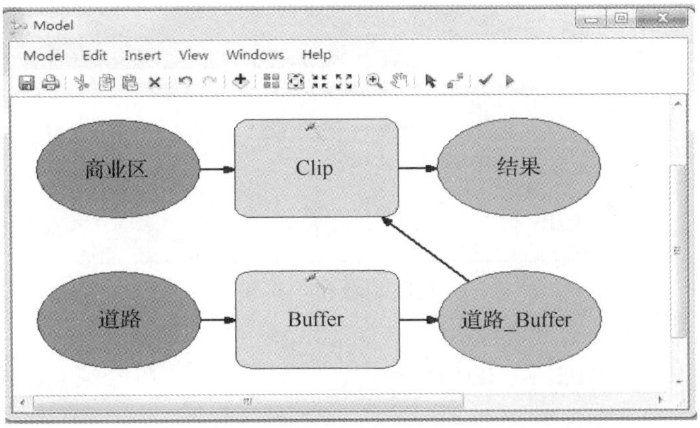

图 6.10 “Buffer”工具处理操作

3．设置参数

当定义模型时，可能需要设置一些变量作为模型的参数（model parameters）。首先，可以在对话框中运行模型；其次，可以与子模型结合。值得注意的是，当需要把模型通过 ArcGIS Server 作为地理处理服务发布出去时，就必须设置这样的参数。

在模型生成器中，右键单击作为参数的数据，先选择【delete intermediate data】选项删除内部临时数据，再选择【Model Parameter】选项，出现一个“P”时表明它变成了一个模型参数。

4．检验和运行模型

通常，完成模型基本构建后，首先需要进行模型检验处理，即单击工具栏上的“ ”工具。根据检验情况，模型生成器中的模型有三种状态，如图 6.11、图 6.12、图 6.13 所示。

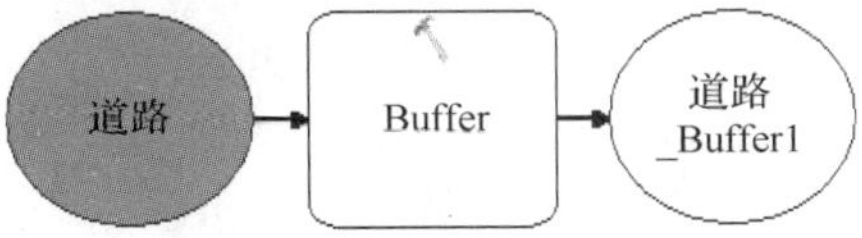

图 6.11　经检验有误

图 6.12　经检验无误

图 6.13　已成功运行（有阴影）

5．保存模型

单击模型生成器工具栏上的保存工具“ ”，在弹出的对话框中选择模型存储位置。需要注意的是模型必须存储在工具箱中，可以是 ArcToolBox，也可以是新建工具箱。单击“ ”按钮，新建工具箱并进行选择路径和命名操作，如图 6.14 所示。

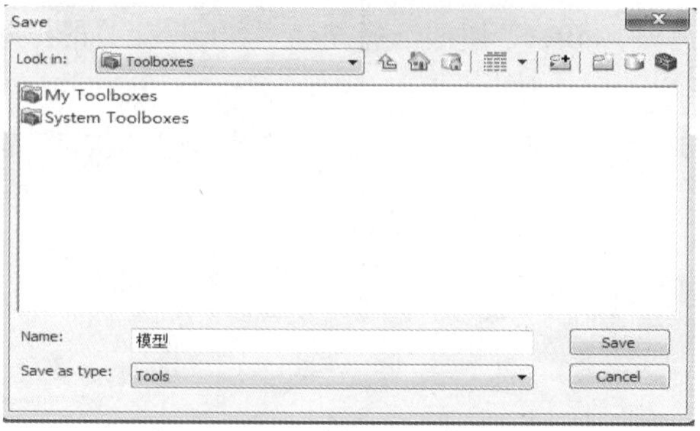

图 6.14 新建工具箱

6.3 空间分析（Spatial Analyst）

现代空间分析概念的提出起源于 20 世纪 60 年代地理学和区域科学的计量革命。最初的计量地理学把统计学方法引入地理学研究领域，通过构造一系列统计量来定量地描述地理要素的分布特征。在今天看来，这些方法是比较浅显易懂的，但它却给长期以来只是被定性地描述的地理学带来了可喜的变化[9]。

随着计算机技术的进步，许多原来靠人工很难或无法解决的问题都得以快速、准确地解决。许多地理学家掌握了多元统计方法，具备了分析复杂地理问题的能力。同时数学方法也更加成熟完善，不但包括概率论与数理统计，还包括运筹学中的规划方法、决策方法、网络分析方法，以及数学物理方法、模糊数学方法、分形几何方法等。

地理信息系统出现后，迅速吸取能利用的空间分析方法和手段，将它们植入 GIS 软件中，并且利用各种计算机新技术，使复杂的传统空间分析任务变得简单易行，并能方便、高效地应用几何、逻辑、代数等运算、数理统计分析和其他数学物理方法，更科学、更高效地分析和解释地理特征间的相互关系及空间模式。于是，GIS 为空间分析提供了良好的支撑平台，空间分析也因为有了 GIS 而真正得以应用，同时，GIS 正是因为有空间分析功能才使之区别于一般的计算机辅助设计系统。

6.3.1 区域分析

“区域分析”工具用于对属于每个输入区域的所有像元进行分析，输出的是进行计算后的结果。虽然区域可以定义为具有特定值的单个区域，但它也可由具有相同值的多个断开元素或区域组成。区域可以定义为栅格或要素数据集。栅格必须为整型，而要素必须拥有整型或字符串类型属性字段。

有些区域分析工具会对输入区域的某些几何或形状属性进行量化，并且不需要其他输入。其他区域分析工具使用区域输入来定义将用于计算其他参数的位置，如统计数据、面积或值频数等。还有一种区域分析工具用于使用沿区域边界找到的最小值填充指定区域。

6.3.2 表面分析

“表面分析”工具可以量化及可视化以数字高程模型表示的地形地貌。可以利用这些工具从输入的栅格高程表面入手，通过生成可识别原始数据集中特定模式的新数据集来获取信息；

可以得到在原始表面中不容易表现的模式，如等值线、坡度角、最陡下坡方向（坡向）、地貌晕渲（山体阴影）和视域。各表面分析工具可提供对于表面的深入分析，而该分析可作为各表面分析工具的结果，也可作为其他分析的输入。

6.3.3　提取分析

“提取分析”工具可用于根据像元的属性或其空间位置从栅格中提取像元的子集，也可以获取特定位置的像元值作为点要素类中的属性或表。

基于像元的属性或空间位置提取像元值到一个新栅格的工具包括以下几种。

（1）按照属性值提取像元（按属性提取）可通过一个 where 子句来完成。例如，在分析中可能需要从高程栅格中提取高程大于 100 米的像元。

（2）按照像元空间位置的几何提取像元，要求像元组必须位于指定几何形状的内部或外部（如用圆形区域提取、用面提取、用矩形提取）。

（3）按照指定位置提取像元，需要根据像元的 X、Y 坐标位置来识别像元的位置（用点提取），或者通过使用掩膜或栅格数据来识别像元的位置（按掩膜提取）。

（4）用于指定将像元值提取到属性表或常规表中的像元位置的工具包括以下各项：

① 通过点要素类识别的像元值可以记录为新输出要素类的属性（值提取至点）。此工具仅可以从一个输入栅格中提取像元值。

② 通过点要素类识别的像元值可以追加到要素类的属性表中（多值提取至点）。此工具也可识别来自多个栅格的像元值。

③ 所识别位置（栅格和要素）的像元值可记录在表中（采样）。

6.3.4　条件分析

“条件分析”工具允许基于在输入值上应用的条件对输出值进行控制。可应用的条件有两种类型，分别是对属性的查询和基于列表中条件语句位置的查询。

属性查询工具将显示识别被评估为 True 的像元。这些像元可以保留原始值、可设置为其他值或设置为 NoData。可将被评估为 False 的像元设置为一组与 True 条件不同的值。例如，如果输入栅格中的值大于 10，则返回 1；否则返回 100。

条件函数和设为空函数工具可使用 where 语句作为逻辑表达式来定义属性查询。

位置条件需要输入参数（栅格或常量）来指定应该用于输出的条件语句的位置（栅格或常量）。例如，如果输入栅格指定像元的值为 1，则返回列表中第一个输入指定的值；如果输入栅格中的像元值为 2，则返回列表中第二个栅格指定的值，依此类推。

选取工具用于为指定输入列表以及基于位置输入的值提供输出值。

6.3.5　密度分析

“密度分析”工具可以将输入点图层的测量值分布到整个地表上，以生成一个连续的表面。这里有一个密度分析应用的示例，考虑在某特定地区拥有多家店面的连锁零售店。对于每家店面，管理部门都保存有与顾客有关的销售数字。管理部门假定顾客根据路程的远近来选择光顾哪家店面。在本示例中，假定任何一个顾客总是会选择最近的那家店面。距离越远的店面越远，顾客到那家店面要走的路也就越远。但是离得比较远的顾客也可能光顾其他店面。

管理部门想研究顾客居住地点的分布状况。根据这些家店面的销售数字和空间分布情况，管理部门需要将顾客巧妙地分散到整个地表上，以此创建显示顾客分布情况的表面。

要完成这项任务，“密度分析”工具将考虑店面之间的相互关系、光顾每家店面的顾客数量以及需要共享测量值（顾客）的某一部分的像元的数量。离测量点（即店面）较近的像元占有测量量的比例要高于那些离测量点较远的像元，如图 6.15 所示。

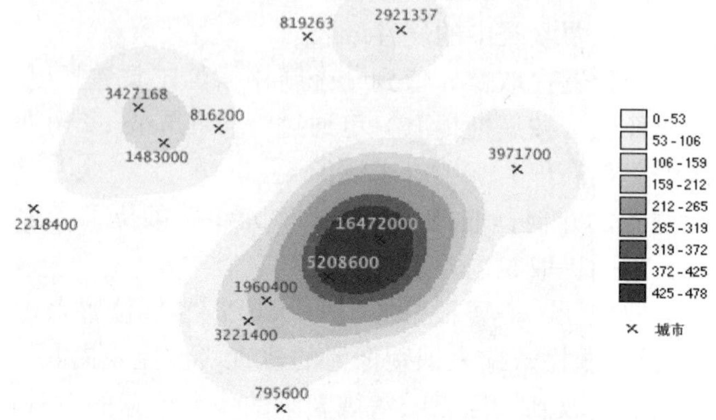

图 6.15　密度分析结果

6.4　网络分析（Network Analyst）

网络分析扩展模块是 ArcGIS Desktop 中重要的扩展模块。基于网络分析扩展模块可以实现如下功能。

（1）针对交通网络（Transportation Network）创建和编辑网络数据集（Network Dataset）。

（2）基于网络数据集进行网络分析。

网络分析主要包括 5 种分析类型：寻找最优路径、寻找服务区域、寻找最邻近设施、创建 OD（Original-Destination）成本矩阵、解决车辆行车路线（路径规划）问题。

利用 ArcGIS Network Analyst 扩展模块，可以回答如下面所示的问题：

（1）从 A 点到 B 点的最快路线是什么？如图 6.16 所示。

图 6.16　A 点到 B 点的最快路线

（2）哪些房屋距离消防站的车程小于五分钟？

（3）业务覆盖哪些市场区域？

如图 6.17 所示，中心点表示位于不同城市的货栈，面要素表示它们各自的市场区域，每个市场区域都被分为三个环状区域。其中，紧靠周围的内层区域表示货车可在 2 小时内到达的区域，中间区域表示货车可在 4 小时内到达的区域，外层区域则表示货车可在 6 小时内到达的区域。

（4）一个人想要光顾一家商店，这个潜在客户应选择哪条路线可最快到达？

（5）哪些救护车或巡逻车能够最快地对一起事故做出响应？

如图 6.18 所示，将指派距离事故现场最近的警察巡逻车。各个地点所需的警察人数取决于事故的严重程度。将生成每辆警车行驶的路线以及预期的响应时间。

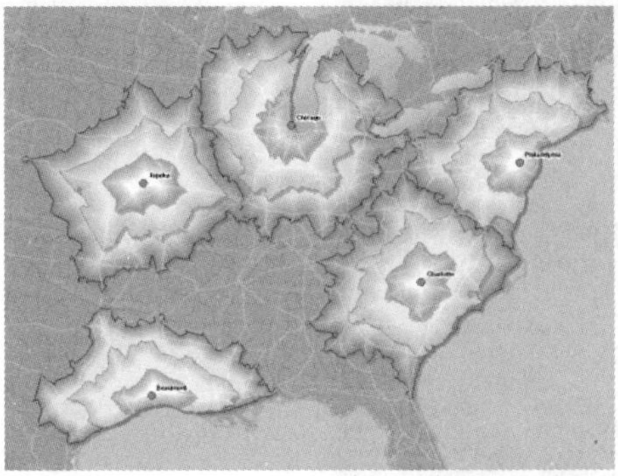

图 6.17　业务覆盖市场区域

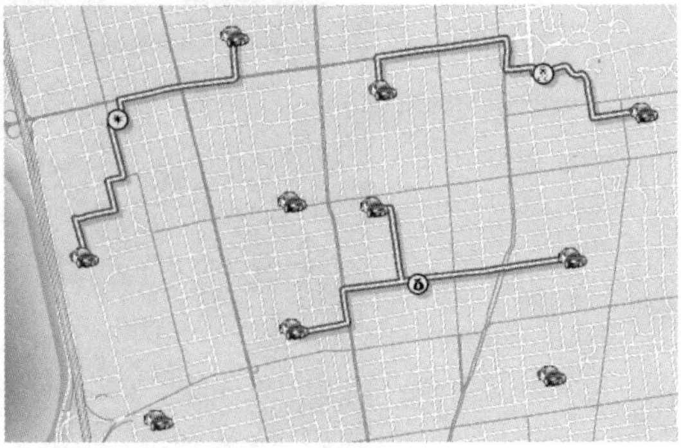

图 6.18　救护车或巡逻车对事故做出响应

（6）配送或服务车队如何在提高客户服务质量的同时降低运输成本？

如图 6.19 所示，将三辆位于配送中心的食品配送货车指派到杂货店，并指定能够使运输成本达到最低的行驶路线。车载容量、午休和最长行驶时间限制都将包括在分析中。

图 6.19　配送或服务车配送路线

（7）在何处经营商店可最大化市场份额？

（8）如果某家公司必须缩减规模，那么它应该关闭哪家商店才能继续满足最为全面的需求？

（9）实时或历史的交通流量状况如何，将如何影响网络分析结果？

如图 6.20 所示，商业、公共服务行业以及其他各类组织都可以从 ArcGIS Network Analyst 扩展模块所提供的功能中获益，因为该扩展模块提供了更有效的执行方案，可以帮助用户做出更理想的战略性决策。各类组织在清楚地了解了哪些人群会购买他们的商品或接受他们的服务后，可更深入地掌握市场的动态变化，这既包括当前的市场也包括潜在的市场。而且，可以通过对停靠点的优化排序并查找停靠点之间的最短路径来减少运输成本，同时还会考虑一些限制性因素，如时间窗、车载容量和最长行驶时间等。此外，也可以通过更快速的响应时间或更便利的设施点位来提高客户的服务质量。ArcGIS Network Analyst 扩展模块为用户理解和解决这类问题提供了极大便利。

图 6.20　交通流量对网络分析的影响

研究和分析人员通常可利用该扩展模块来确定多个起点和目的地之间的最低成本路径。ArcGIS Network Analyst 扩展模块所创建的起始—目的地成本矩阵通常可成为大规模分析的输入。例如，预测行驶行为时经常会将人们到达某些特定地点所需行驶的距离因素纳入考虑范围。通过在数学表达式中引入这些网络距离可帮助规划行程，如图 6.21 所示。

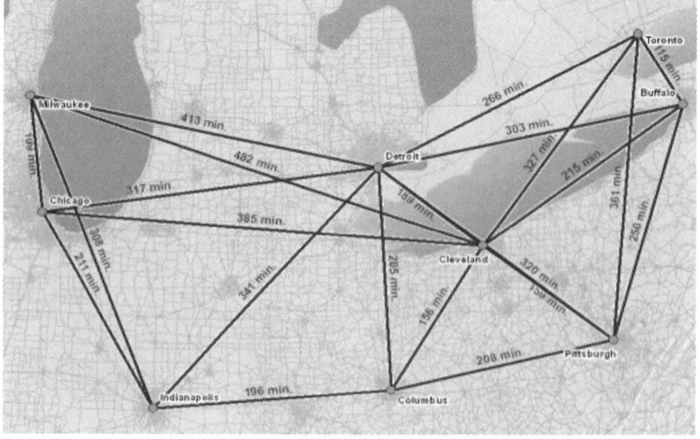

图 6.21　网络模型辅助行程规划

OD 成本矩阵分析用于计算从起点到目的地的最小网络成本路径。它会输出连接起点与目的地的线要素。每个线要素将行程的总网络成本存储为属性表。分析经常会用到属性表，并将其用作线性规划应用程序的输入。

同样，空间统计中的某些分析在用网络距离代替直线距离时，可能会提供更精确的分析结果。例如，一个交通事故的分析示例旨在查找交通事故的聚类，以准确地描述原因并采取措施降低交通事故的发生量。由于汽车在多条道路上行驶，因此在这种情况下，使用网络距离来确定交通事故的聚类比使用直线距离确定更为有效。

6.5　三维分析（3D Analyst）

（1）使用 ArcGlobe 查看 3D Globe 上的 GIS 数据，如图 6.22 所示。

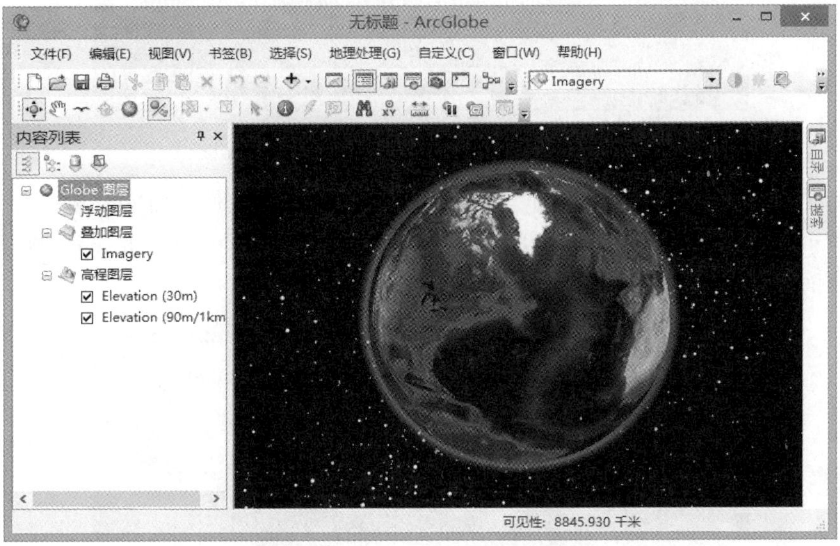

图 6.22　3D Globe 数据查看

（2）使用 ArcScene 查看 3D 平面视图中的 GIS 数据，如图 6.23 所示。

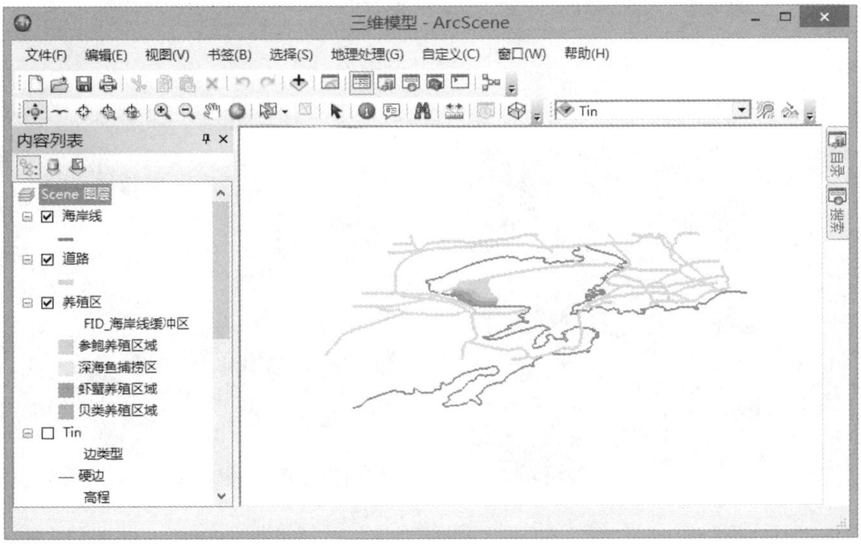

图 6.23　3D 平面视图数据查看

（3）使用 3D 距离查询 GIS 数据，如图 6.24 所示。

图 6.24　3D 距离查询 GIS 数据

（4）咨询 3D 分析问题。例如，拟建一栋建筑物对现有视线有何影响？

如图 6.25 所示，此通视线分析示例可确定从一栋计划新建建筑物的每一层楼眺望一条河流时视线是否被阻挡，若被阻挡，阻挡位置又在何处。

图 6.25　3D 分析

（5）构建和维护功能性表面，例如根据激光雷达构造的 terrain 数据集，如图 6.26 所示。

图 6.26　构建和维护功能性表面

（6）查询和分析表面，例如坡度和坡向，如图 6.27 所示。

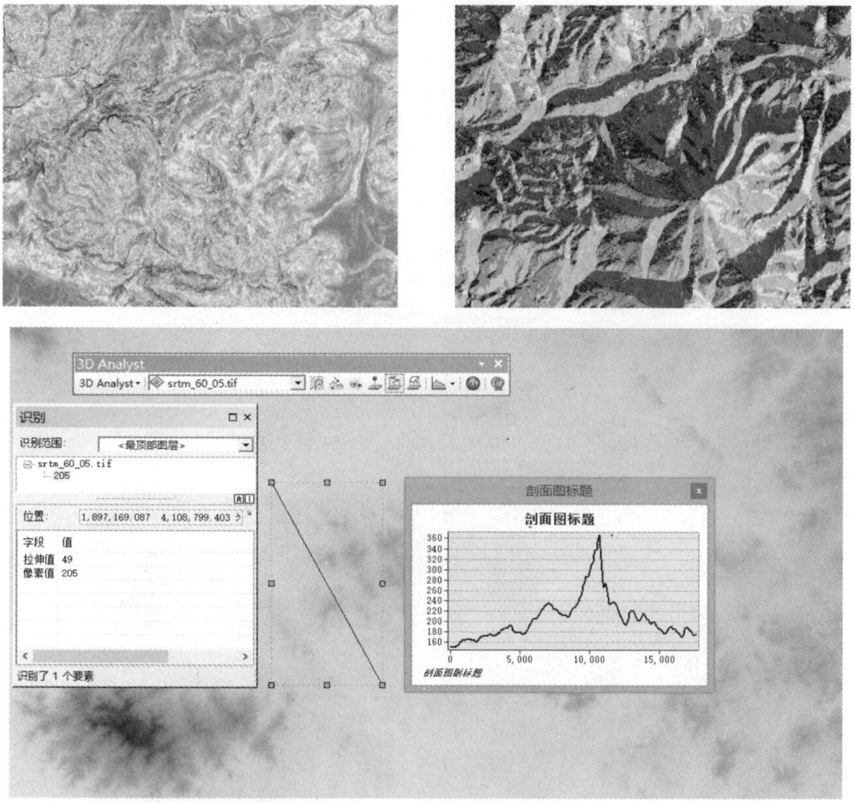

图 6.27　查询和分析表面

（7）从多个数据源导入 3D 数据，例如在 SketchUp 中构造的多面体建筑物，如图 6.28 所示。

图 6.28　多个数据源导入 3D 数据

（8）编辑和维护 3D 矢量数据，例如建筑物内部交通网，如图 6.29 所示。
（9）使用交互式工具进行 3D 查询，例如测量 3D 高度，如图 6.30 所示。
（10）创建 2D 等值线（ArcMap），如图 6.31 所示。

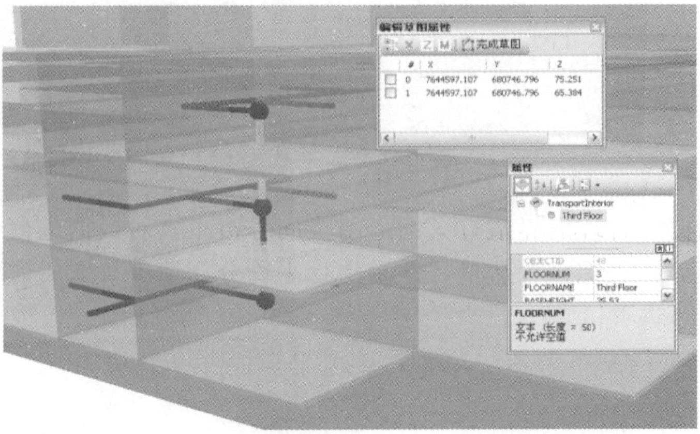

图 6.29　编辑和维护 3D 矢量数据

图 6.30　交互式工具进行 3D 查询

图 6.31　创建 2D 等值线

环境专家、林业部门和土木工程师可使用 ArcGIS 3D Analyst 扩展模块来了解和模拟地形，以便考虑雨水径流和洪水等事件。矿业公司、地理学家及研究人员可使用 3D Analyst 的各项功能深入了解地表以下的地质实体，例如斜井和地下岩层的 3D 交汇。地方政府、城市规划者以及军事组织可利用 3D Analyst 询问有关人工结构的复杂 3D 问题，特别是有关市区当前和规划通视线问题。

6.6　ArcGIS 地理设计实例

本节以《胶州湾数字海洋养殖模型》为实例，详细演示 ArcGIS 地理设计的方法和过程。《胶州湾数字海洋养殖模型》实例根据胶州湾近海海域的自然条件选择进行生态养殖的区域，并结合其生产活动提供合理的养殖方案；运用空间分析工具对数据进行分析提取加工，选出合适的水产养殖区域；并综合含盐量、浮游生物平均分布情况、水质情况、交通道路网、临近水产市场、投入及收入等数据对养殖区进行综合分析。

正式建模前首先根据建模的目的及欲实现的功能对模型进行分块，该实例共分为五个模型。

6.6.1　生态养殖区选址模型

本模块主要的功能是根据胶州湾海域的盐度、浮游植物分布、细菌含量、海水水质，海水平均温度等影响因素，分析出最佳养殖区域，得到适宜建生态养殖区的海域。

模型具体实现步骤如下。

（1）筛选。对 7 种主要海水环境进行筛选，分别为

① 筛选细菌>=4.5*10^9 个/dm^3；

② 筛选浮游生物>=110ind/dm^3；

③ 筛选水质=第一类水质或第二类水质或第三类水质；

④ 筛选硝酸根浓度>=2.5mol/dm^3；

⑤ 筛选磷酸根离子浓度>=1.5mol/dm^3；

⑥ 筛选铵根离子浓度>=20mol/dm^3；

⑦ 筛选海水温度>=18 且<=21 摄氏度。

（2）相交。对筛选出的 7 块海域相交得到公共交集，即为满足所有条件的海域。

（3）融合。聚合相交出的整个面要素，消除线分割，得到完整的理想养殖区域。

生态养殖区选址模型如图 6.32 所示。

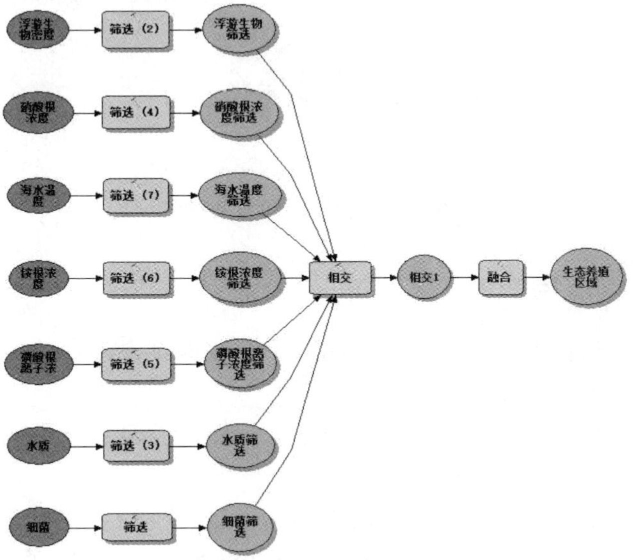

图 6.32　生态养殖区选址模型

6.6.2 养殖区养殖分布模型

本模型主要的功能是通过建立海岸线关于距离的多环缓冲区与从中筛选出的养殖区域进行叠加，得出具体的养殖分布，为生产活动起到指导作用。

（1）多环缓冲区。对海岸线分别以 1 海里、2 海里、3 海里为参数建立多环缓冲区。缓冲距离为可变参数，可根据实际情况进行更改。

（2）标识叠加。将海岸线多环缓冲区与得到的理想养殖区进行叠加，缓冲区将养殖区分为 4 块，用于养殖不同种类海产品。

（3）设置子类型字段。将子类型字段设为 FID_海岸线缓冲区。

（4）添加子类型。子类型编码如表 6.1 所示。

表 6.1 子类型编码表

子类型名称	虾蟹养殖区	贝类养殖区	参鲍养殖区	海鱼捕捞区
子类型编码	1	2	3	-1

（5）因虾蟹与贝类在浅海生存，参鲍、海鱼所需的是深海环境，所以距海岸线由近至远分别建设虾蟹养殖区、贝类养殖区、参鲍养殖区、海鱼捕捞区。

（6）计算面积。计算出海水养殖区的可用海域面积，为海水养殖提供参考。

（7）汇总统计数据。将所得面积数据汇总并以面积表的形式输出。

养殖区养殖分布模型如图 6.33 所示。

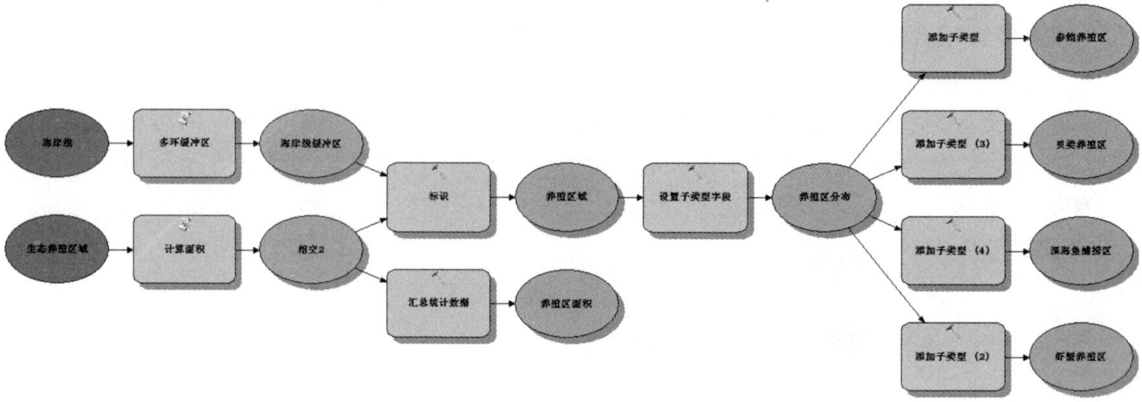

图 6.33 养殖区养殖分布模型

6.6.3 运输最优路径选择模型

本模型的主要功能是基于生态养殖区的区域位置并根据青岛市的主要交通网进行最短路径分析，为海产品的运输提供最优渠道。

（1）创建路径网络分析图层。创建路径网络分析图层并设置分析属性，输入分析网络为道路网_ND。

（2）添加位置。子图层设为停靠点，选择输入位置，设输入位置为模型参数，这样既可以在图层上选取起始点也可以输入固定点要素类作为起始点。

（3）求解。对前两个模型工具所提供的网络路径属性及点位进行求解运算，得到最优路径。

（4）选择数据。将应用图层符号设置得到的路径图层进行选择，得到路径图层，为后续工具进行保存操作。

运输最优路径选择模型如图 6.34 所示。

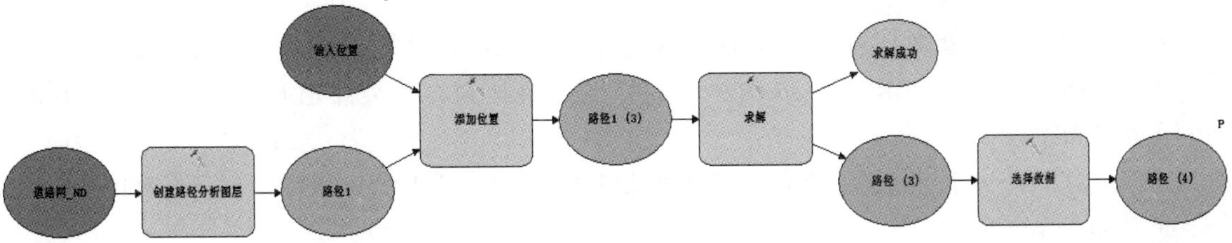

图 6.34　运输最优路径选择模型

6.6.4　养殖区污染预估模型

本模块的主要功能是利用已经确定的养殖分布，通过建立缓冲区进行污染预估，并且通过数据计算出最终污染分布，调整配色方案，得出合理的分布模型。

具体实现步骤如下。

（1）缓冲区。对 4 个养殖区可能污染的距离范围分别建立面缓冲区，得到 4 个污染范围预估区域。

（2）联合。联合 4 块缓冲区。

（3）添加字段。添加污染指数总值字段。

（4）计算字段。表达式为污染指数总值=[虾蟹污染指数] + [参鲍污染指数] + [捕捞区污染指数] + [贝类污染指数]。其中虾蟹污染指数为 8、参鲍污染指数为 5、捕捞区污染指数为 3、贝类污染指数为 6。

（5）擦除。以青岛区划图图层来擦除污染分析图层，得到近岸滩涂及海水污染分析图层，并直观显示出各区域的预估污染指数，以便于处理。

养殖区污染预估模型如图 6.35 所示。

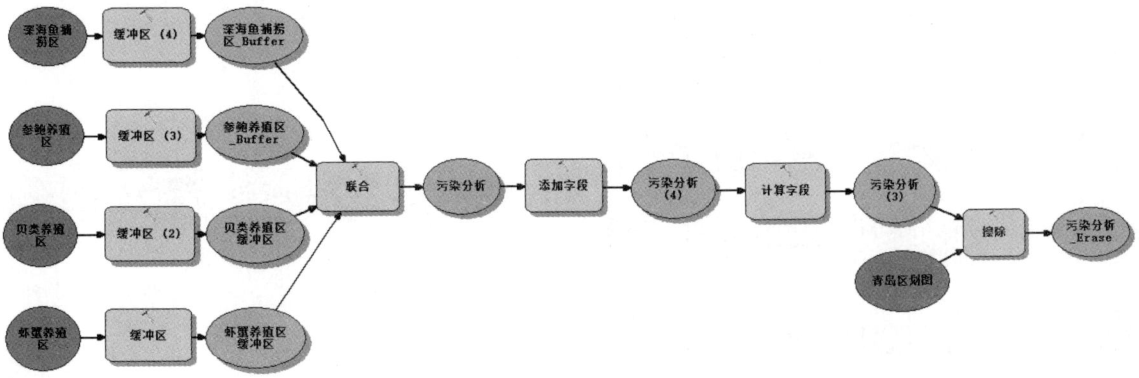

图 6.35　养殖区污染预估模型

6.6.5 养殖区投收分析模型

本模块主要的功能是在对生态环境影响分析的基础上，对养殖区进行投资与效益分析，包括养殖区规划、建设及排污系统建设方面所需费用估算，并根据养殖面积与养殖密度预计养殖产量，结合市场价格得出最终总收益。

模型具体实现步骤如下。

（1）计算面积。分别计算出 4 个养殖区的养殖面积，为计算养殖产量做准备。

（2）添加字段。分别给 4 个养殖区添加虾蟹养殖利润、贝类养殖利润、参鲍养殖利润、海鱼捕捞利润字段。

（3）计算字段。各养殖区利润=[市场价格] * [养殖密度] * [F_AREA] – [养殖成本]。字段计算表如表 6.2 所示。

表 6.2　字段计算表

养殖区	养殖密度	F_AREA	养殖成本	市场价格	养殖利润
虾蟹养殖区	6.1	825.742298	96527.37	56	185546.2
贝类养殖区	8.8	812.637833	53247.7	20	89776.5
参鲍养殖区	5.2	808.841227	243673.5	110	218983.7
海鱼捕捞区	4.3	2066.53670	259874.4	48	166658.8

（4）联合。将 4 个养殖区利润图层联合为总养殖区利润。

（5）添加字段。添加总利润字段。

（6）计算字段。总利润 = [贝类养殖利润] + [虾蟹养殖利润] + [海鱼捕捞利润] + [参鲍养殖利润]。

（7）汇总统计数据。将利润信息汇总，以利润表形式输出以便直观表示，如表 6.3 所示。

表 6.3　汇总统计数据

SUM_贝类养殖利润	SUM_虾蟹养殖利润	SUM_海鱼养殖利润	SUM_参鲍养殖利润	SUM_总利润
89776.562503	185546.206906	166658.819647	218983.711859	660965.300915

养殖区投收分析模型如图 6.36 所示。

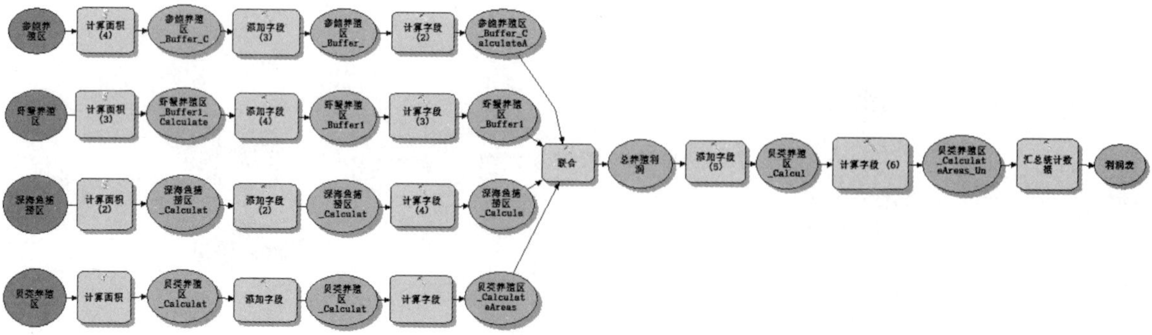

图 6.36　养殖区投收分析模型

《胶州湾数字海洋模型》运行结果如图 6.37 所示。

图 6.37　《胶州湾数字海洋模型》运行结果

第 7 章　CityEngine 三维建模

7.1　CityEngine 安装部署

Esri CityEngine 是三维城市建模最常用软件之一，在许多领域均有广泛的应用，如数字城市、城市规划、轨道交通、电力、管线、建筑、国防、仿真、游戏开发和电影制作等。作为一款高效的三维城市建模软件，Esri CityEngine 能够利用二维数据快速创建三维场景，并且具有灵活的可编辑性。同时，对 ArcGIS 的完美支持，使很多已有的基础 GIS 数据无须转换即可迅速实现三维建模，从而减少了系统再投资的成本，也缩短了三维 GIS 系统的建设周期。

7.1.1　软件安装

下面以 CityEngine 2014 版为例介绍其安装过程。打开 CityEngine 安装程序，依次单击【Next】按钮，中途可以更改安装路径（路径中不可有中文名称），如图 7.1 所示。

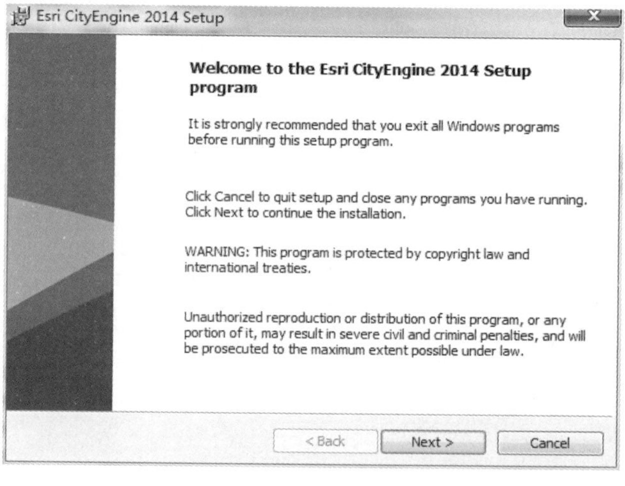

Esri CityEngine 2014 Setup
Welcome to the Esri CityEngine 2014 Setup program
It is strongly recommended that you exit all Windows programs before running this setup program.
Click Cancel to quit setup and close any programs you have running. Click Next to continue the installation.
WARNING: This program is protected by copyright law and international treaties.
Unauthorized reproduction or distribution of this program, or any portion of it, may result in severe civil and criminal penalties, and will be prosecuted to the maximum extent possible under law.
< Back
Next >
Cancel

图 7.1　CityEngine 软件安装

7.1.2　许可设置

CityEngine 主程序安装完成后，会出现一个许可设置界面，在这个界面中，在“Esri CityEngine”栏下选择【Advanced Concurrent Use】；在“Define a License Manager for Concurrent Use products”栏下选择【Define a License Manager later from the ArcGIS Administrator】；然后单击【OK】按钮，在出现的“License Administrator”对话框中单击【OK】按钮，如图 7.2 所示。

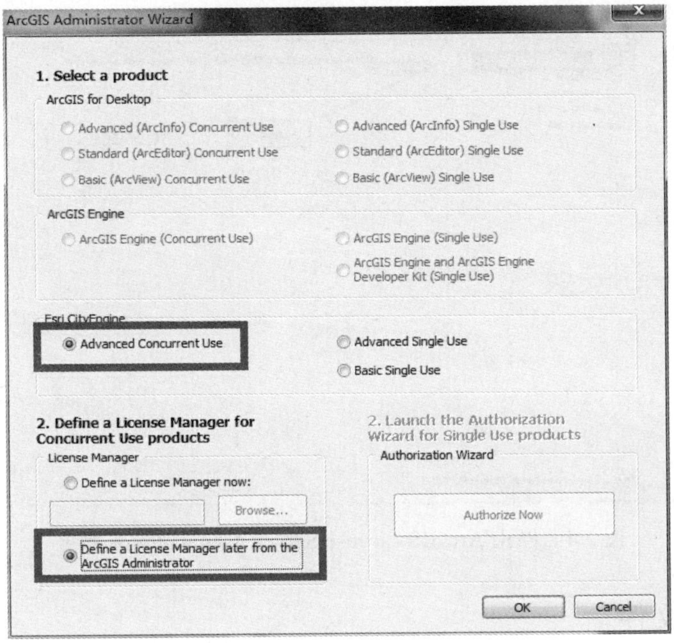

图 7.2　许可配置

7.1.3　License Manager 的安装

打开 License Manager 安装主程序，依次单击【Next】按钮，中途可以更改安装路径（路径中不可有中文名称），如图 7.3 所示。

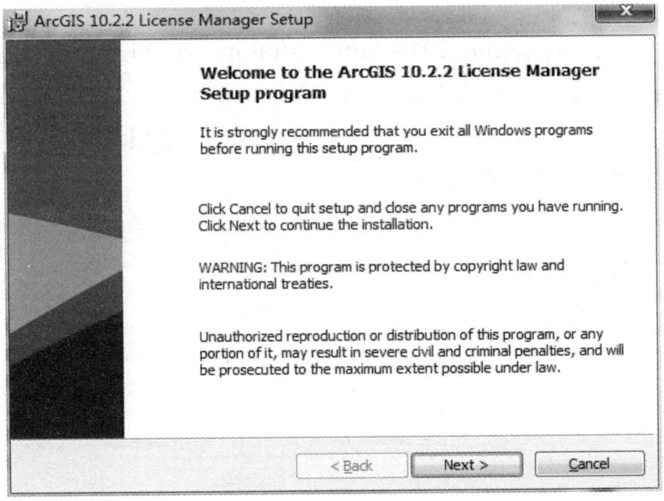

图 7.3　License Manager 安装

7.1.4　停止 License Server 服务

安装完成 License Manager 后，出现“ArcGIS License Server Administrator”窗口，在左边栏中选择【Start/Stop License Service】选项，然后在右边栏中单击【Stop】停止服务，此时不要关闭本窗口，后续将用到，如图 7.4 所示。

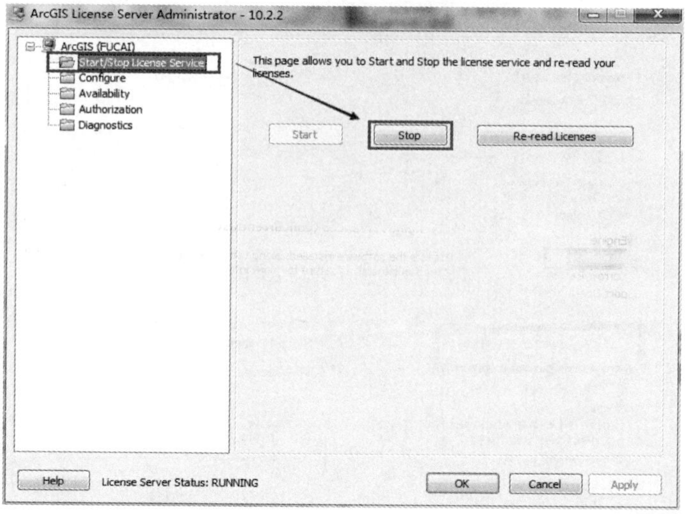

图 7.4　停止 ArcGIS License Server Administrator 服务

7.1.5　更换许可文件

到 ArcGIS License 安装目录下，如“D:\Program Files (x86)\ArcGIS\License10.2\bin”，将软件提供的“service.txt”文件和“ARCGIS.exe”复制到该目录中，假如该目录下有同名文件，覆盖即可。然后返回到上一步“ArcGIS License Server Administrator”窗口，单击【Start】按钮开启服务，成功后单击【OK】按钮关闭窗口。

7.1.6　配置 CityEngine 服务

从开始菜单中，打开 CityEngine 2014 Administrator，在窗口左侧，选择【CityEngine】选项，然后在窗口右侧的上方，选择【Advanced Concurrent Use】选项，在“License Manager (for Concurrent Use software products)”窗口中，单击【Change】按钮，输入 27000@127.0.0.1，然后单击【Apply】按钮，如图 7.5 所示。

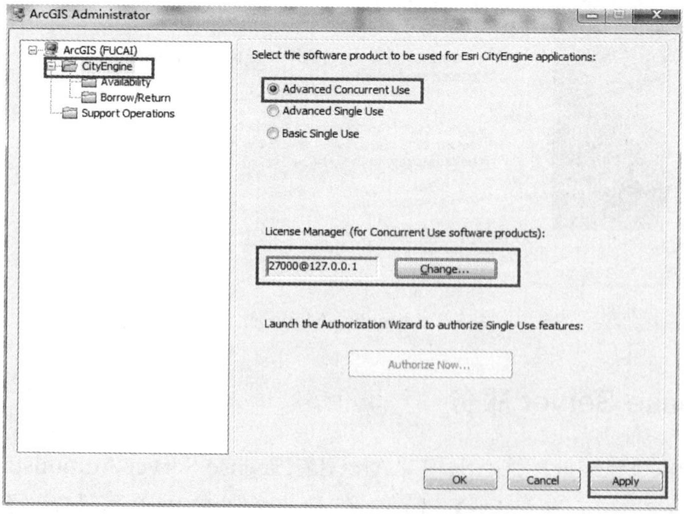

图 7.5　配置 CityEngine 服务 1

然后在窗口左侧的“CityEngine”目录下，选择“Availability”，等待数秒，右侧窗口中会出现“CityEngine Advanced　2014.0　Licenses　2, Available 2”，至此，CityEngine 安装成功，如图 7.6 所示。

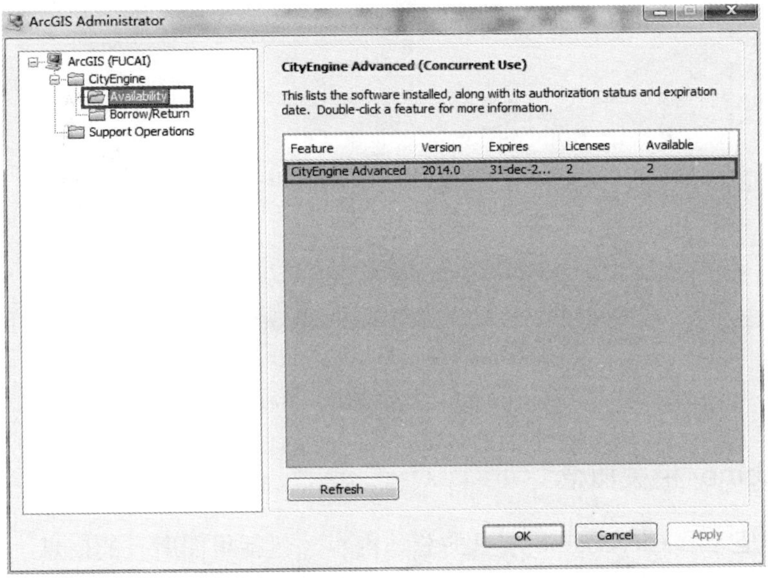

图 7.6　配置 CityEngine 服务 2

7.2　CityEngine 基础

7.2.1　CityEngine 基本操作

CityEngine 软件安装之后，默认对场景的基本操作主要有：

（1）选择功能为鼠标左键。

（2）缩放功能为鼠标滚轮或 Alt+鼠标右键。

（3）旋转功能为 Alt+鼠标左键。

（4）缩放到所选择的内容功能为 F 键，假如选择为空，则缩放到全景。

（5）全部选择功能为 Ctrl+A。

（6）取消选择功能为 Shift+Ctrl+A。

7.2.2　CityEngine 教程下载

在 CityEngine 程序主界面，通过菜单【Help】下的【Download Tutorials and Examples】选项，可以下载示例与教程文档，每个示例中都有详细的说明文档，用以帮助读者学习该示例相关内容，如图 7.7 所示。

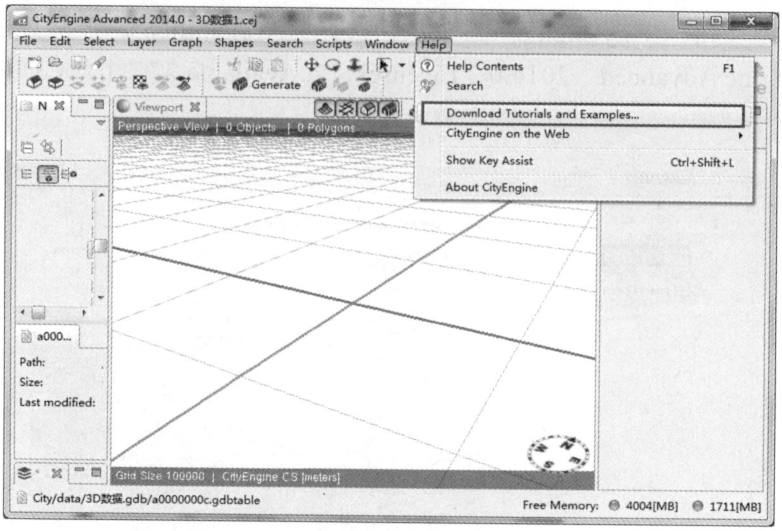

图 7.7 下载示例与教程

7.2.3 CityEngine 相关概念

工程：工程是一个 CityEngine 项目的总体内容，包括里面所有的信息，如数据、模型、纹理、规则等。

规则：规则存储于后缀为.Cga 的规则文件中，是 CityEngine 最为重要的部分。可以通过赋予一定规则给 Lot 或者 street 的方法来生成三维模型。

场景：场景是 CityEngine 中进行三维展示的平台，有多个图层。

CGA 文件：CGA 文件是 CityEngine 中的规则文件，它定义了生成三维模型的具体规则，当然在一个规则文件中可以包括多条规则来共同定义模型的生成。

7.2.4 CityEngine 工程文件组成

在一个 CityEngine 项目工程中，一般包括以下内容：

① 用于存放纹理图片与模型零件的 Assets 文件夹；

② 用于存放地块或者道路等数据的 Data 文件夹；

③ 用于存放场景快照的 Images 文件夹；

④ 用于存放地图图层来源的影像或图片数据等的 Maps 文件夹；

⑤ 用于存放导出的三维模型的 Models 文件夹；

⑥ 用于存放规则文件的 Rules 文件夹；

⑦ 用于存放场景文件的 Scenes 文件夹；

⑧ 用于存放脚本文件的 Scripts 文件夹。

7.2.5 Layer

在 CityEngine 中地图图层包括：地形图层（Terrain）、纹理图层（Texture）、障碍图层（Obstacle）、地图图层（Mapping）、函数图层（Function）等。

地形图层是三维场景的高程基础，是一个高程地图格网。创建方法是在【Layer】菜单下选择【New Map Layer】选项，在弹出的对话框中选择【Terrain】选项，然后依次单击【Next】按钮，并设置相关参数，如图 7.8 所示。

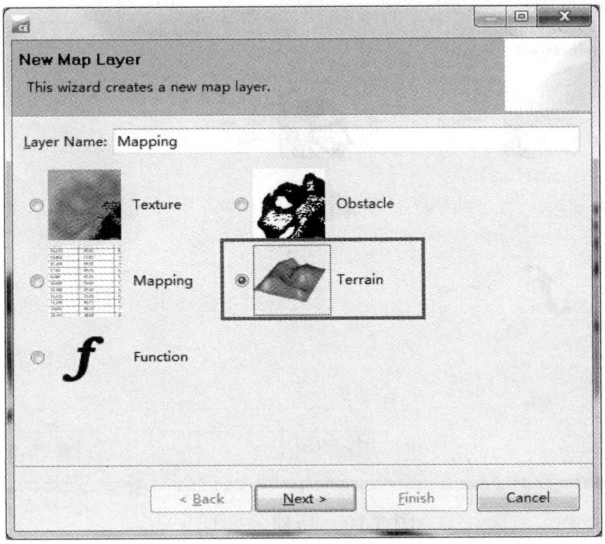

图 7.8　新建地形图层

纹理图层是三维场景的背景，创建方法是在【Layer】菜单下选择【New Map Layer】选项，在弹出的对话框中选择【Texture】选项，然后依次单击【Next】按钮，并设置相关参数，如图 7.9 所示。

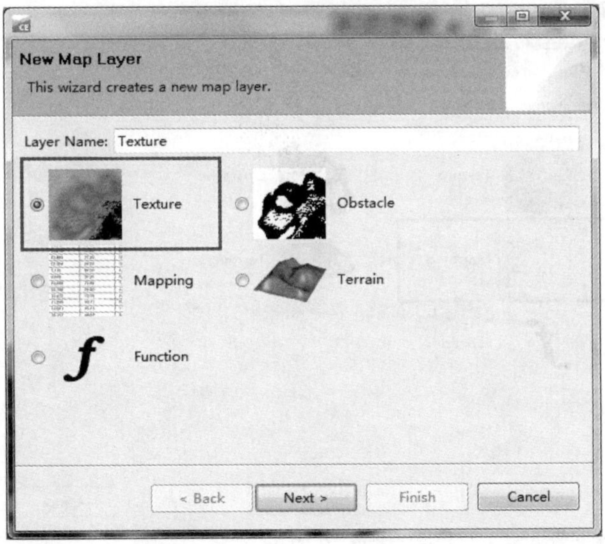

图 7.9　新建纹理图层

障碍图层控制道路生长算法生成道路网，城市的环境复杂多变，许多区域理论上不能出现道路或者建筑物等，比如河流区域，为了防止这些地方生成不合理的建筑，可以新建一个障碍层进行控制，具体方法是在主程序【Layer】菜单下选择【New Map Layer】选项，在弹出的对话框中选择【Obstacle】选项，依次进行相关设置，如图 7.10 所示。

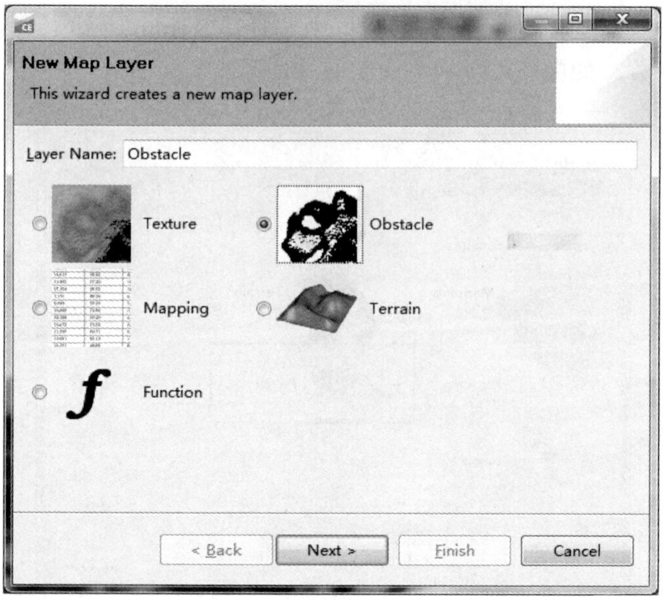

图 7.10　新建障碍层

地图图层的主要应用是作为规则的属性，新建地图图层的方法是在主程序【Layer】菜单下选择【New Map Layer】选项，在弹出的对话框中选择【Mapping】选项，依次设置相关属性，如图 7.11 所示。

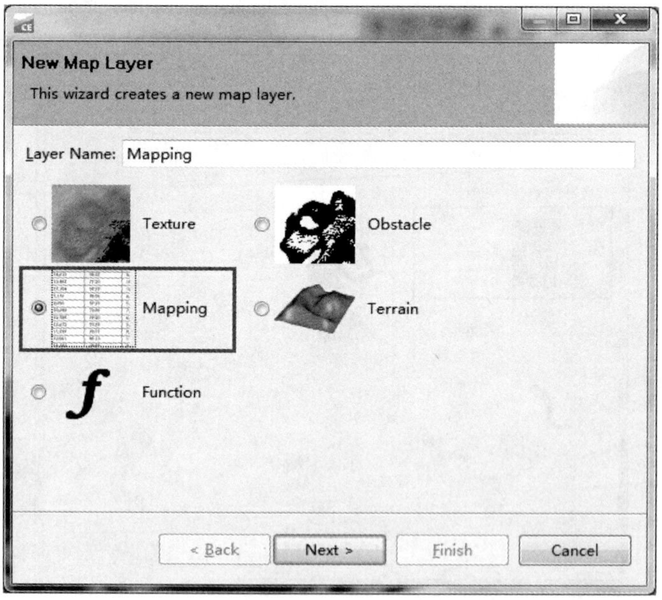

图 7.11　新建地图图层

函数图层的作用是运用数学函数控制规则的属性，新建函数图层的方法是在主程序【Layer】菜单下选择【New Map Layer】选项，在弹出的对话框中选择【Function】选项，单击【Next】按钮，编辑函数主体，如图 7.12 所示。

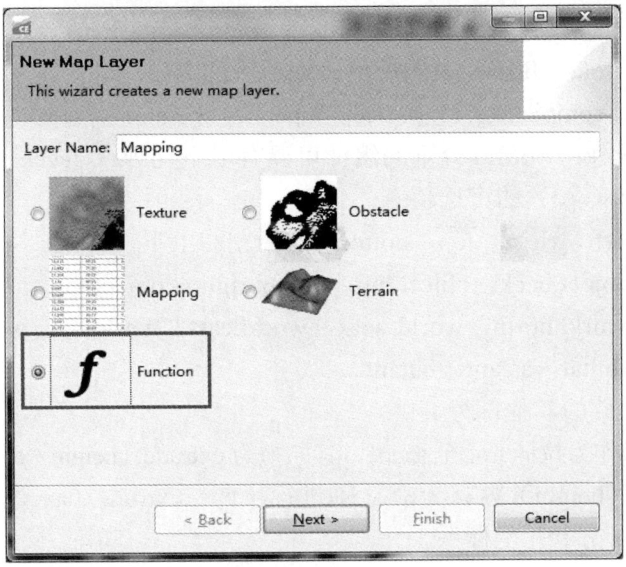

图 7.12 新建函数图层

7.2.6 Shapes

在 CityEngine 中，Shapes 是生成模型的起点，CGA 规则文件应用于多边形，即可生成三维模型，所以说 Shapes 是 CityEngine 生成三维模型的首要条件之一。在 CityEngine 中，Shapes 可以从外部数据源直接导入，也可以直接用 CE 软件生成。

需要特别说明的是，多边形的边是有方向的，当沿逆时针方向画多边形时，多边形的正面是向上的。

从几何网络中创建 Shapes：街道和地块可以使用创建几何网络和形状的方法自动创建。

导入 Shapes：可以从“.obj”，“.dxf”，“.shp”and “.osm”中导入 Shapes。

7.3 CGA 语法简介

7.3.1 常用命令

旋转：r（rx，ry，rz）；平移：t（tx，ty，tz）；形状调整：s（sx，sy，sz）；设置为平面中心：center（axes-selector）；拉伸：extrude（18）。

7.3.2 形状操作

1. 操作方法

在形状操作中，没有返回值，但是可以改变原有形状或者返回新的形状。

（1）alignScopeToAxes。该操作将对象与轴平行，该操作的操作对象为 Scope。

（2）alignScopeToGeometry。该操作将对象与 Geometry 平行，该操作的操作对象为 Scope。

（3）center。center（axesSelcetor），其中参数为 axesSelcetor（keyword），该操作一般用在 shape 发生平移缩放等操作时，可以保证与原始 shape 相对位置不变。

（4）color。color 操作的原型为 color（s）或者 color（r，g，b），参数 s 为字符串 s（string），参数 r，g，b（float，float，float）是颜色值，取值区间为[0，1]。

（5）comp。comp（compSelector）{ selector operator operations | selector operator operations ... } 其中参数 compSelector（keyword），分割的组件可以有以下几种：f（faces）/e（edges）/v（vertices）；

参数 selector（keyword）的可选值有：

① front，back，left，right，top，bottom 前后左右上下，常用。

② object.front，object.back，object.left，object.right，object.top，object.bottom。

③ world.south，world.north，world.west，world.east，world.up，world.down。

④ vertical，horizontal，aslant，nutant。

⑤ side 除水平部件的其他部分。

（6）extrude。该操作为拉伸 Lot 至 shape，其原型为 extrude（height）或者 extrude（axisWorld，height），其中 extrude（height）默认为沿 y 轴进行拉伸；extrude（axisWorld，height）设定拉伸轴线，拉伸轴线使用笛卡儿坐标系。

（7）innerRect。该操作为找出平行于 scope y 轴、scope x 轴的几何范围面积最大的矩形。

（8）mirror。mirror（镜像）操作的原型为 mirror（xFlip，yFlip，zFlip），其中的三维参数均为布尔值，其代表对应的轴做翻转。

（9）offset。多边形的内缩与外放操作。原型为 offset（offsetDistance）或者 offset（offsetDistance，offsetSelector），其中参数 offsetDistance 为偏移的距离。

（10）r。旋转操作 r 的原型为 r（xAngle，yAngle，zAngle），其中三个参数分别为绕该轴旋转的角度；r（centerSelector，xAngle，yAngle，zAngle），其中参数 centerSelector 有两个值可选，scopeOrigin（默认）、scopeCenter。

（11）report。该操作用于定义关键字生成报告。原型为 report（key，value），其中参数 key（string）是报告收集的关键字；value（float|bool|string）。

（12）roofGable。该操作用于添加一个三角屋顶，用法如下：

① roofGable（angle）；

② roofGable（angle，overhangX，overhangY）；

③ roofGable（angle，overhangX，overhangY，even）；

④ roofGable（angle，overhangX，overhangY，even index）。

（13）rotateScope。绕着轴线旋转当前形状的范围，几何图形并不会被旋转，范围（scope）的尺寸和位置自动调整。原型为 rotateScope（xAngle，yAngle，zAngle），其中各参数表示各个轴旋转的角度。

（14）scatter。该操作用于生成随机点（实际上是 shape），原型为 scatter（domain，nPoints，distributionType）{operations }或者 scatter（domain，nPoints，gaussian，scatterMean，scatterStddev）{operations }，其中参数 domain（selstr）代表在哪里生成随机点，它的取值可以为 surface|volume|scope；参数 nPoints（float）代表点的数量；distributionType（selstr）表示随机分布的类型，取值可以为 uniform|gaussian；参数 scatterMean（selstr）的取值可以为（center/front/back/left/right/top/bottom），其中默认值为 center；参数 scatterStddev（float）代表标准差，它的默认值是 0.16。

（15）set。该操作用于设置属性值，原型为 set（attribute，bool value），set（attribute，float value），set（attribute，string value）。

（16）texture。该操作为贴纹理，原型为 texture（string texturePath），其中参数 string texturePath 表示纹理路径。

2．代码示例

贴纹理的代码示例如下：

```
brickMap = "path/texture.jpg"
randBuildingHeight = rand(3, 20)
Lot -->s('.75,'1,'.75) center(xz)   注：该操作为缩小、居中
extrude(y, randBuildingHeight)  注：该操作为拉伸
comp(f){side:  Facade}  注：该操作为提取面
Facade -->
# color, uv set 0
setupProjection(0, scope.xy, 5, 5)注：该操作为设置纹理图层，纹理投影面，纹理大小
texture(brickMap)                注：该操作即是贴纹理
// = set(material.colormap,brickMap)
projectUV(0)  注：完成投影
```

7.3.3 形状属性

形状属性表示的是当前形状的特征，它在任意时候都是可读的，并且有部分属性可以由上一节介绍的 set 操作进行设置。

1．comp

（1）string comp.sel 描述当前选中的形状（或者是它的上级）上一次执行 comp 操作时的选择器。

（2）float comp.index 表示操作分割成的对象的索引，从 0 开始。

（3）float comp.total 表示操作生成对象的总数。

2．scope

scope 是范围属性，表示当前形状在空间中相对于轴的边界框。该属性拥有三个向量，分别是平移向量 t：float scope.t{x|y|z}；旋转向量 r：float scope.r{x|y|z}以及缩放向量 s：float scope.s{x|y|z}，这些属性都是可读写的。float scope.elevation 表示高程的属性，基准面为海平面，值与坐标系统的 y 值一致，所以可以不用写。

3．split

该属性为分割属性，其中有两个整数，分别表示上一次做分割操作时产生的新元素的数目和当前形状所对应的索引值，也就是 float split.index 和 float split.total。需要指出的是，在 CGA 中没有整型数值，所以这两个参数的类型用浮点型表示；并且该属性的值不能被重新设定，只能在分割过程中写入。

7.4 Python 脚本

Python 脚本在 CityEngine 中发挥着重要作用，它的接口极大地增强了 CityEngine 的能力。使用特定的脚本命令可以使许多任务被自动化地执行。

7.4.1 Python 控制台

在 CityEngine 中打开 Python 控制台：【Window】→【Show Console】，在出现的下拉菜单中选择【Python Console】，然后单击出现的 Consol 选项卡右上方的下拉箭头，选择【Python Console】，如图 7.13 所示。

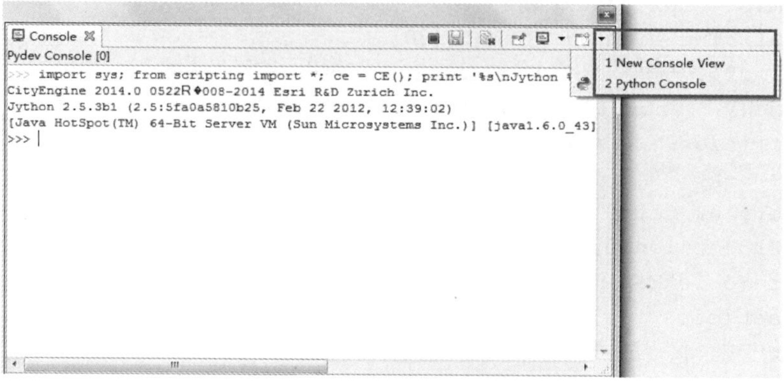

图 7.13 python 控制台

7.4.2 Python 编辑器

在 CityEngine 中，创建一个新的 Python 模块，单击【File】菜单，在出现的下拉菜单中选择【New】→【Python Module】，在出现的对话框中，设置好 Source Folder、Package、名称等，选择模版：其中有四个模版可供选择，分别是空模版（Empty）、模版类（Module: Class）、模版输出（Module: Export）、主要模版（Module: Main），如图 7.14 所示。

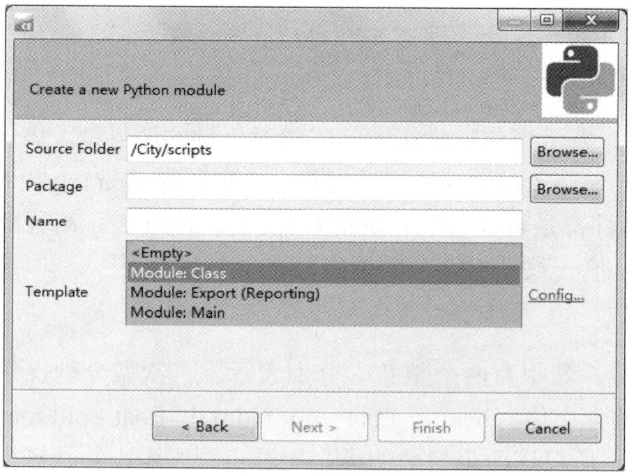

图 7.14 新建 Python 模块

7.4.3 运行脚本

运行脚本可以选择【Python】→【Run Scrip】或按快捷键 F9。

取消正在运行的脚本可以在主工具栏中单击【取消】按钮或者按快捷键 ESC。

7.4.4　添加启动脚本

在 CityEngine 中添加启动脚本，可以在工作空间中新建文件 start.py。在脚本文件 start 中添加如下类似代码：

```
import sys
sys.path.append({PATH_TO_YOUR_SCRIPTS_DIRECTORY})
# e.g.
sys.path.append("D:\CityEngine\City\scripts\")
import myHps
```

如此，在下次启动 CityEngine 时，myHps 模块将会被自动加载进来。

7.5　CityEngine 三维建模实例

Esri CityEngine 三维建模的流程包括：

（1）GIS 数据准备。

（2）创建场景，导入 GIS 数据。

（3）规则建模，创建建筑、道路、绿化等。

（4）动态调整，调整布局、模型，风格细化等。

（5）成果共享，导出模型，发布 3D web scene 等几个过程。

7.5.1　启动向导

首次运行软件，弹出“启动向导”对话框，完成初始化设置，包括三维导航设置、资源下载、城市向导，如图 7.15 所示。

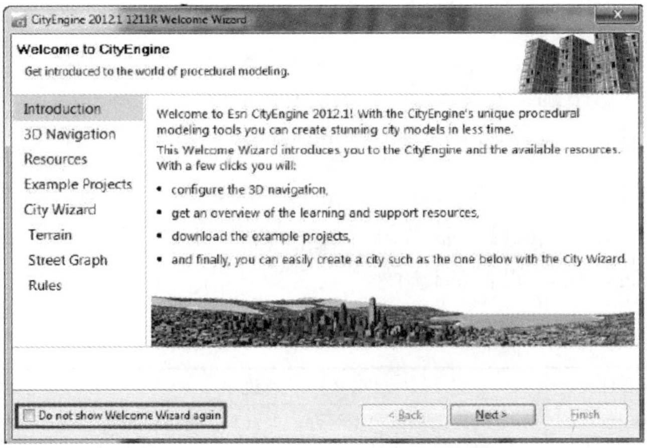
CityEngine 2012.1 1211R Welcome Wizard
Welcome to CityEngine
Get introduced to the world of procedural modeling.
Introduction
3D Navigation
Resources
Example Projects
City Wizard
Terrain
Street Graph
Rules
Welcome to Esri CityEngine 2012.1! With the CityEngine's unique procedural modeling tools you can create stunning city models in less time.
This Welcome Wizard introduces you to the CityEngine and the available resources. With a few clicks you will:
configure the 3D navigation,
get an overview of the learning and support resources,
download the example projects,
and finally, you can easily create a city such as the one below with the City Wizard.
Do not show Welcome Wizard again
< Back
Next >
Finish

图 7.15　启动向导对话框

7.5.2　窗口类型

用户界面围绕一个主窗口，它包含几个子窗口部件，图 7.16 展示了 CityEngine 主要子窗口类型。

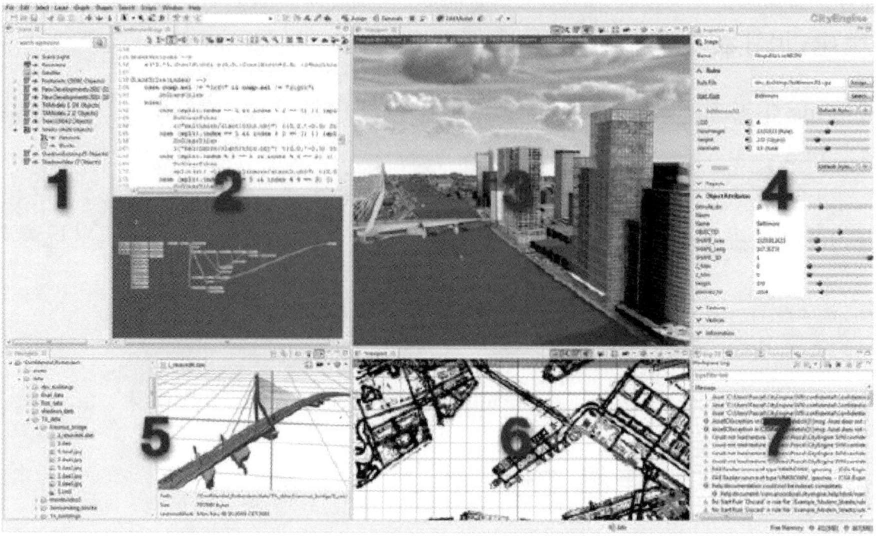

图 7.16 CityEngine 软件界面

（1）场景编辑器（Scene Editor），主要对场景中的图层、对象进行管理。

（2）CGA 规则编辑器（CGA rule editor），有文字视图与图形视图两种类型，主要用于编写规则文件。

（3）3D 视窗（3D viewport），展示三维场景。

（4）属性面板（Inspector），用来查看和编辑所选对象的细节参数信息。

（5）资源管理面板（Navigator），工作空间工程管理与文件预览。

（6）第二个 3D 视窗（Second Viewport），采用顶视图（Top Camera）方式。

（7）Log for Errors/Console，即日志窗口、CGA 规则控制台输出窗口、CGA 编译器错误和警告问题窗口。

7.5.3 新建工程

CityEngine 所创建的工程，在工程目录下会提供一个目录组织结构，清晰条理地管理工程中的所有文件夹。工程的获得有两种方法：导入外部已有工程和自身创建工程。自身创建工程可以创建一个空的工程，其中的内容需要自己添加，在此新建一个工程，单击【File】→【New...】→【CityEngine project】，命名为“my_city”，把之前准备好的基础数据按工程文件目录说明放入相应的文件夹，如表 7.1 所示。

表 7.1 工程文件目录说明

目标文件夹	说明
Assets	存放纹理图片或模型组件，如汽车、行人、树
Data	存放道路或地块基础数据，如：shp，dxf
Image	存放截图场景
Maps Models	存放影像、地形数据，如“.jpg”，“.png” 存放导出的 3D 模型
Rules	存放规则文件“.cga”
Scenes	存放场景文件“.cej”
Scripts	存放 Python 脚本文件“.py”

7.5.4　新建场景

在工程文件夹 scenes 下创建一个新场景，右键单击【scenes】，选择【New】菜单下的【CityEnginescene】创建。新建场景时需要设置场景坐标系，场景坐标系定义了当数据导入/导出时的坐标参考，包括单位、投影方式等。第一次导入带有坐标的 GIS 数据时，CityEngine 会自动弹出 Select Scene Coordinate System 对话框，默认情况下会自动匹配坐标参考，如图 7.17 所示。

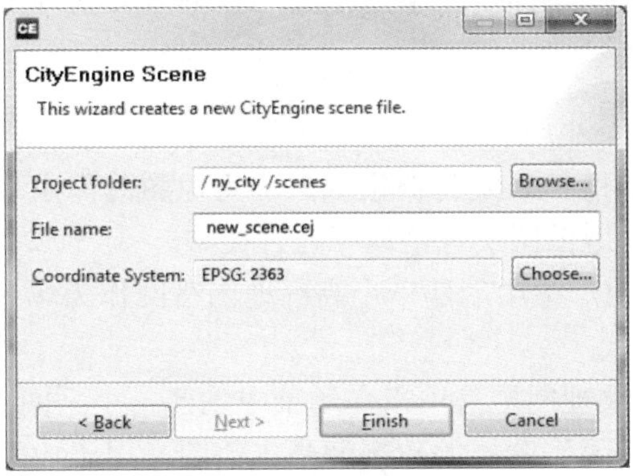

图 7.17　新建场景设置面板

首次启动 CityEngine 软件，其鼠标和键盘操作方式采用 CityEngine 的默认方式，用户可以使用鼠标或鼠标加键盘的方式完成场景的缩放、旋转、平移、选中、居中等操作，同时，在菜单栏工具条中也提供相应的工具完成场景操作，如图 7.18 所示。CityEngine 默认场景操作导航对照如表 7.2 所示。

图 7.18　场景操作工具条

表 7.2　CityEngine 默认场景操作导航对照表

操作方式	功能
鼠标左键	选择要素
鼠标滚轮	场景缩放
F 键	缩放到所选内容，如果不选则缩放到全图
I 键	隐藏除选中的建筑物以外的模型
Alt+鼠标左键	旋转视角
Alt+鼠标滚轮	平移场景
Alt+鼠标右键	场景缩放
Ctrl+A	全选场景中的要素
Shift+Ctrl+A	取消选择

场景的显示设置功能可以实现对 3D 视图中的数据显示/隐藏、场景环境光以及视图的模式进行设置，以方便使用者查看、编辑数据。

7.5.5 图层类型

1．Scene Light 灯光图层

Scene Light 是一个固定的图层，用于控制着对象在 3D 视图中被照射的效果，它会随着场景的创建而自动生成且不能删除。

2．Panorama 背景图层

Panorama 图层是一个固定的图层，用于控制 3D 视图中天空背景的效果，它会随着场景的创建而自动生成且不能删除。

3．Map Layer 地图图层

地图图层有两个主要功能：一是将栅格数据作为地图对象添加到场景中来，二是使用影像地图数据的各种属性值。地图图层包括以下几种类型。

（1）地形（Terrain）。地形图层创建一个高程地图格网作为场景的高程基础，可用于对地形的展示或基于地形建模。

（2）纹理（Texture）。纹理图层是用来在场景中创建一个平面背景地图（底图）。

（3）障碍（Obstacle）。障碍图层的数据源是二值图，用于控制道路增长算法生成道路网络。例如：值为 1 的区域道路可以自动增长，值为 0 则表示禁止区域。

（4）映射（Mapping）。映射图层是栅格数据通道和数据函数结合，用于控制规则中对象的属性，如从栅格数据中读取波段值，进而来控制建筑物高度或土地利用类型等。

（5）函数（Function）。任意数学函数用来控制规则属性。

单击菜单【Layer】→【New Map Layer】，选择【Terrain】创建地图图层，在【Heightmap file】选项中单击【Browse】按钮选择 dem 数据，软件弹出自动匹配的坐标系；在【Texture file】选项中单击【Browse】按钮选择 basemap 1 数据，单击【Finish】完成地图图层创建，如图 7.19 所示。

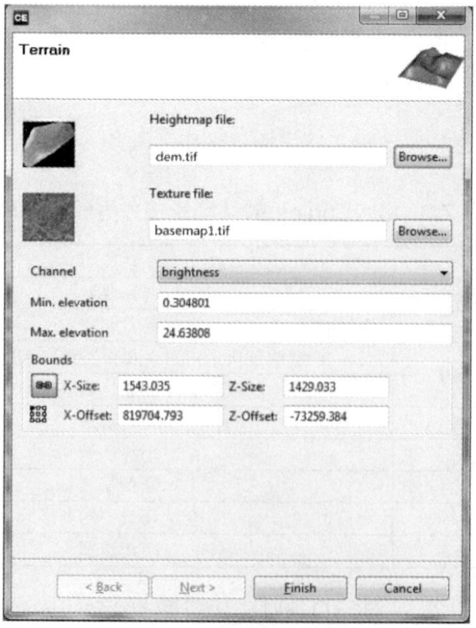

图 7.19 新建地图图层设置面板

4．其他图层

上述三种图层是工程创建时自动生成的，只有导入面状数据时才会生成 Shape Layer（形状图层），导入线状数据时生成 Graph Layer（路网图层）。这两个图层将在下一节中进行介绍。

7.5.6　图层数据导入

在 CityEngine 场景中导入数据最便捷的方法是直接从 Navigator 面板中将数据文件拖拽到 3D 视窗中。线数据导入后会生成 graph networks（街道网络）；带有地理参考的数据，如 kml、gdb、shpe，导入后会放置到地理参考位置；没有坐标信息的数据放到鼠标拖拽的位置。数据导入后可以利用 CityEngine 提供的数据编辑工具，实现对多边形和街道网络的编辑，如创建多边形或街道、修改尺寸、旋转角度、移动等操作。CityEngine 支持拖拽导入的数据格式如表 7.3 所示。

表 7.3　CityEngine 支持数据拖拽的格式

文件格式	支持拖曳导入行为
.dae	导入作为静态模型
.kmz	导入作为静态模型
.obj	导入作为静态模型
.gdb	导入引用的所有 dae 对象作为静态模型
.kml	导入引用的所有 dae 对象作为静态模型
.dxf	导入作为 shapes 或 graph segments
.osm	导入作为 shapes 或 graph segments
.shp	导入作为 shapes、point shapes、 graph networks
图片格式	导入作为地形

1．面状数据导入

将面状数据（如居民点、果园林地、草地、河流等）导入场景中时，CityEngine 自动生成 Shape Layer（形状图层）。形状图层主要用于创建或存储简单多边形的图层，通常从外部导入的地块或建筑底面数据都会生成形状图层。另外，通过绘图工具“”也可以绘制多边形。形状生成后可以对其面、边以及节点进行编辑，方法是双击操作对象后，对应的边或节点被选中并高亮显示出来，单击移动工具“”进行编辑。

面状数据导入场景后不能很好地与地形贴合，可以使用贴地和修整地形工具“”、“”对其调整。贴地功能使得多边形的所有节点与地形贴合，而不是面与地形贴合；修整地形功能使得多边形所对应区域地形超出的部分被去除，而低于的部分被填补，最终整平地形，如图 7.20 所示。

启用贴地功能的方法，除了单击工具条中的“”工具外，还可以单击主菜单【Shapes】→【Align Shapes to Terrain】，打开设置面板进行贴地处理；启用修整地形功能的方法，除了单击“”，还可以单击主菜单【Shapes】→【Align Shapes to Terrain】打开设置面板进行地形的修整。

2．线状数据导入

将线状数据（如水泥路、田间道和沟渠等）导入场景中时，CityEngine 自动生成 Graph Layer（路网图层），路网图层是主要用于创建道路网络的图层类型，它维护了一套复杂的街道网络（Street Network）结构。

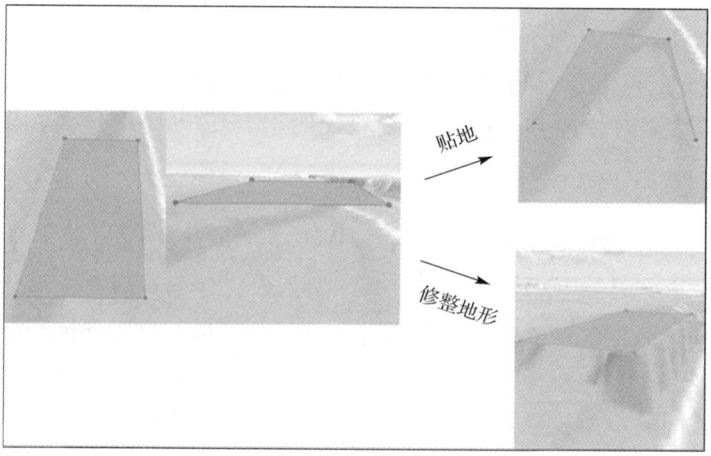

图 7.20 多边形贴地和修整功能

CityEngine 提供了智能的模型结构来支撑街道网络中各对象之间的复杂关系，当从外部导入道路网络或手绘时，CityEngine 会自动生成 Network 和 Blocks，Network 为城市道路，Blocks 为街区。两类结构生成相对应的 Shapes。Graph Network 为原始的网络数据。Street Shapes 为道路面及相关的部分，如十字路口、人行道等，存储于 Network 结构中。Street Shapes 有多种类型，其对应了道路的各组成部分：Street（道路面）、Sidewalk（人行道）、Crossing（十字路口）、Junction（交叉口）、JunctionEntry（交叉口入口处）。Lots 为道路围成的地块，存储于 Blocks 结构中。

数据导入后可能会出现节点靠得太近或太密集，相交的两条道路没有生成交叉口或路段靠得太近等情况。这种情况下，使用 Cleanup Graph 工具可以自动处理这些问题。启用方法一是单击主菜单【Graph】→【Cleanup Graph】，二是单击工具条中的“ ”工具。此外，可以使用道路贴地功能，道路贴地和多边形贴地功能类似，即道路沿地形分布。启用道路贴地功能的方法，一是单击主菜单【Graph】→【Align Graph to Terrain】，二是单击工具条中的“ ”工具。道路贴地后，道路面并不能很好地与地形表面贴合，可以搭配使用修整地形工具，使得地形相对道路面进行整平。

3. 规则赋予

选中要赋予规则的图层，鼠标右击图层选择【Select】，单击【Select Objects in Same Layer】菜单，把写好的相应规则拖到场景图层上，等图层高亮显示时松开鼠标，模型即可自动生成。各规则文件生成的三维模型效果如图 7.21 所示。

图 7.21 规则文件生成的三维模型效果图

7.5.7　场景导出

CityEngine 是一款三维模型制作软件，为第三方平台提供基础模型。CityEngine 支持将贴图模型直接导出到 File GDB 里并直接进入到 ArcGIS 平台做展示分析；可以在 CityEngine Web Scene 中对可导出场景进行网络端浏览。由于 Web Scene 的显示效果优于 ArcGIS 平台，还能做查询、光照对比及方案对比，因此可以选择 Web Scene 作为显示平台。方法是全选模型数据，单击菜单【File】→【Export Models】，选择要导出的格式 CityEngine Web Scene。导出完成后，在文件导航窗口刷新工程下的 models 文件夹可以看到新生成的场景文件。在文件导航窗口右键单击该文件，并选择【3D Web Viewer/（offline)】就可以进行预览。

第 8 章　ENVI 二次开发

8.1　ENVI 组件构成

ENVI（The Environment for Visualizing Images）是美国 Exelis Visual Information Solutions 研发的完整遥感图像处理平台。它是由遥感领域的科学家采用交互式数据语言 IDL（Interactive Data Language）开发的一套功能强大的遥感图像处理软件，是快速、便捷、准确地从影像中提取信息的首屈一指的软件解决方案。目前，ENVI 已经广泛应用于科研、环境保护、气象、石油矿产勘探、农业、林业、医学、国防、安全、地球科学、公用设施管理、遥感工程、水利、海洋、测绘勘察和城市与区域规划等领域[18]。

ENVI 自 5.0 版本后界面有全新的改变，如图 8.1 所示，由菜单栏、工具栏、图层管理器、工具箱、影像显示区等组成，ENVI 界面的全新改变使得 ENVI 能够更好地进行人机交互。ENVI 除了保留原有的三视图风格，现在还可以用鼠标就进行放大、缩小和漫游。ENVI 支持影像的分块显示、金字塔方式处理，这使得影像显示速度大大加快，内存占有率降低。具体体现在：快速实现可视化、导航，高速显示矢量和栅格数据，增强矢量数据可视化的可操作性、无延迟显示影像拉伸结果，没有计算影像统计数据的滞后时间[19][20]。

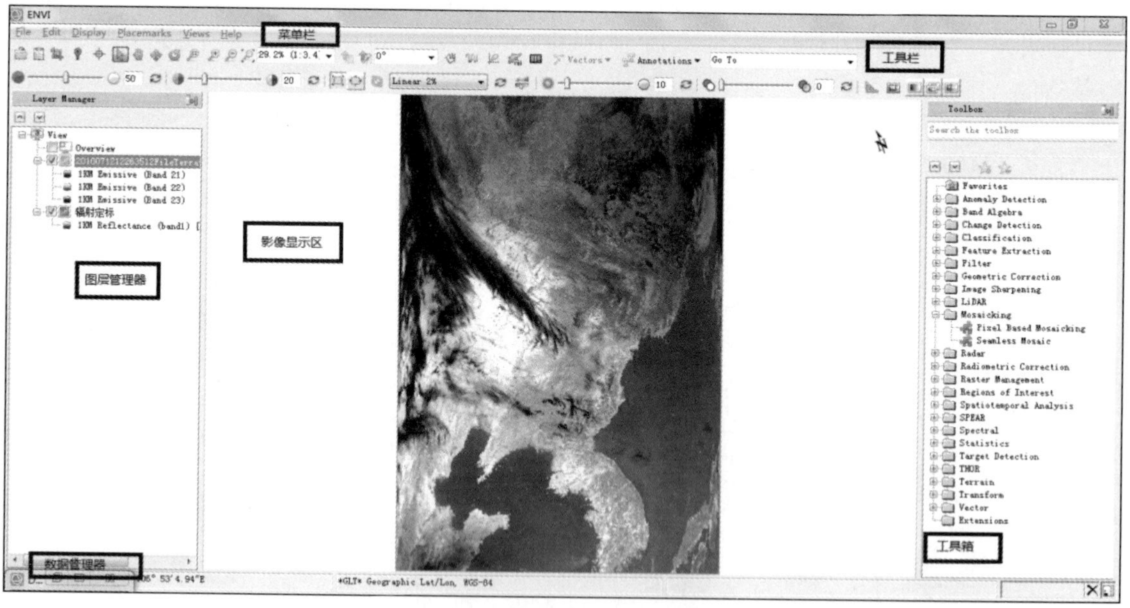

图 8.1　ENVI 界面

8.1.1　工具箱

ENVI 工具箱整合了原有旧版本的所有菜单工具，在新的工具箱界面下，工具的调用清晰易懂，增强了用户体验，如图 8.2 所示。工具箱中的模糊搜索功能，可以帮助用户在不知道工具的具体位置的情况下找到所需要的工具。Extensions 工具箱可以根据应用需求写自己的 ENVI 扩展补丁，大大提高了软件的可扩展性。

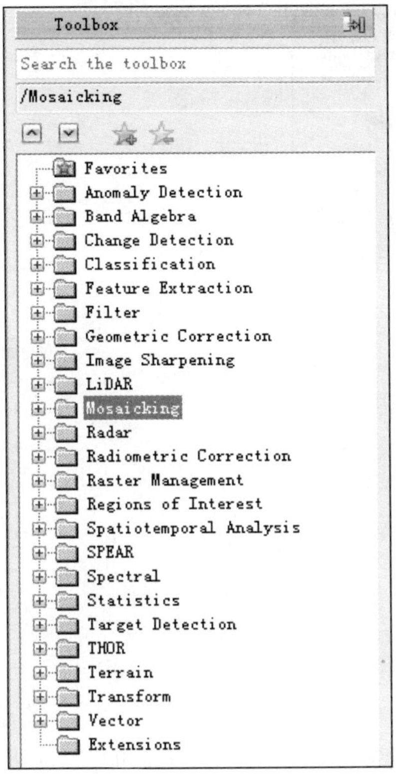

图 8.2 ENVI 工具箱

8.1.2 菜单栏

菜单栏（见图 8.3）涵盖了 ENVI 基本的影像显示操作功能。

1. File 菜单

File 菜单中包含打开文件、打开扩展格式（涵盖了上百种 ENVI 支持的传感器影像格式，目前每年都有新增格式）、文件管理器、Views & Layers、preference 设置等子菜单。其中，Views & Layers 子菜单可以保存工具和图层状态，将状态存为一个文件。关闭 ENVI 或者关闭计算机后，如果下次想继续本次处理，则可通过选择【File】→【View & Layers】→【Restore】，打开之前保存的 JSON 工程文件，这样就可以节省时间和精力继续前一次的处理过程。

2. Edit 菜单

Edit 菜单下主要包括撤销图层缩放、恢复图层缩放、文件重命名、移除选中图层、移除所有图层和图层顺序的改变子菜单，如图 8.4 所示。

3. Display 菜单

Display 菜单包括 Spectral Library Viewer（光谱库的显示）、Profiles（剖面图）、Cursor Value

（光标像元值）、View Blend（混合显示）、View Flicker（自动显示）和 View Swipe（卷帘显示）子菜单，如图 8.5 所示。

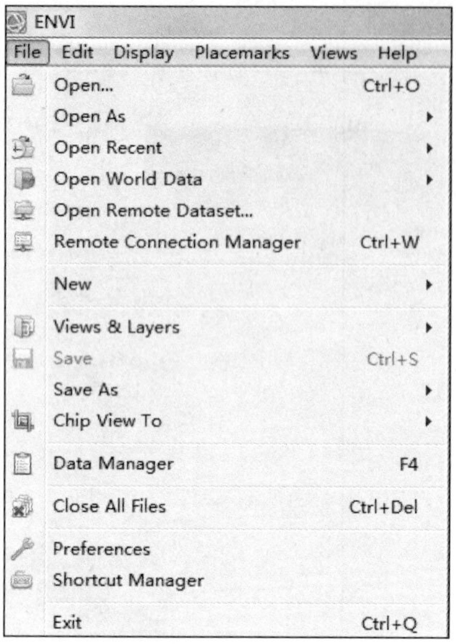

图 8.3　菜单栏

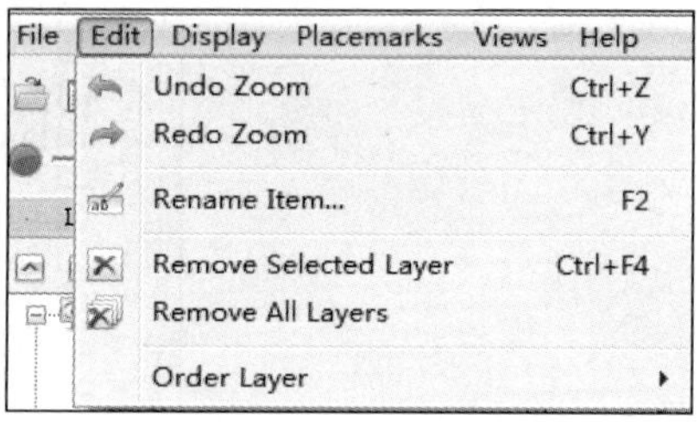

图 8.4　Edit 菜单

4．Views 菜单

Views 菜单的主要功能是设置视图的显示方式，如图 8.6 所示，自上至下依次是创建一个新的视图、单视图显示、双视图垂直铺列显示、双视图水平铺列显示、2×2 视图（如图 8.7）、3×3 视图、4×4 视图、视图连接、参考地图连接子菜单。

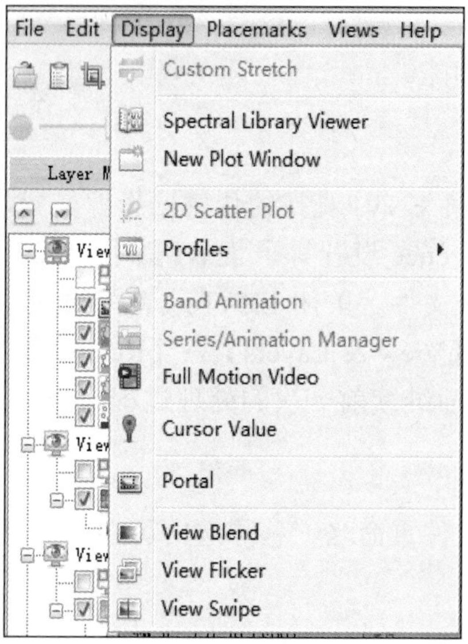

图 8.5　Display 菜单

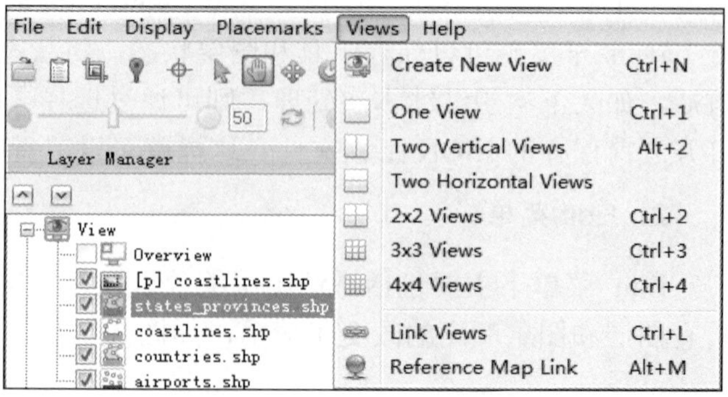

图 8.6　Views 菜单

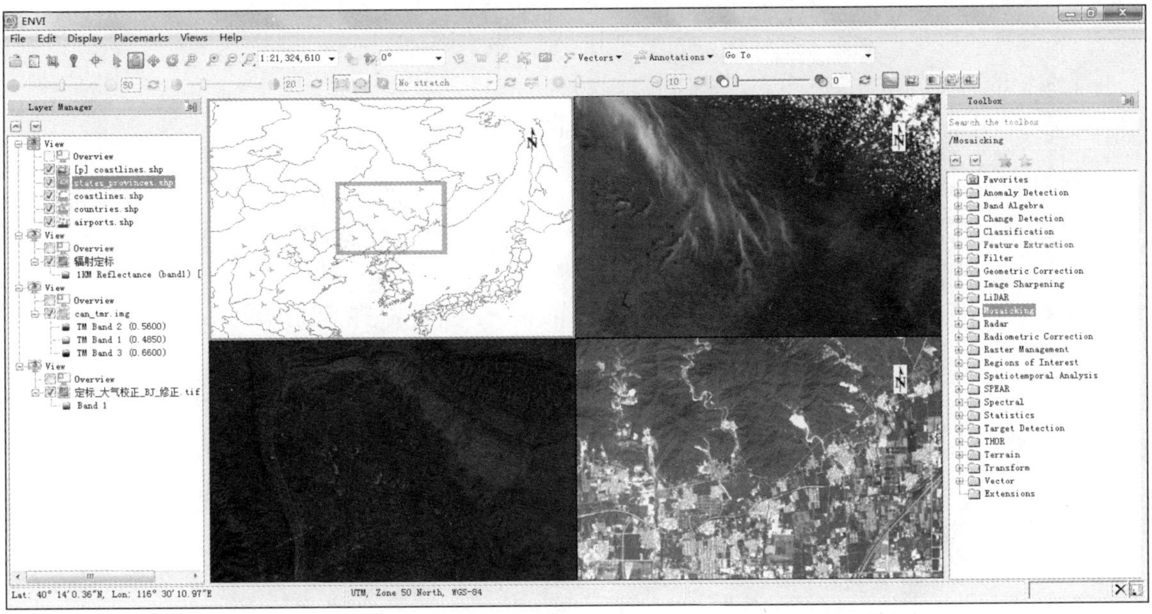

图 8.7 2×2 视图显示

8.1.3 工具栏

工具栏包括打开文件、数据管理器、影像裁剪、放大、缩小、漫游、光谱剖面、亮度调整、对比度调整、影像拉伸、自定义拉伸、距离量测等工具，如图 8.8 所示。

图 8.8 工具栏

8.2 IDL 语言简介

接口描述语言（Interface Description Language，IDL）是跨平台开发的基础。IDL 是用来描述软件组件接口的一种计算机语言，通过一种中立的方式来描述接口，使得在不同平台上运行的对象和用不同语言编写的程序可以相互通信交流。IDL 语法简单，是第四代计算机语言，易学易上手。IDL 可以进行科学数据的读写以及三维数据的可视化，如图 8.9 所示。IDL 在医学影像、遥感影像、数学分析统计、信号处理、地球科学等学科有广泛应用。

IDL 支持多种数据格式的读写，常用的数据格式有 TIFFGeo、TIFF、JPEG、BMP、PNG 等，支持的科学数据格式如 HDF、HDF5、NCDF、CDF、HDF-EOS 等，支持多种文本格式及矢量格式的读取。由于处理大数据计算的需要，内置函数可以高效地进行科学计算。

IDL 支持跨平台部署，可以在 Windows、Linux、Unix 和 Macintosh 等多种平台上运行。其灵活的外部语言接口使之可以嵌入到 VC++，VB 等常用语言编写的应用程序中。通过 IDL-Java/COM Bridge 可以直接将 IDL 代码输出为 Java 类对象或 COM 组件，方便 IDL 功能在其他系统的集成[21]。IDL 支持数据库操作，可以连接到数据库。

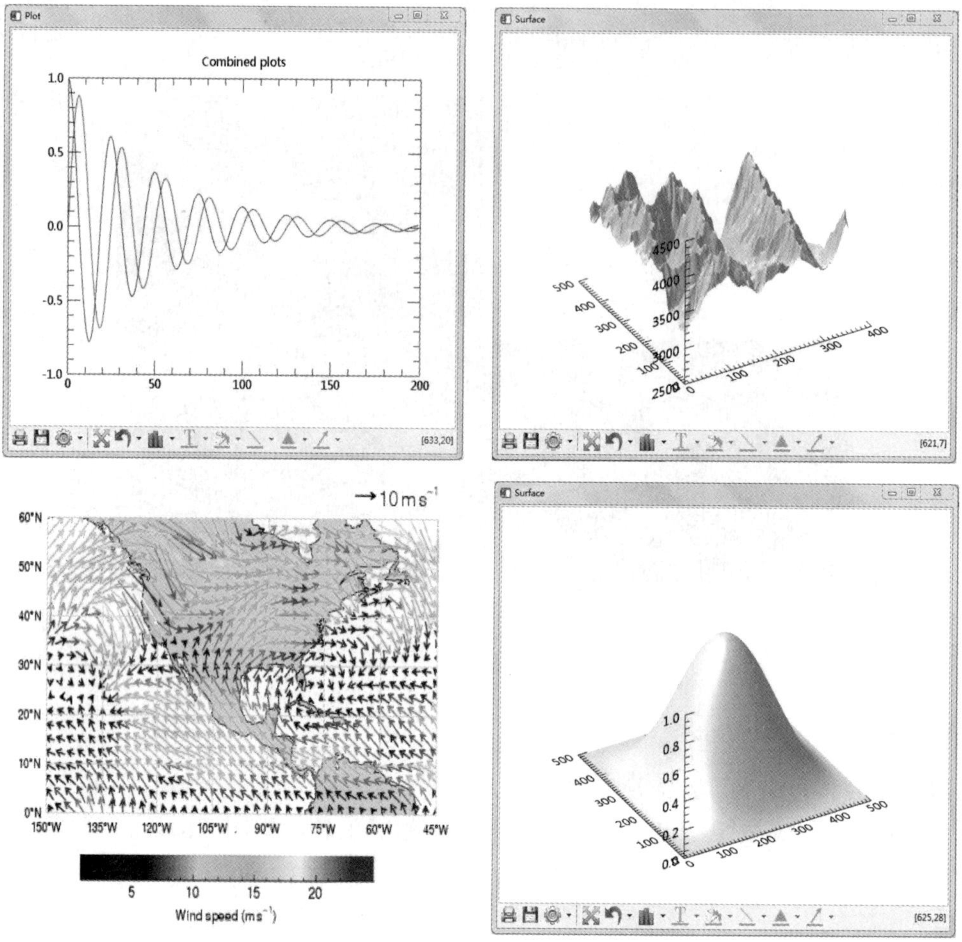

图 8.9 可视化

8.3 相关控制函数接口

ENVI 与 ArcGIS 的无缝集成，充分体现了遥感与 GIS 的紧密联系，遥感和 GIS 作为空间技术的主要组成部分，二者在数据处理与分析上不可分割，相辅相成。一方面，离开遥感影像，GIS 就是不完整的；另一方面，遥感所获取的海量空间数据有赖于 GIS 的有效管理与共享，同时利用 GIS 强大的空间分析功能提取更深层次的专题信息，全面提升影像的利用价值。

正是基于以上原因，Esri 与 ITT VIS 在 2007 年宣布商业合作计划，ENVI 完全支持 Geodatabase 读写，同时 ENVI 支持 E00 和 ShapeFile 文件格式，ArcGIS 支持 ENVI 格式。在 ENVI 中处理的影像可以通过 ArcCatalog 导入到 Geodatabase 中进行分析，减少中间文件打开和保存过程。利用主流开发环境可以集成 ArcGIS Engine 应用程序和 ENVI/IDL 的开发功能，这样使得开发一个遥感与 GIS 一体化的程序变得更容易。

ENVI 5.2 包含的程序控制、数据控制以及显示控制相关的函数接口总结如下[19][20]。

8.3.1 程序控制方法及功能

程序控制包含的方法及功能如表 8.1 所示。

表 8.1 程序控制包含的方法及功能

方法	功能介绍
ENVI.AddCustomReader	为 File→Open As→Custom 添加打开自定义格式数据的过程
ENVI.AddExtension	为 Toolbox 添加扩展工具，可添加菜单功能
ENVI.Close	关闭 ENVI
ENVI.CreateView	创建新的视图（View）
ENVI.GetTemporaryFilename	自动获取一个临时文件名，位于临时目录
ENVI.GetView	获取当前视图，返回值为 ENVIView 对象
ENVI.HideExtensionFiles	启动 ENVI 时隐藏某个扩展补丁
ENVI.LogMessage	将自定义消息保存到日志文件 LOG_FILE 内
ENVI.OpenRaster	打开栅格数据，支持大多数格式
ENVI.OpenROI	打开 ENVI 的 ROI 文件
ENVI.OpenVector	打开矢量数据
ENVI.Refresh	可以禁用或启用 ENVI 刷新功能
ENVI.ReportError	弹出错误提示对话
ENVI.Show	使 ENVI 处于当前激活窗口
ENVIPreferences	管理 ENVI Preferences 设置
ENVIPreferenceItem	设置 ENVI Preferences 设置项

8.3.2 数据控制函数

数据控制中包含的函数如表 8.2 所示。

表 8.2 数据控制中包含的函数

对象或方法	功能介绍
ENVICoordSys	对象：可通过 ENVIVector 的 COORD_SYS 属性获取此对象
ENVIDataCollection	对象：获取当前打开的文件 Raster 对象数组
ENVIEqualizationStretchRaster	对象：均衡化拉伸栅格数据
ENVIFIDToRaster	方法：将 ENVI 中的文件 ID（FID）转换为 ENVIRaster 对象
ENVIGaussianStretchRaster	对象：高斯拉伸栅格数据
ENVIGCPSet	对象：ENVI 的地面控制点对象
ENVIGLTRasterSpatialRef	对象：空间参考对象，包含了地理查找表（GLT）
ENVIGridDefinition	对象：定义参考网格
ENVILinearPercentStretchRaster	对象：线性百分比拉伸栅格数据
ENVILinearRangeStretchRaster	对象：线性范围拉伸栅格数据
ENVILogStretchRaster	对象：对数拉伸栅格数据
ENVIMetaspectralRaster	对象：ENVI 元文件生成对象
ENVIMosaicRaster	对象：ENVI 无缝镶嵌栅格对象
ENVINNDiffusePanSharpeningRaster	对象：基于 NND 算法的融合
ENVIOptimizedLinearStretchRaster	对象：优化线性拉伸栅格数据
ENVIPseudoRasterSpatialRef	对象：空间参考对象，包含了 Pseudo 地理信息
ENVIRaster	对象：ENVI 栅格对象，包含一些栅格数据操作方法
ENVIRasterIterator	对象：ENVI 分块处理对象
ENVIRasterMetadata	对象：ENVI 栅格元数据对象
ENVIRasterSeries	对象：生成栅格时间序列文件

续表

对象或方法	功能介绍
ENVIRasterStatistics	对象：栅格统计对象
ENVIRasterToFID	方法：将 ENVIRaster 转换为 FID
ENVIResampleRaster	对象：栅格重采样
ENVIROI	对象：全新的 ENVI 感兴趣区域对象
ENVIRootStretchRaster	对象：栅格根拉伸，例如：平方根，3 次方根
ENVIRPCRasterSpatialRef	对象：空间参考对象，存储 RPC 信息
ENVISpatialGridRaster	对象：重投影及重采样栅格
ENVISpectralIndexRaster	对象：光谱指数计算
ENVIStandardRasterSpatialRef	对象：空间参考对象，包含了标准地理坐标系信息
ENVISubsetRaster	对象：栅格裁剪对象
ENVITime	对象：ENVI 时间对象
ENVIVector	对象：ENVI 矢量数据对象

8.3.3 显示控制函数

显示控制包含的函数如表 8.3 所示。

表 8.3 显示控制包含的函数

对象	功能介绍
ENVIPortal	ENVI 透视窗口对象
ENVIRasterLayer	ENVI 栅格图层对象，可对图层进行移动等操作
ENVIRasterSeriesLayer	栅格时间序列文件生成对象
ENVIROILayer	ENVI 感兴趣区域图层
ENVIUI	ENVI 用户界面对象，可弹出文件选择对话框和地图坐标系统界面等
ENVIVectorLayer	ENVI 矢量图层对象，可对图层进行移动等操作
ENVIView	ENVI 视图对象，可对视图进行平移、旋转、缩放等操作

8.4 ENVITask 调用

ENVI 5.2 新增了 58 个即拿即用的图像处理任务，几乎包括了所有基本的 ENVI 图像处理任务，用户可以利用 ENVITask 和 ENVITaskParameter 两个函数调用任何一个任务，可以说 ENVITask 调用是一种特殊的函数接口调用[19][20]。下面对 ENVI 5.2 版本的 58 种任务做了总结和说明[19][20]，如表 8.4 所示。

表 8.4 ENVITask

任务	功能描述
AutoChangeThresholdClassification	基于自动阈值法的图像变化监测
BuildBandStack	波段合成
BuildRasterSeries	构建用于时空分析的栅格系列文件
BuildTimeSeries	根据采集时间排序后，构建用于时空分析的栅格系列文件
ChangeThresholdClassification	基于手动阈值法的图像变化监测
ClassificationAggregation	分类结果聚合，清除碎斑
ClassificationSmoothing	分类结果平滑，清除斑点噪声
ClassificationToShapefile	导出分类结果中的一类或多类为 Shapefile 格式

续表

任务	功能描述
ColorSliceClassification	通过阈值进行栅格数据的分类并着色，默认类别：16 类、颜色表为：Rainbow
DarkSubtractionCorrection	简化黑暗像元法大气校正
DimensionsResampleRaster	重采样
EqualizationStretchRaster	直方图均衡化拉伸
FXSegmentation	面向对象分割
ForwardICATransform	独立主成分分析
ForwardMNFTransform	最小噪声分离
ForwardPCATransform	主成分分析
GaussianStretchRaster	高斯拉伸
GramSchmidtPanSharpening	GS 融合方法
ISODATAClassification	ISODATA 非监督分类法
ImageBandDifference	波段差值分析
ImageIntersection	计算两个图像交集
ImageThresholdToROI	阈值法定义 ROI
LinearPercentStretchRaster	百分比线性拉伸
LinearRangeStretchRaster	基于像素值范围的线性拉伸
LogStretchRaster	对数拉伸
MahalanobisDistanceClassification	马氏距离监督分类法
MappingResampleRaster	行列映射法重采样
MaximumLikelihoodClassification	最大似然监督分类法
MinimumDistanceClassification	最小距离监督分类法
NNDiffusePanSharpening	NNDiffuse 图像融合
OptimizedLinearStretchRaster	优化线性拉伸
PCPanSharpening	PCA 图像融合
PercentThresholdClassification	基于阈值法的异常区域和非异常区域提取
PixelScaleResampleRaster	分辨率成倍采样法
QUAC	快速大气校正
QuerySpectralIndices	基于影像中心波长信息获取光谱指数数组
ROIToClassification	ROI 转换为分类文件
RPCOrthorectification	正射校正
RXAnomalyDetection	基于 RX 的异常检测
RadiometricCalibration	辐射定标
RadiometricNormalization	辐射归一化
RasterStatistics	栅格统计
RasterViewshed	视域分析
RegridRaster	影像栅格化
RegridRasterSeriesByIndex	基于索引的批量影像栅格化
RegridRasterSeriesByIntersection	基于交集的批量影像栅格化
RegridRasterSeriesByUnion	基于并集的批量影像栅格化
ReprojectGLT	基于 GLT 转换投影坐标
RootStretchRaster	指定范围拉伸
SpectralAngleMapperClassification	光谱角监督分类法
SpectralIndex	光谱指数计算
SpectralIndices	批量光谱指数计算
ThematicChange	分类后变化监测
TrainingClassificationStatistics	分类后统计
VectorAttributeToROIs	基于矢量中的属性创建 ROI
VectorRecordsToROI	基于矢量创建 ROI
VegetationSuppression	植被抑制
VideoToRasterSeries	视频转栅格

8.5 ENVI 二次开发方法

8.5.1 启动批处理模式

```
Result= ENVI([/CURRENT] [, ERROR=variable] [, /HEADLESS] [, LAYOUT=array] [,
LOG_FILE=string] [, UVALUE=variable])
e=ENVI();启动 ENVI，打开 ENVI 界面
e=ENVI(/HEADLESS);启动 ENVI，隐藏界面
IDL> e=ENVI(/headless)
IDL> help,e
E              ENVI <724260>
ENVI> print,e
ENVI <724260>
  DATA =<ObjHeapVar724838(ENVIDATACOLLECTION)>
  LANGUAGE='eng'
  LAYOUT =!NULL
  LOG_FILE=''
  PREFERENCES=<ObjHeapVar554426(ENVIPREFERENCES)>
  ROOT_DIR= 'D:\Program Files\Exelis\envi52\'
  UI =!NULL
  UVALUE =!NULL
  VERSION ='5.2'
  WIDGET_ID=0
```

注意：e 中包含了许多信息，包括语言、视图布局、日志文件、安装目录、UI 对象、UVALUE、版本和 Widget_ID。

8.5.2 ENVITask 调用

简单来说，ENVITask 就是用来新建 Task 的，而 ENVITaskParameter 可以返回当前 Task 的属性列表（见表 8.5）。

ENVITask 调用格式：

```
Result = ENVITask('TaskName' [, ERROR=variable])
```

TaskName 可选自表 8.4，同样可以使用 e.TASK_NAMES 获取当前可用 Tasks。

表 8.5 ENVITask 具有的属性

属性名	意义
DESCRIPTION (GET, INIT)	描述 ENVITask 的信息
IGNORE_VALIDATE (GET, SET, INIT)	设置此属性，可以在 ENVITask 验证不通过的情况下执行 Task。默认为 0
NAME (GET, INIT)	ENVITask 的名字

ENVITask 属性查询示例：

```
ENVI> Task = ENVITask('QUAC')
ENVI> Task.DESCRIPTION
```

```
This task performs the QUick Atmospheric Correction workflow on an image
ENVI> Task.NAME
QUAC
ENVI> Task.IGNORE_VALIDATE
0
```

ENVITask 具有的方法如表 8.6 所示。

表 8.6　ENVITask 具有的方法

方法名	功能描述
EXECUTE	执行给定的 ENVITASK
PARAMETER	返回对应的 ENVITASKPARAMETER 对象
PARAMETERNAMES	返回给定 ENVITASK 所有的参数名
VALIDATE	判断 ENVITASK 是否有效

ENVITask 方法查询示例：

```
ENVI> Task.ParameterNames()
input_raster
output_raster
output_raster_uri
sensor
ENVI> Task.Parameter('input_raster')
ENVITASKPARAMETER <200824>
  CHOICE_LIST =!NULL
  DEFAULT =!NULL
  DESCRIPTION ='Specify an ENVIRaster object on which to perform the
                 atmospheric correction'
  DIRECTION ='IN'
  NAME ='input_raster'
  REQUIRED =1
  TYPE ='ENVIRASTER'
  VALUE =!NULL
```

8.5.3　常用函数介绍

下面介绍几个常用的 ENVI 二次开发接口函数和 Task，后面附带一些基本程序示例以及 ENVI 5.2 版本所有接口函数和 ENVITask。

1. ENVIRadiometricCalibrationTask 辐射定标 Task

```
Result = ENVITask('RadiometricCalibration')
//关键字 Input_Raster 为输入的栅格对象
Output_Data_Type//为输出的数据类型
     Int:16-bit integer
     Float: Floating-point (default)
     Double: Double-precision floating point
     UInt:16-bit unsigned integer
CALIBRATION_TYPE//为校正类型
```

```
    Radiance (default)
    Top-of-Atmosphere Reflectance
    Brightness Temperature
OUTPUT_RASTER_URI//为输出路径
```

2. ENVIRPCOrthorectificationTask 正射校正 Task

```
Result = ENVITask ('RPCOrthorectification')
INPUT_RASTER//指定用于 RPC 校正的影像
INPUT_GCP//指定控制点文件
DEM_RASTER//指定 DEM 文件
OUTPUT_PIXEL_SIZE//输出像元大小，默认为影像像元大小 OUTPUT_RASTER_URI 输出路径
OUTPUT_SUBSET//设置输出区域
```

3. ENVIFXSegmentationTask 面向对象分割 Task

```
Result = ENVITask('FXSegmentation')
TER_URI//设置输出栅格路径
OUTPUT _MEANS_RASTER//输出在 ENVI 栅格格式的显示定义分割区域的多光谱图像
```

4. ENVIBuildBandStackTask 波段合成 Task

```
Result = ENVITask('BuildBandStack')//波段合成，主要用于将影像中需要的波段合成
    到一个文件中去，经常讲不同影像文件中相同维数与大小的波段合成为一个输出影像文件。
INPUT_RASTERS//指定合成的波段
OUTPUT_RASTER//输出合成的 ENVI 文件
OUTPUT_RASTER_URI//输出文件路径
SPATIAL_REFERENCE//设置空间参考
```

5. ENVIQUACTask 快速大气校正 Task

```
Result = ENVITask ('QUAC')
INPUT_RASTER//输入栅格
OUTPUT_RASTER//输出 ENVI 格式的栅格
OUTPUT_RASTER_URI//指定包含栅格名称的完整路径，如果不指定输出栅格名称和路径，则
            ENVI 临时指定一个路径，若不保存，退出 ENVI 后将会删除输出栅格文件。
SENSOR//指定传感器类型
```

6. ENVIReprojectGLTTask 地理参考校正 Task

```
Result = ENVITask('ReprojectGLT')
//主要用于对 NPP VIIRS 和 MODIS 自带的地理数据进行校正，同时也可以去掉蝴蝶结效应。
INPUT_RASTER//输入影像文件
LATITUDE_RASTER//纬度数据
LONGITUDE_RASTER//经度数据
OUTPUT_RASTER//输出影像格式。默认为 ENVI
QUALITY_RASTER//指定 QUALITY 数据
OUTPUT_RASTER_URI//指定输出路径
```

7. ENVIMosaicRaster 影像镶嵌函数

Result =ENVIMosaicRaster(Scenes [, Properties=value][, Keywords=value]) scenes 为输入参数，为 ENVIRaster 对象数组。例如，想新建 Raster1 和 Raster2 的镶嵌对象，可以设置 scenes = [Raster1, Raster2]。

注意事项如下：

（1）scenes 中的每一个 Raster 必须具有相同的波段和数据类型。

（2）scenes 可以在初始化 ENVIMosaicRaster 时传入，也可以在创建后使用 scenes 属性赋值。

（3）Seamless Mosaic tool 可以接收复数数据类型。如果 Complex Function 存在，在镶嵌之前，ENVI 将数据转换为单精度（浮点型）或双精度类型。如果 Complex Function 不存在，ENVI 则使用 Power Function 转换复数数据。

（4）如果数据含有 NaN 或 Inf，在计算轮廓线和匀色统计时，自动忽略这些像元。

8．ENVIRaster 栅格函数

ENVIRaster 用于创建一个栅格对象，其返回值为 ENVI 栅格对象。导出数据，相当于面向过程的 ENVI_WRITE_ENVI_FILE。e.GetData( )相当于面向过程的 ENVI_GET_DATA( )。在 ENVI API（即面向对象）编程中，ENVI_OPEN_FILE 和 ENVI_OPEN_DATA_FILE 都被 ENVIRaster( )取代。

参数包括：

定义 Data 为二维或三维数组，如果是三维数组，则用 INTERLEAVE，关键字指明数据存储方式。如果指明 Data 参数，则 NBANDS、NCOLUMNS、NROWS 和 DATA_TYPE 将会继承自栅格对象。如果没有指明 Data 参数，则要指明输出栅格的 NBANDS、NCOLUMNS、NROWS 和 DATA_TYPE，或者用 INHERITS_FROM 关键字指明继承的栅格影像，可以用 SetData 或 SetTile 方法向 ENVIRaster 中添加数据。

方法包括：

（1）Close 关闭 ENVI；

（2）CreatePyramid 创建影像金字塔；

（3）CreateTileIterator 分块处理；

（4）Export 导出文件；

（5）ExportROIs 导出感兴趣区；

（6）GetData 获取某一波段数据；

（7）Save 保存数据文件；

（8）SetData 向 ENVIRaster 写入数据；

（9）SetTile 将处理的数据结果分块写入 ENVIRASTER；

（10）WriteMetadata 向头文件写入元数据。

其中，GetData 方法语法为

```
Result=ENVIRaster.GetData([BANDS=array][,/COMPLEX_FUNCTION][,ERROR=variable][,INTERLEAVE=string][,INTERPOLATION=string][,PIXELSTATE=variable][,SUB_RECT=array] [, XFACTOR=floating point] [, YFACTOR=floating point])
```

GetData( )用于获取波段数据，是一个一维数组，波段序号从 0 开始 BANDS=[0,1,2,3…]。主要关键字是 BANDS 和 SUB_RECT，SUB_RECT 用于设置截取图像的大小，是一个具有 4

个元素的一维数组，x1=左上角列元素、y1=左上角行元素、x2=右下角列元素、y2=右下角行元素。

9. OpenRaster 函数

打开一个新的文件，输入参数可以是路径或文件，返回值是 ENVIRaster 对象。具体支持的格式参考 ENVI HELP。

```
Result=ENVI.OpenRaster(URI [, Keywords=value])
```

参数包括：URI 文件的路径

关键字包括：

（1）CUSTOM_TYPE 自定义的文件读取方式，不能与 EXTERNAL_TYPE 联合使用。DATA_IGNORE_VALUE 忽略某个像元值在影像显示时的 DATASET_INDEX 数据集索引，这个关键字用于多数据集的影像，如 HDF、ECRG、Multi-page TIFF, NetCDF-4 等格式的数据。

（2）DATASET_NAME 对于多数据集的影像，如 HDF、ECRG、Multi-page TIFF、NetCDF-4 等格式的数据，通过数据集名字打开文件。如果不知道数据集的名字，可以通过数据集浏览器查看数据集名称。

（3）EXTERNAL_TYPE 用于打开 ENVI 中 external file 菜单下支持的扩展格式文件。详细信息请参考 ENVI HELP。

（4）INTERLEAVE 用于设置打开栅格影像的存储方式，有 BSQ、BIL、BIP 三种方式。

（5）METADATA_OVERRIDE 打开具有多数据集的元数据文件。

10. Close 函数

Close 函数用于关闭 ENVI，其用法为

```
ENVI.Close [, ERROR=variable]
```

关键字 ERROR 设置错误信息，如果错误发生，则返回设置的字符串信息，否则返回空字符串。若不设置此关键字，则发生错误时 ENVI 返回 caller and execution halts。

8.6 ENVI 程序示例

8.6.1 镶嵌批处理 ENVIMosaicRaster

```
PRO MOSAICBATCH
COMPILE_OPT IDL2
; 启动 ENVI 5.1
  e = ENVI()
; 选择多个文件
  files = DIALOG_PICKFILE(/MULTIPLE, $
    TITLE = 'Select input scenes')
  scenes = !NULL
; 将每一个 Raster 放在一个 Scenes 中
FOR i=0, N_ELEMENTS(files)-1DOBEGIN
    raster = e.OpenRaster(files[i])
```

```
    scenes = [scenes, raster]
ENDFOR
; 创建 ENVIMosaicRaster 对象
  mosaicRaster = ENVIMosaicRaster(scenes,$
    background = 0,$
    color_matching_method = 'histogram matching',$
    color_matching_stats = 'overlapping area',$
    feathering_distance = 20,$
    feathering_method = 'seamline',$
    resampling = 'bilinear',$
    seamline_method = 'geometry')
; 设置输出路径
  newFile = ENVI_PICKFILE(title='Select output file',$
    /output)
IFFILE_TEST(newFile) THENFILE_DELETE, newFile
; 输出镶嵌结果
  mosaicRaster.Export, newFile, 'ENVI'
;  保存接边线
  mosaicRaster.SAVESEAMPOLYGONS, newFile+'_seamline.shp'
  vector = e.OpenVector(newFile+'_seamline.shp')
; 打开并显示栅格和接边线
  mosaicRaster = e.OpenRaster(newFile)
  view = e.GetView()
  layer = view.createlayer(mosaicRaster)
  vlayer = view.createlayer(vector)
END
```

8.6.2 辐射定标 ENVIRadiometricCalibration

```
ProRadiometric_Calibration
;,InPutFile,OutPutFile
COMPILE_OPT IDL2
;启动 ENVI
e=ENVI()
;以 Landsat8 数据为例
InPutFile=Dialog_Pickfile(PATH='G:\影像',title='Pick your file')
Raster=e.OpenRaster(InPutFile,METADATA_OVERRIDE = UserMetadata)
Task=ENVITask('RadiometricCalibration')
Task.Input_Raster=Raster[1];OLIpan 波段
Task.Output_Data_Type = 'Double'
Task.Output_Raster_URI='G:\影像\RAD245CALI'
Task.Execute
DataColl = e.Data
; 将输出文件添加到文件管理器
DataColl.Add, Task.Output_Raster
;在 ENVI 中显示
view=e.GetView()
layer=view.CreateLayer(Task.Output_Raster)
end
```

8.6.3 正射校正函数 ENVIRPCRasterSpatialRef

```
;*************************正射校正*******************************
;inputfile              输入影像
;outputfile             输出影像
;DEMFile                输入 DEM 影像
;GCPFile                输入地面控制点文件
;Output_Pixel_Size      输出像元大小
;*************************************************************
ProGeomet_corre,inputfile,outputfile,DEMFile,GCPFile,Output_Pixel_Size
COMPILE_OPT IDL2
e=ENVI(/Headless)
;打开待纠正影像
Raster=e.OpenRaster(inputfile)
;打开 DEM
DEM=e.OpenRaster(DEMFile)
;输入控制大文件
GCPs=ENVIGCPSet(GCPFile)
;获取 RPC 正射纠正任务
Task = ENVITask('RPCOrthorectification')
;设置控制参数
Task.Input_Raster = Raster
Task.DEM_Raster = DEM
Task.Input_GCP = GCPs
Task.Output_Pixel_Size = Output_Pixel_Size
Task.Output_Raster_URI = outputfile
; 执行
Task.Execute, Error=error
end
```

8.6.4 快速大气校正函数 ENVIQUACTask

```
;**********该过程实现快速大气纠正************
;********输入文件，输出文件，传感器类型****
ProQuac_Ato,InPutFile,OutPutFile,Sensor
COMPILE_OPT IDL2
;启动 ENVI
e=ENVI(/HEADLESS)
;打开影像
Raster=e.OpenRaster(InPutFile)
if(Raster eq'') thenbegin
  e.Close
return
endif
;启动快速大气校正 Task
Task=ENVITASK('QUAC')
;输入栅格
Task.Input_Raster=Raster
```

```
;传感器类型
Task.Sensor=Sensor
;输出文件
Task.Output_Raster_URI=OutPutFile
;执行 Task
Task.Execute
;关闭 ENVI
e.close
end
```

8.6.5　分块处理函数 CreateTileIterater

```
;*****************************************************
;ENVI 分块处理程序
;*****************************************************
ProTile_Iterator
COMPILE_OPT IDL2
;启动 ENVI
e=ENVI()
;选择输入文件
file =dialog_pickfile(title='input your file',$
  path='G:\建模重新开始\影像')
;选择输出文件
outputfile=dialog_pickfile(title='output your file',$
  path='G:\建模重新开始\影像')
;Raster=e.Openraster(InputFile)
if outputfile eq''thenreturn
;打开影像
raster = e.OpenRaster(file,ERROR = err)
;Raster=e.Openraster(InputFile,ERROR = err)
if err thenbegin
  rlt=dialog_message('请选择正确影像',title=$
'错误',/Error)
endif
;创建一个新的输出影像文件
rasterNew = ENVIRaster(URI=outputfile, $
  INHERITS_FROM=raster)
;根据原始影像分块进行迭代处理
tiles = raster.CreateTileIterator()
FOREACH tile, Tiles DOBEGIN
;高斯滤波分块处理
  data =  EDGE_DOG(tile)
;分块输出
  rasterNew.SetTile, Data, Tiles
ENDFOREACH
; 保存并显示
rasterNew.Save
view1 = e.GetView()
```

```
layer1 = view1.CreateLayer(rasterNew)
End
```

8.6.6 批量输出 HDF5 数据集

```
PRO Using_HDF5_Template
COMPILE_OPT idl2
;启动 ENVI 5.1
  e = ENVI()
;选择搜索路径
  inPath = ENVI_PICKFILE(/DIRECTORY,    $
    title = 'Select the Iutput File Path')
IF inPath EQ''THENRETURN
;搜索 NPP VIIRS 文件
  Files = FILE_SEARCH(inPath, '*.H5')
IF Files[0] EQ''THENRETURN
;选择 Template 文件，即 XML 文件（ENVI_HDF5_Template.xml）
  xmlFile = ENVI_PICKFILE(title = 'Select XML File', $
    FILTER = '*.xml')
IF xmlFile EQ''THENRETURN
;选择输出路径
  outPath = ENVI_PICKFILE(/DIRECTORY,    $
    title = 'Select the Output File Path')
;初始化进度条
  str = ['Input Path: ' + inPath,$
'Output Path: ' + outPath]
ENVI_REPORT_INIT, str, title="Processing...", $
   base=base ,/INTERRUPT
ENVI_REPORT_INC, base, N_ELEMENTS(Files)
;开始批处理
FOR i=0,N_ELEMENTS(Files)-1DOBEGIN
   Raster = e.OpenRaster(Files[i], $
     TEMPLATE = xmlFile, ERROR = err)
IF err NE''THENCONTINUE
;获取 H5 文件名
   fileName = FILE_BASENAME(Files[i], '.H5')
;输出 Radiance 和 Reflectance
   Raster[0].EXPORT, outPath+PATH_SEP()+ $
     fileName+'_Radinace.dat', 'envi'
   Raster[1].EXPORT, outPath+PATH_SEP()+ $
     fileName+'_Reflectance.dat', 'envi'
;进度条状态更新
ENVI_REPORT_STAT,base, i, N_ELEMENTS(Files), CANCEL=cancelvar
;判断是否单击取消
IF cancelVar EQ1THENBEGIN
     tmp = DIALOG_MESSAGE('单击了取消'+STRTRIM(i,2)+'%',/info)
ENVI_REPORT_INIT, base=base, /finish
BREAK
```

```
ENDIF
ENDFOR
;进度条完成
ENVI_REPORT_INIT, base=base, /finish
;关闭 ENVI 中打开的 NPP VIIRS 数据
  DataColl = e.DATA
  DataItems = DataColl.Get()
FOREACHItem, DataItems DOItem.CLOSE
END
```

8.7　ENVI/IDL 集成开发案例

8.7.1　案例实现流程

（1）启动 VS2010，新建项目，项目类型选择“DevExpress Visual C#”，模板选择“DevExpress v14.1 Template Gallery”，解决方案名称为“示例程序”，单击【确定】按钮，如图 8.10 所示。

图 8.10　新建项目

（2）winform 类型选择 Ribbon Based Application，如图 8.11 所示。

（3）在 Ribbon 界面上绘制如图 8.12 所示的窗体。

（4）首先添加 AxMapControl 控件和 MapControl 控件，添加完毕后需在 Map 控件上添加许可控件 AxLicenseControl（必不可少，否则不能添加图层）。

（5）在 MapControl 上添加 ToolbarControl，分别将 ToolbarControl、AxToControl 与 MapControl 关联。分别右键单击 ToolbarControl、AxToControl 属性，在 Buddy 下设置，如图 8.13 所示。

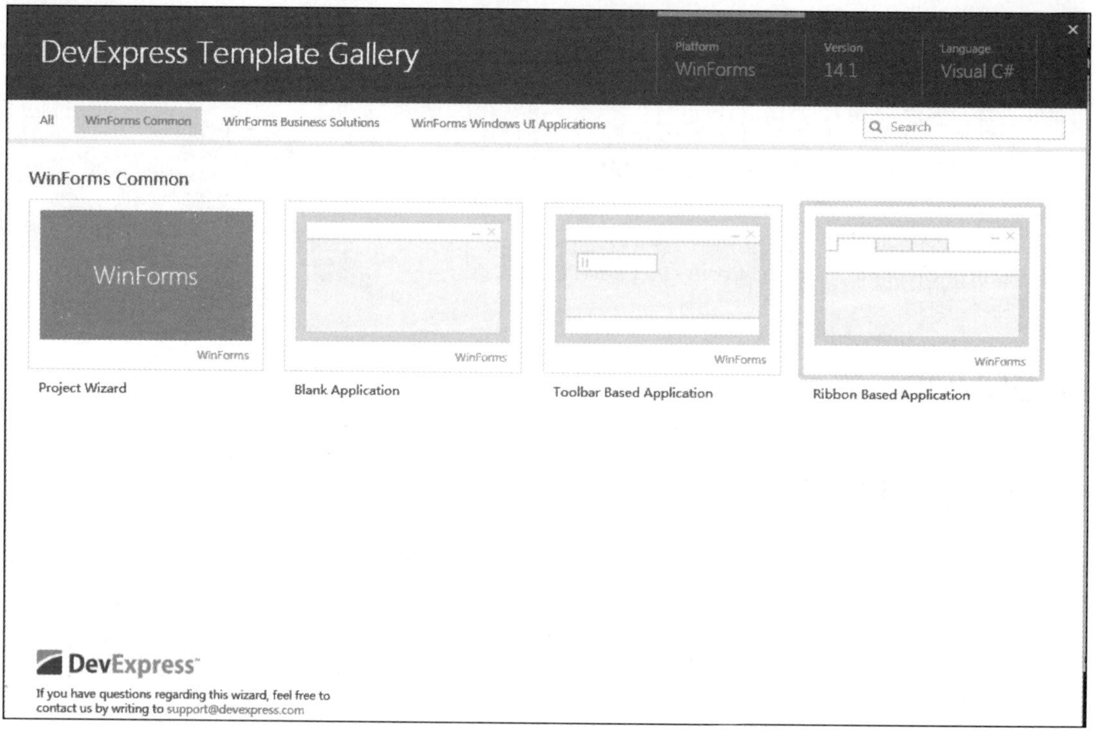

图 8.11 窗体风格选择

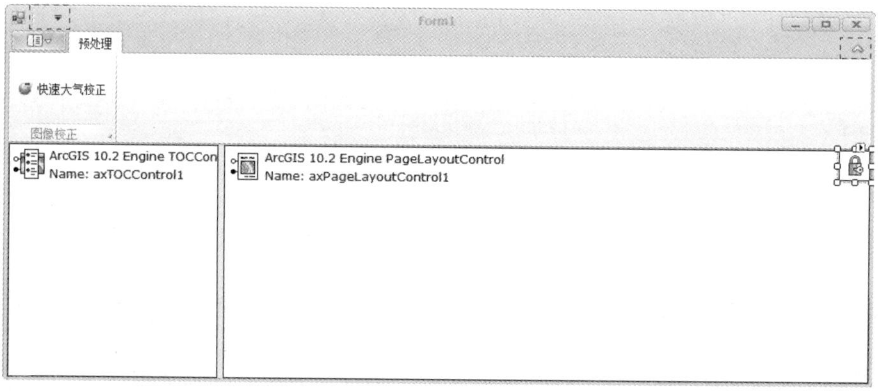

图 8.12 绘制窗体

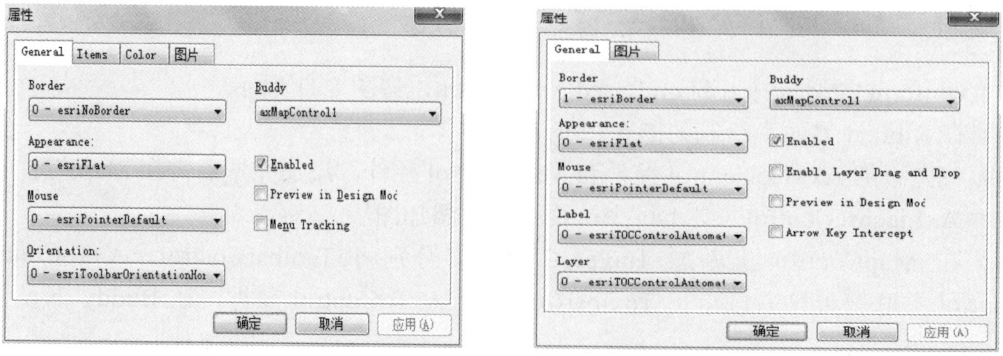

图 8.13 设置 ToolbarControl、AxToControl 与 MapControl 关联

（6）右键单击【解决方案】→【添加】→【新建项】→【DevExpress v14.1 Template Gallery】→【form】→【Create】，绘制如图 8.14 所示的窗体。

在快速大气校正菜单属性事件栏的 ItemClick 双击添加对话框导入事件，如图 8.15 所示。

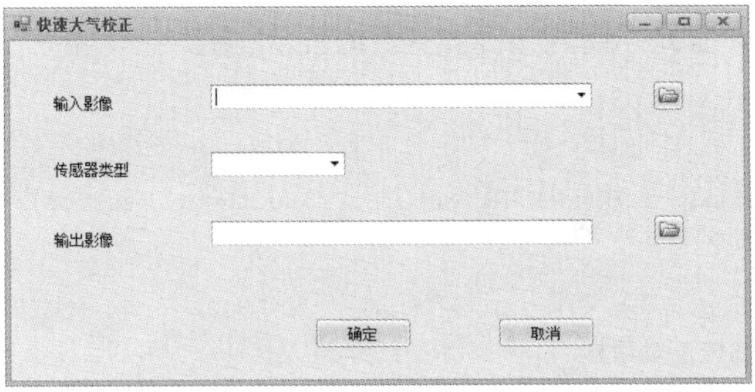

图 8.14　快速大气校正窗体绘制

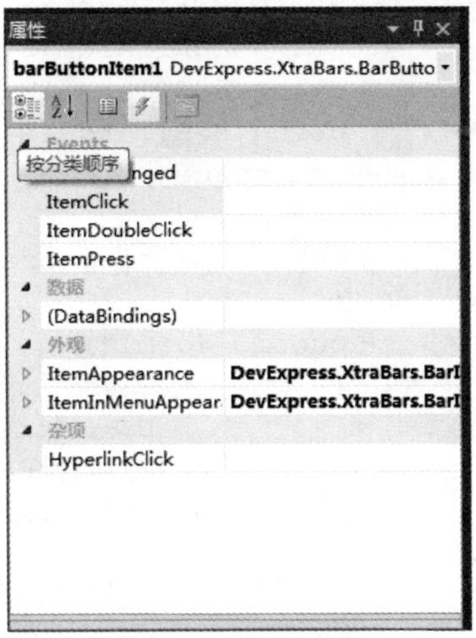

图 8.15　添加快速大气校正窗体导入事件

通过【解决方案】→【引用】，右键单击【添加引用】→【COM】，添加 IDL 组件，如图 8.16 所示。用同样的方法，添加 ArcEngine 引用。

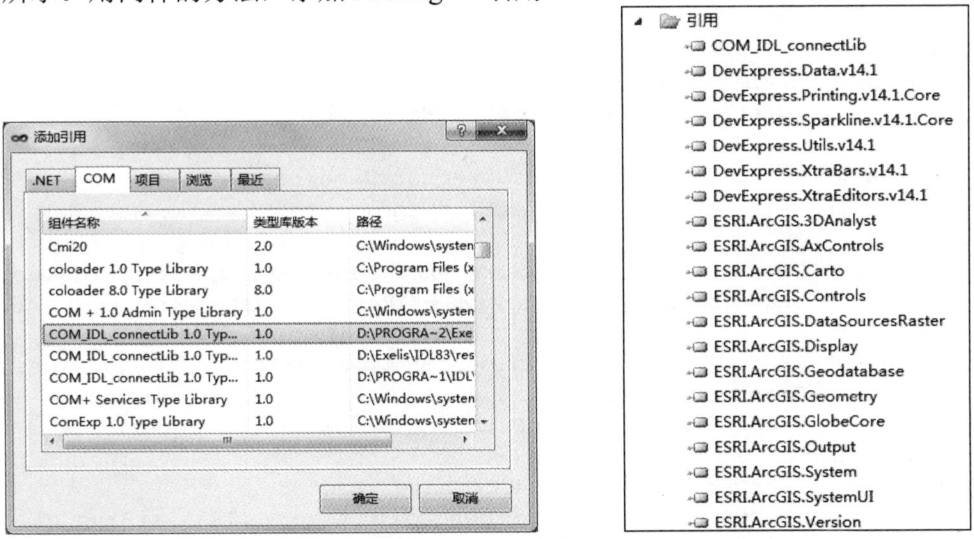

图 8.16　添加 IDL 组件和 ArcEngine 引用

8.7.2　案例源代码

IDL 程序部署安装有很多方法，这里只介绍其中一种。首先新建一个名为“IDL 程序”的文件夹用于存放 IDL 源程序。直接将“IDL 程序”文件夹部署在 bin 文件夹下的 debug 文件夹中。

在 Form1.cs 中添加如下代码：

```
using ESRI.ArcGIS.Controls;
using ESRI.ArcGIS.Carto;
using ESRI.ArcGIS.DataSourcesRaster;
using ESRI.ArcGIS.Display;
using ESRI.ArcGIS.esriSystem;
using ESRI.ArcGIS.Geometry;
using ESRI.ArcGIS.Geodatabase;
using ESRI.ArcGIS.SystemUI;
namespace 示例程序
{
public partial class Form1 : DevExpress.XtraBars.Ribbon.RibbonForm
{
public Form1()
{
        ESRI.ArcGIS.RuntimeManager.Bind(ESRI.ArcGIS.ProductCode.Desktop);
        //运行许可
        InitializeComponent();
}
//单击快速大气校正菜单加载快速大气校正对话框
privatevoid barButtonItem1_ItemClick(object sender, DevExpress.XtraBars.
                                  ItemClickEventArgs e)
{
        QUAC quac =new QUAC(this);
        quac.pMap = axMapControl1.Map;
        quac.Show();
}
//运行程序后自动加载影像函数
publicvoid OpenRaster(string rasterFileName)
{
string ws = System.IO.Path.GetDirectoryName(rasterFileName);
string fbs = System.IO.Path.GetFileName(rasterFileName);
//
        IWorkspaceFactory pWork =new RasterWorkspaceFactoryClass();
        IRasterWorkspace pRasterWS = (IRasterWorkspace)pWork.OpenFromFile
                                  (ws,0);
        IRasterDataset pRasterDataset = pRasterWS.OpenRasterDataset(fbs);
        IRasterLayer pRasterLayer =new RasterLayerClass();
        pRasterLayer.CreateFromDataset(pRasterDataset);
//图层拉伸渲染
        IRaster raster = pRasterLayer.Raster;
        IRasterBandCollection bandCol = raster as IRasterBandCollection;
//判断如果小于三个波段，进行拉伸显示
if(bandCol.Count <3)
{
          IColor pFromColor =new RgbColorClass();
          IRgbColor pcolor = pFromColor as IRgbColor;
          pcolor.Red =0;
          pcolor.Green =0;
          pcolor.Blue =0;
int strechstyle =0;
          IRasterRenderer pRasterRenderer =new RasterStretchColor
          RampRendererClass();
```

```
            pRasterRenderer.Raster = pRasterLayer.Raster;
            IRasterStretchColorRampRenderer pRasterStretchRenderer =
            pRasterRenderer as IRasterStretchColorRampRenderer;
            pRasterRenderer.Update();
            IRasterStretch2 rasterStretchType = pRasterStretchRenderer
            as IRasterStretch2;
if(strechstyle ==0)
{
                rasterStretchType.StretchType = esriRasterStretchTypesEnum.
                esriRasterStretch_StandardDeviations;
                rasterStretchType.StandardDeviationsParam =1;
}
elseif(strechstyle ==1)
{
                rasterStretchType.StretchType = esriRasterStretchTypesEnum.
                esriRasterStretch_HistogramEqualize;
}
elseif(strechstyle ==2)
{
                rasterStretchType.StretchType = esriRasterStretchTypesEnum.
                esriRasterStretch_HistogramSpecification;
}
elseif(strechstyle ==3)
{
                rasterStretchType.StretchType = esriRasterStretchTypesEnum.
                esriRasterStretch_MinimumMaximum;
}
else
{
                rasterStretchType.StretchType = esriRasterStretchTypesEnum.
                esriRasterStretch_NONE;
}
            rasterStretchType.Invert =true;
            rasterStretchType.Background =true;
//rasterStretchType.BackgroundColor = pcolor;
//pRasterStretchRenderer.ColorRamp = ColorRamp();
//pRasterStretchRenderer.ColorScheme = "Custom";
//仅渲染第一波段
            pRasterStretchRenderer.BandIndex =0;
            pRasterLayer.Renderer = pRasterStretchRenderer as IRasterRenderer;
            axMapControl1.ActiveView.PartialRefresh(esriViewDrawPhase.
            esriViewGeography,null,null);
            axMapControl1.Map.AddLayer(pRasterLayer as ILayer);
}
else
{
            IRasterRGBRenderer2 rasterRGBRen =new RasterRGBRendererClass();
            IRasterRenderer rasterRen = rasterRGBRen as IRasterRenderer;
            rasterRen.Raster = raster;
            rasterRen.Update();
            rasterRGBRen.RedBandIndex =2;
```

```
                rasterRGBRen.GreenBandIndex =1;
                rasterRGBRen.BlueBandIndex =0;
                rasterRen.Update();
                pRasterLayer.Renderer = rasterRen;
                axMapControl1.Map.AddLayer(pRasterLayer as ILayer);
}
}
}
}
```

在 QUAC.cs 中添加如下代码：

```
using ESRI.ArcGIS.Controls;
using ESRI.ArcGIS.Carto;
using ESRI.ArcGIS.DataSourcesRaster;
using ESRI.ArcGIS.Display;
using ESRI.ArcGIS.esriSystem;
using ESRI.ArcGIS.Geometry;
using ESRI.ArcGIS.Geodatabase;
using ESRI.ArcGIS.SystemUI;
namespace 示例程序
{
public partial class Form1 : DevExpress.XtraBars.Ribbon.RibbonForm
{
public Form1()
{
ESRI.ArcGIS.RuntimeManager.Bind(ESRI.ArcGIS.ProductCode.Desktop);//运行许可
          InitializeComponent();
}
//单击快速大气校正菜单加载快速大气校正对话框
privatevoid barButtonItem1_ItemClick(object sender, DevExpress.XtraBars.
                                          ItemClickEventArgs e)
{
          QUAC quac =new QUAC(this);
          quac.pMap = axMapControl1.Map;
          quac.Show();
}
//运行程序后自动加载影像函数
publicvoid OpenRaster(string rasterFileName)
{
string ws = System.IO.Path.GetDirectoryName(rasterFileName);
string fbs = System.IO.Path.GetFileName(rasterFileName);
//
          IWorkspaceFactory pWork =new RasterWorkspaceFactoryClass();
          IRasterWorkspace pRasterWS =(IRasterWorkspace)pWork.OpenFromFile(ws,0);
          IRasterDataset pRasterDataset = pRasterWS.OpenRasterDataset(fbs);
          IRasterLayer pRasterLayer =new RasterLayerClass();
          pRasterLayer.CreateFromDataset(pRasterDataset);
//图层拉伸渲染
          IRaster raster = pRasterLayer.Raster;
          IRasterBandCollection bandCol = raster as IRasterBandCollection;
//判断如果小于三个波段，进行拉伸显示
if(bandCol.Count <3)
{
```

```
                IColor pFromColor =new RgbColorClass();
                IRgbColor pcolor = pFromColor as IRgbColor;
                pcolor.Red =0;
                pcolor.Green =0;
                pcolor.Blue =0;
int strechstyle =0;
                IRasterRenderer pRasterRenderer =new RasterStretchColor
                RampRendererClass();
                pRasterRenderer.Raster = pRasterLayer.Raster;
                IRasterStretchColorRampRenderer pRasterStretchRenderer =
                pRasterRenderer as IRasterStretchColorRampRenderer;
                pRasterRenderer.Update();
                IRasterStretch2 rasterStretchType = pRasterStretchRenderer
                as IRasterStretch2;
if(strechstyle ==0)
{
                    rasterStretchType.StretchType = esriRasterStretch
                    TypesEnum.esriRasterStretch_StandardDeviations;
                    rasterStretchType.StandardDeviationsParam =1;
}
elseif(strechstyle ==1)
{
                    rasterStretchType.StretchType = esriRasterStretchTypesEnum.
                    esriRasterStretch_HistogramEqualize;
}
elseif(strechstyle ==2)
{
                    rasterStretchType.StretchType = esriRasterStretchTypesEnum.
                    esriRasterStretch_HistogramSpecification;
}
elseif(strechstyle ==3)
{
                    rasterStretchType.StretchType = esriRasterStretchTypesEnum.
                    esriRasterStretch_MinimumMaximum;
}
else
{
                    rasterStretchType.StretchType = esriRasterStretchTypesEnum.
                    esriRasterStretch_NONE;
}
                rasterStretchType.Invert =true;
                rasterStretchType.Background =true;
//rasterStretchType.BackgroundColor = pcolor;
//pRasterStretchRenderer.ColorRamp = ColorRamp();
//pRasterStretchRenderer.ColorScheme = "Custom";
//仅渲染第一波段
                pRasterStretchRenderer.BandIndex =0;
                pRasterLayer.Renderer = pRasterStretchRenderer as IRasterRenderer;
                axMapControl1.ActiveView.PartialRefresh(esriViewDrawPhase.
                esriViewGeography,null,null);
                axMapControl1.Map.AddLayer(pRasterLayer as ILayer);
}
```

```
else
{
                IRasterRGBRenderer2 rasterRGBRen =new RasterRGBRendererClass();
                IRasterRenderer rasterRen = rasterRGBRen as IRasterRenderer;
                rasterRen.Raster = raster;
                rasterRen.Update();
                rasterRGBRen.RedBandIndex =2;
                rasterRGBRen.GreenBandIndex =1;
                rasterRGBRen.BlueBandIndex =0;
                rasterRen.Update();
                pRasterLayer.Renderer = rasterRen;
                axMapControl1.Map.AddLayer(pRasterLayer as ILayer);
}
}
}
}
```

8.7.3 案例实现结果

程序运行结果如图 8.17 和图 8.18 所示。

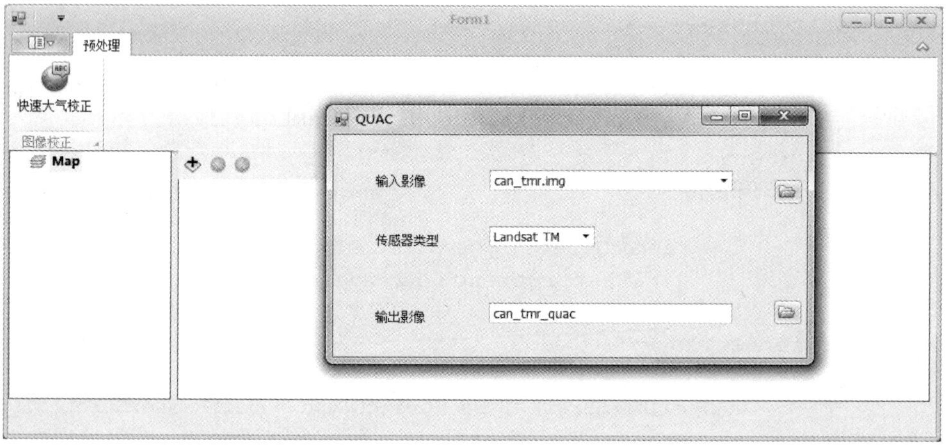

图 8.17 快速大气校正执行

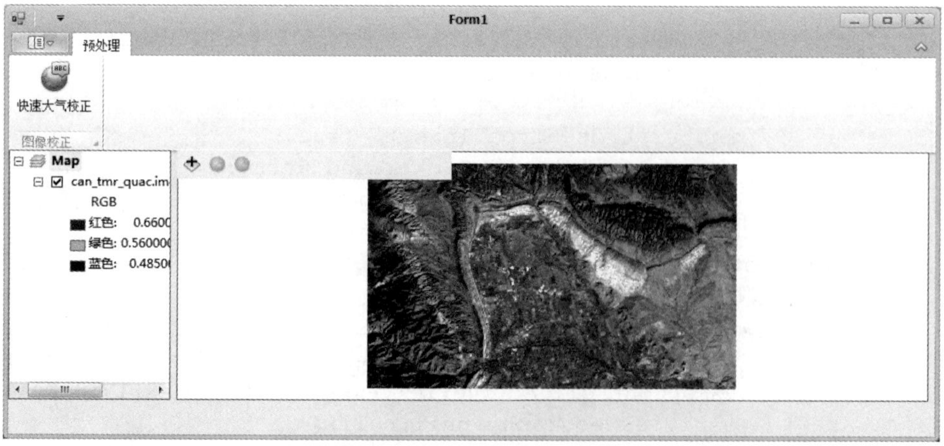

图 8.18 快速大气校正结果

参 考 文 献

[1] 杨敏, 汪云甲. 大学生 GIS 开发大赛对 GIS 专业实践教学的启示[J]. 测绘工程, 2009,18(5).

[2] SuperMap 杯全国高校 GIS 大赛组委会. SuperMap 杯第十一届全国高校 GIS 大赛竞赛专刊[EB/OL]. http://www.giscontest.com/gisTrain.aspx, 2013-03-16.

[3] 2015 年第七届全国高校 GIS 技能大赛组委会. 乘风破浪,扬帆远航[EB/OL]. http://contest.gisera.com/guide.html, 2015-03-02.

[4] 宋关福. 致 SuperMap 第五届 GIS 大赛参赛学生的公开信[EB/OL]. http://blog.3snews.net/space.php?uid=61812&do=blog&id=60093, 2007-08-05.

[5] EsriChina. Esri 杯中国大学生 GIS 软件开发竞赛竞赛介绍[EB/OL]. http://contest.esrichina.com.cn/html/jingsaijieshao/, 2015-03-18.

[6] SuperMap 杯全国高校 GIS 大赛组委会. SuperMap 杯第十三届全国高校 GIS 大赛暨北京分赛区即将揭幕[EB/OL]. http://www.giscontest.com/13gis/newview.asp?aid=660, 2015-03-16.

[7] 杨慧, 慈慧. GIS 技能竞赛辅助"空间分析与建模"教学的探索与实践[A]. 测绘科学, 2011,36(5).

[8] 2015 年第七届全国高校 GIS 技能大赛组委会. 2015 年第七届全国高校 GIS 技能大赛指南[EB/OL]. http://contest.gisera.com/guide.html, 2015-3-2.

[9] 百度文库. 空间分析与应用[EB/OL]. http://wenku.baidu.com/link?url=7VjMfT6P0Ps_78yvszR79OdQRbxC-BVe29ZCPkcDDr7tfP2uQXkVNtFUupPXDJq5_k69vYyyL1XPXJZQLAaB_p2oBwT3dUoBSgvhZvTcsCi, 2013-02-01.

[10] 刘亚静. GIS 软件应用实习教程——SuperMap iDesktop 7C[M]. 武汉： 武汉大学出版社, 2014-02-21.

[11] SuperMap 图书编委会. GIS 工程师训练营:SuperMap Objects 组件式开发[M]. 清华大学出版社, 2011-04-01.

[12] 北京超图软件股份有限公司. SuperMap iDesktop 7C 联机帮助[EB/OL]. http://www.supermap.com.cn/xhtml/SuperMap-iDesktop-7C.html], 2015-06-08.

[13] 新浪博客. 地理空间分析过程及其模型[DB/OL]. http://blog.sina.com.cn/s/blog_66575fc60100sljh. Html, 2011-05-11.

[14] 北京超图软件股份有限公司. SuperMap iObjects.NET 7C 联机帮助[EB/OL]. http://support.supermap.com.cn/DataWarehouse/WebDocHelp/DotnetOnlineHelp/HTMLManual/Welcome.html, 2014-2-21.

[15] 北京超图软件股份有限公司. 地理分析应用组[DB/OL]. http://www.giscontest.com/13gis/newview.asp?aid=650, 2015-05-14.

[16] 汤国安, 杨昕. ArcGIS 地理信息系统空间分析实验教程[M]. 北京：科学出版社, 2006.

[17] 中地数码集团. MapGIS 10 Desktop 学习教程[EB/OL]. http://mapgis.co.3snews.net/index.php, 2015-04-01.

[18] 邓书斌. ENVI 遥感图像处理方法[M]. 北京：科学出版社, 2010-06-01.

[19] ExelisVisual Information Solutions 公司. ENVI 用户指南[EB/OL]. http://wenku.baidu.com/link?url=Jo_pkN9cuXchiMlFPCRdrT-Tn2xaLFjRtce4W2pTY8xIK9F_8F_zHbYhgcvMGHHhTneR_ozvOx8SQAgdO86e74usHe_J4egfFpiW4JEdPQy, 2011-05-22.

[20] ENVI-IDL 中国. ENVI 5.2 二次开发更加智能、全面[EB/OL]. http://www.blog.sina.com.cn/enviidl, 2014-12-10.

[21] 董彦卿. IDL 程序设计—数据可视化与 ENVI 二次开发[M]. 北京：高等教育出版社, 2012-09.